ZOUJINTIAN WENXUE

走进天文学

钟大新 著

U0338420

山西出版传媒集团
山西人民出版社

图书在版编目（CIP）数据

走进天文学／钟大新著．—太原：山西人民出版社，
2012.7

ISBN 978－7－203－07750－3

Ⅰ．①走… Ⅱ．①钟… Ⅲ．①天文学－普及读物

Ⅳ．① P 1－49

中国版本图书馆 CIP 数据核字（2012）第 101548 号

走进天文学

著　　者：	钟大新
责任编辑：	梁晋华
助理编辑：	张　洁
装帧设计：	段振亮

出 版 者：	山西出版传媒集团·山西人民出版社
地　　址：	太原市建设南路 21 号
邮　　编：	030012
发行营销：	0351－4922220　4955996　4956039
	0351－4922127（传真）　4956038（邮购）
E－mail：	sxskcb@163.com　发行部
	sxskcb@126.com　总编室
网　　址：	www.sxskcb.com

经 销 者：	山西出版传媒集团·山西人民出版社
承 印 者：	山西出版传媒集团·山西新华印业有限公司

开　　本：	787mm×1092mm　　1/16
印　　张：	18.5
字　　数：	300 千字
印　　数：	1－5 000 册
版　　次：	2012 年 7 月第 1 版
印　　次：	2012 年 7 月第 1 次印刷
书　　号：	ISBN 978－7－203－07750－3
定　　价：	35.00 元

如有印装质量问题请与本社联系调换

前　言

　　天文学是研究天体和宇宙的科学。它与数学、物理学、化学、地理学、生物学共同组成自然科学的六大基础学科。这六大基础学科通常简称为数理化天地生。目前，我国的中小学尚未单独开设天文课，只是在高中地理课中讲到一些有关宇宙与地球的知识，但其重点是讲与地球运动相关的知识，因为它是整个教材的难点，亦是历年来高考命题的重点。

　　正如著名的科普作家萨根所说，人类的未来取决于我们对这个宇宙理解的程度。学习天文知识，不仅有助于人们了解天体和宇宙的奥秘，而且有助于人们树立科学的宇宙观。在人类进入航天飞行的时代，如果一个人对现代天文学的伟大成就一无所知，他就不能算受过完整的现代教育。正因为如此，世界上不少国家把天文学列入中小学课程。自古以来，博学之士都是"上知天文，下知地理"。天文学的基本知识对于每一位关心人类未来、有志于不断提高自己科学素养的现代人，都是值得学习的，对于肩负我们祖国未来希望的青少年学生与从事青少年教育工作的中小学教师来说更是如此。

　　上海天文台前台长、中科院院士、著名天文学家叶叔华先生在谈到天文科普工作时指出："天文学和其它科学一样不仅是知识本体，更重要的是一种思维方法。""让天文学从神秘高深的科学殿堂里走出来，成为人们生活中不可缺少的一部分，以达到净化精神、陶冶情操、提升素质的目的。这是历史和社会赋予天文学家、推广教育人士、科普工作者以及所有具有天文知识的人的崇高责任和义务。"

　　本书为青少年学生、中小学教师和有志于不断提高自己科学素养的人们选修天文学而编写，着重介绍天文学的基础知识，并具有以下几个特点：

　　（1）本书由近及远地介绍从地球到宇宙各个层次的天体系统，着重介绍中学教学大纲所要求掌握的天文知识，并对这方面的知识作了扩充和提升。

（2）本书虽谈不上图文并茂，但力求多用图表，尽可能多配一些精美的插图，以有助于读者对知识的理解，增加对阅读本书的兴趣。

（3）本书对有关月全食的时间和银河系的质量等天文学问题没有省略求解所必需的计算过程，旨在有助于我们的读者，特别是中学生了解，有不少看似难度很大的天文学重要问题是可以用中学的数学物理知识巧妙解决的，从而更自觉地通过对天文知识的学习促进对中学数学物理的学习。

本书的编写历时多年，几经易稿。中国天文学会前常务理事兼普及工作委员会主任、北京天文馆前馆长崔振华研究员和天津市天文学会专家组组长林愿先生为本书的编写提供了许多精美的插图和所需的文字资料，并对书稿进行了审阅、校对和修改。本书的编写还曾得到天津市天文学会资深天文专家厉国青先生、刘玉仁先生、虞志球先生、史志成先生和天津科技大学朱献松副教授、前中国天文学会普委会委员许慧麟老师、天津市地理教研室主任王丽老师、天津市天文学会理事长闫为国老师、副理事长李梅丛老师、天津科技馆天文办公室的领导和工作人员以及北京师范大学天文系的许多同学校友的帮助、指点和鼓励。在此，一并致以谢意。

由于编著者自身水平所限，再加上科学本身在日新月异地发展，书中必有不少不足和不当之处，敬请前辈、同行和读者批评指正。

钟大新

2011 年 12 月

目　录

第一章　绪　论

§1.1 天文学简介 ……………………………………………… 3

§1.2 人类怎样认识宇宙 ……………………………………… 8

§1.3 地理坐标系与天球坐标系 ……………………………… 16

§1.4 天体辐射与天文观测 …………………………………… 23

§1.5 天文观测的第一步：认识星空 ………………………… 30

第二章　地月系

§2.1 宇宙中的地球 …………………………………………… 45

§2.2 地球的自转运动及其相关现象 ………………………… 55

§2.3 地球的公转运动及其相关现象 ………………………… 64

§2.4 极移、岁差和章动 ……………………………………… 76

§2.5 月球概况 ………………………………………………… 79

§2.6 趣谈科学赏月 …………………………………………… 91

§2.7 潮汐 ……………………………………………………… 99

§2.8 时间、历法、干支纪法与节气 ………………………… 102

第三章　太阳系

§3.1 太阳系概貌与太阳系行星重新定义 …………………… 115

§3.2 太阳 ……………………………………………………… 121

§3.3 地内行星 ………………………………………………… 132

§3.4 最近的地外行星：红色的火星 ………………………… 140

§3.5 巨行星 …………………………………………………… 149

§ 3.6 远日行星与矮行星 ·················· 160

§ 3.7 太阳系的小天体 ·················· 168

§ 3.8 日食和月食 ·················· 183

§ 3.9 太阳系的起源和演化 ·················· 194

第四章　恒星、星云与星系

§ 4.1 恒星概说 ·················· 203

§ 4.2 恒星的一生 ·················· 210

§ 4.3 星云 ·················· 216

§ 4.4 银河系 ·················· 223

§ 4.5 河外星系 ·················· 228

§ 4.6 星系的分布 ·················· 235

第五章　宇宙学与对宇宙的新探索

§ 5.1 宇宙学概说 ·················· 241

§ 5.2 宇宙的起源、演化与未来走向 ·················· 252

§ 5.3 运用航天技术，叩开宇宙之门 ·················· 255

§ 5.4 探索地外生命与地外文明 ·················· 261

附录一：天文常数与相关常数 ·················· 275

1.1 物理常数 ·················· 275

1.2 时间 ·················· 275

1.3 数学常数 ·················· 276

1.4 物理量的单位与符号 ·················· 277

1.5 单位的换算 ·················· 277

附录二：太阳系主要天体数据 ·················· 278

2.1 太阳、地球与月球的常用数据 ·················· 278

2.2 八大行星与冥王星的物理参数 ………………………………… 279

2.3 太阳系的主要卫星 ……………………………………………… 280

2.4 四颗最大的小行星 ……………………………………………… 280

2.5 出现过 10 次以上的周期彗星 …………………………………… 281

2.6 夜间出现的流星群 ……………………………………………… 281

附录三：星座与亮星 ……………………………………………… 282

3.1 全天 88 个星座表 ……………………………………………… 282

3.2 最亮的 21 颗恒星 ……………………………………………… 284

主要参考文献 ……………………………………………………… 286

第一章 绪论

§1.1 天文学简介

什么是天文学？天文学是一门研究天体和宇宙的科学,它研究天体的分布、位置、运动规律、化学组成和物理状态以及天体和宇宙的结构与演化。下面分别对天文学的研究对象、天文学的分支学科和研究天文学的意义作简要介绍。

一、天文学的研究对象

从研究对象看,天文学研究涉及宇宙空间中的各类天体和其他宇宙物质以及整个宇宙。什么是宇宙?《淮南子·原道训》注曰:"四方上下曰宇,古往今来曰宙,以喻万物。"用现代科学术语来说,宇就是空间,宙就是时间。宇宙就是客观存在的物质世界,通常作为天地万物的总称。什么是宇宙空间? 宇宙空间是指地球大气层外广袤无垠的空间,即通常所称的太空。什么是天体? 天体是指太空中的一切实体,既包括在太空中运行的日月星辰等自然天体,又包括人造卫星和太空站那样的人造天体。

就自然天体而言,通常可由近及远将其分为三个层次:(1)太阳系中的天体:包括太阳、行星、矮行星、卫星、小行星、彗星、流星体等。(2)银河系中的天体:包括恒星、星团、星云等。(3)在银河系外还有无数与银河系相似的河外星系及其所组成的星系团和超星系团等。除了天体之外,天文学也探测和研究处于行星间和星系间的弥漫物质和各种辐射流以及作为物质存在形式的电磁场和引力场等。

人类居住的地球是太阳系的八大行星之一, 也是一个运行于宇宙空间中的天体。天文学也研究地球,但研究的角度和内容与地球科学的各专门学科有所不同。天文学是把地球作为一颗代表性的行星研究的,是用天文方法来研究地球的有关问题。地球科学各学科(如地质学、地理学、气象学等)则专门从事地球某方面问题的研究。常有人把天文现象与地球大气现象混为一谈,把天文学与气象学混淆起来。其实，气象学属地球科学，它的研究对象是地球大气层中的各种物理过程及变化规律，而天文学则以地球大气层之外的天体作为研究对象。所以，预报天气的阴晴冷暖风霜雨雪是气象部门的事，而预报太阳活动、日食、月食、彗星和流星雨是天文部门的事。

宇宙中的天体具有多样性。它们在大小、质量、光度、温度、变化规律等方面有很大差别。天文学的研究对象具备地面实验室难以达到的条件，诸如高真空、高密度、高强磁场、高强引力场、超高温、超高速、超高能量等，提供了人类发现与验证自然法则的无法模拟的场所。

天文学研究对象的一个重要方面，就是由各种天体组成的天体系统。首先要指出的是，形成天体系统的天体之间必须具有相互吸引和相互绕转的关系，否则就不能称为天体系统。例如，地月系就是由地球和围绕地球运转的月球所组成的天体系统。猎户星座、北斗七星都不是天体系统，单独一个天体也不能构成天体系统。其次，天体系统有大有小，分为不同的层次，由低往高排列依次为地月系、太阳系、银河系、星系团、超星系团、总星系。

现代天文学不仅研究宇宙中的各类天体及其所组成的天体系统，而且还研究其他宇宙物质形态和整个宇宙。从我们的天文观察已经知道，我们人类能感知到的常规物质的能量，只占整个宇宙能量的4%，其他96%的能量是由我们所不了解的暗物质和暗能量构成的。

暗物质是指那些不发射任何光及电磁辐射的物质。暗物质对所有我们能测量的光、电场、磁场都不起任何作用，可是它有引力场。第一次发现宇宙暗物质存在的证据是在1933年。当时，弗里兹·扎维奇发现，大型星系团中的星系具有极高的运动速度，除非星系团的质量是根据其中恒星数量计算所得到的值的许多倍，否则星系团根本无法束缚住这些星系。之后几十年的观测分析证实了这一点。由此可知，在宇宙中必定存在着大量我们所不知道的暗物质，其总能量比我们知道的常规物质的总能量大五倍以上，占整个宇宙能量的23%，可是对暗物质的其他性质，我们完全不知道。

通过对遥远的超新星的观测和研究，天文学家发现，我们的宇宙不仅在不断地膨胀，而且是在加速膨胀。宇宙加速膨胀的发现是具有深远意义的一项重大发现。为此项发现作出突出贡献的三位天体物理学家理所当然地被授予 2011 年度的诺贝尔物理奖。从宇宙膨胀的加速度可以推算出,它是由于一种负压力,也就是暗能量的存在才加速膨胀的。而这暗能量的总量竟占到整个宇宙能量的 73%!

正如著名科学家李政道所指出的那样,21 世纪初科学最大的谜是暗物质和暗能量。它们的存在,向全世界年轻的科学家提出了挑战。由此可见,我们人类对宇宙的探索依然是任重道远,目前有可能正处于将要取得突破性进展的前夜。

二、天文学的分支学科

天文学按研究方法分类主要有三个分支学科:天体测量学、天体力学和天体物理学。

天体测量学是天文学中最先发展起来的一个分支学科,它的主要任务是研究和测定天体的位置和运动,建立和维持基本参考坐标系,确定地面点的坐标以及提供精确、标准的时间服务。

天体力学也是天文学中较早形成的分支学科,主要研究天体运动的动力学问题,包括天体的力学运动和形状。天体力学的理论基础是牛顿的经典力学和爱因斯坦的狭义相对论与广义相对论。天体力学除用来确定天体的运动和长时间内轨道变化的情况外,还用于人造天体的轨道设计,计算彗星、小行星轨道,预报日、月食,预报太阳系内天体碰撞事件等特殊天象以及编制天文年历等。

天体物理学是天文学中最年轻、也是最活跃的分支学科,它应用物理学的技术、方法和理论,研究天体的形态、结构、化学组成、物理状态和演化规律。天体物理学可分为实测天体物理学和理论天体物理学。在天文学各分支中,天体物理学是取得天文学成果最多的一个分支。从 1964 年至今 ,在诺贝尔物理奖中有 12 项天文课题获奖,获奖项目都是天体物理学的课题。

天文学按观测手段分类主要有三个分支学科:光学天文学、射电天文学和空间天文学。天文学按研究对象分类还可分出一系列分支学科。图 1.1.1 就是引自《中国大百科全书·天文卷》关于按不同分类法所划分的天文学各分支学科及其相互交叉关系的示意图。

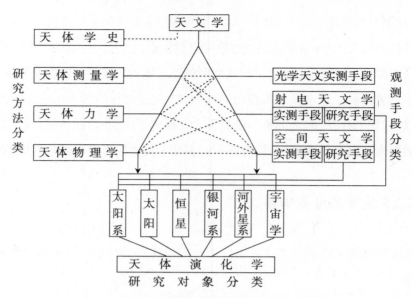

图 1.1.1　天文学各分支学科相互关系示意图

三、研究天文学的意义

天文学是一门既古老又充满活力的自然科学。概括起来说,研究天文学的意义主要表现在以下三个方面:

1.研究天文学是因为人类社会的实际需要

如同其他自然科学一样,天文学是适应人类社会的实际需要而诞生和发展的。正如恩格斯在《自然辩证法》中所说:"首先是天文学——游牧民族和农业民族为定季节,就已经绝对需要它。"无论在我们中国,还是在埃及、巴比伦、印度、希腊等几个文明古国,都早在几千年前就开始进行天象观测,并在此基础上制定历法,指导农、牧业生产,同时创造了古代天文学的辉煌成就。在当代,天文部门的许多工作都直接为国民经济、国防建设和人民生活服务。例如:提供精确、标准的时间服务,编制年历和星表,为人造卫星和空间探测器作轨道设计和监控,帮助考古学家进行历史年代考证,进行太阳活动预报和近地小行星监测,这些重要的实际问题的解决都离不开对天文学的研究,离不开天文工作者的辛勤工作。由此可见,天文学的研究不仅直接为国民经济、国防建设和人民生活服务,而且还关系到我们人类未来的安全和发展。

2.天文学是自然科学中重要的基础学科,它有力地促进其他学科的发展

数学、物理学、化学、天文学、地球科学、生命科学是自然科学中六大基础学科。天文学作为其中之一,不仅在人类认识自然,探索物质世界的客观规律中发挥着重要的作用,而且还推动了其他学科的发展。当然,其他学科的发展也促进了天文学的发展。19世纪以前的天文学与数学、物理学的发展息息相关;到了现代,科学技术高度发展以后,天文学更深深地渗透到其他学科。众所周知,正是哥白尼的地动日心说打破了神学的枷锁,使近代科学进入飞跃发展的新时代。牛顿正是根据哥白尼的学说,特别是开普勒的行星运动三大定律,总结出万有引力定律,建立了经典力学体系,促成了天体力学的诞生。20世纪初,爱因斯坦先后提出了狭义相对论和广义相对论,这是物理学上的一个里程碑,它深刻地改变了人类的时空观,正是天文观测的结果给了爱因斯坦相对论有力的支持。20世纪60年代天文学的四大发现——类星体、脉冲星、微波背景射和星际有机分子的发现,向物理学、化学和生物学等学科提出了新的课题,有力地推动了这些学科的发展。

3.帮助人们确立科学的宇宙观,提高人们的人文素养

天文学是人类认识宇宙的科学,它通过对各种天象的观测研究揭示宇宙的结构,探索宇宙的起源与演化。它在帮助人们确立科学的宇宙观方面起着不可替代的重大作用。天文学不仅在自然科学领域中起着引领其他学科不断发展的重大作用,而且还对人文科学的发展产生深刻的影响。

光辉的太阳,明媚的月光,灿烂的星空,深邃的宇宙,启迪了古往今来无数文人墨客、英雄豪杰的灵感,推动他们创造出许多动人的传世佳作。我们从屈原的《天问》、柳宗元的《天对》和李白、苏轼等大诗人歌颂日月星辰的众多佳作中,不仅可以领悟到天文学研究的各种天象所具有的无与伦比的审美价值,而且引发我们对人生、对人类命运进行深入、有益的思考。

德国哲学家康德认为:"世界上有两件东西能够深深地震撼人们的心灵:一件是我们心中崇高的道德准则;另一件是我们头顶上灿烂的群星。"当代著名天文学家萨根则认为:"人类的未来命运取决于我们对宇宙的理解程度。"2007年

5月14日，温家宝总理在同济大学向师生们作了一个即席演讲，其中讲到："一个民族有一些关注天空的人，他们才有希望；一个民族只是关心脚下的事情，那是没有未来的。我们的民族是大有希望的民族！我希望同学们经常地仰望天空，学会做人，学会思考，学会知识和技能，做一个关心世界和国家命运的人。"

由此可见，天文学是自然科学和人文科学的一个结合点，无论在帮助人们确立科学的宇宙观方面，还是在提高人们的人文素养方面，都起着不可替代的重大作用。在人类进入航天飞行的时代，如果一个人对现代天文学的伟大成就一无所知，他就不能算受过完整的现代教育。正因为如此，世界上很多国家把天文学列入中小学课程。天文学的基本知识对于每一位关心人类未来、有志于不断用知识充实自己的现代人，都是值得学习的，对于以学习为己任、肩负我们祖国未来希望的青少年来说更是如此。

§1.2 人类怎样认识宇宙

请问：开天辟地之初的往事谁能把它传述？

既然天地尚在未分之际又何从考知它呢？

天地混沌，阴阳未辨，一团大气，仿仿佛佛，

谁能够穷究而识别它呢？

昼夜初分之时，冥冥中开始进行着什么？

宇宙之间，什么是本体？什么是变化？

天宇为什么有九重之高？

那么，这九重的天宇是谁来测量过的呢？

又是谁当初作成它的呢？……

——引自林庚《天问论笺》对屈原《天问》之译文

2300年前，我国伟大诗人屈原（公元前340年～公元前278年）在他的著名长诗《天问》中对天地的形成和宇宙的结构等一系列问题提出了质疑，表达了屈

原本人和古往今来很多人对探索宇宙的关注、思考和强烈兴趣。天文学告诉我们,我们人类居住的地球并不是孤立地存在于宇宙之中,而是和其他天体相互依存,相互制约的。我们要了解人类在宇宙中所处的位置,乃至人类的起源、进化、未来前景和如何趋利避害,就必须由近及远地了解各类天体及其所组成的天体系统在宇宙中的空间分布及其特性与共性,了解宇宙的起源和演化。为此,我们人类曾经历过一个漫长而艰难的探索过程,并且还将继续不断深入探索下去。

一、古人的宇宙观

在远古时,人们虽然还谈不到能对我们的宇宙进行系统的观测和深入的研究,但却不乏富有启示意义的猜测和设想。我国古代先民的宇宙观主要有三种:盖天说、浑天说和宣夜说。

盖天说出现于殷末周初。当时的人们凭着直觉,认为"天圆如张盖,地方如棋盘"。因此,这种盖天说又被称为"天圆地方说"。按此说法,天是圆的,地是方的,二者就不能连接,于是就提出天地相隔8万里,天是由8根柱子支撑的。盖天说是一种原始的宇宙观,它有不少明显的漏洞,不能解释日月星辰从何处升起,又从何处落下去这样的问题。于是,才产生了后来的浑天说。

浑天说始于战国时期。浑天说主张大地是个球形,外面裹着一个球形的天穹,地球浮于天表内的水上。汉代天文学家张衡在《浑天仪图注》中说:"浑天如鸡子,天体圆如弹丸,地如鸡子中黄,孤居于天内,天大而地小。天表里有水,天之包地,犹壳之裹黄。天地各乘气而立,载水而浮……天转如车毂之运也,周旋无端。其形浑浑,故曰浑天。"三国时有个名叫徐整的人,还对天地的形成作出这样的描述:"天地浑沌如鸡子,盘古生其中,万八千岁,天地开辟,阳清为天,阴浊为地,盘古在其中,一日九变。神于天,圣于地。天日高一丈,地日厚一丈。如此万八千岁,天数极高,地数极深,盘古极长。故去地九万里。"由此可见,我们的古人很早就有了天地膨胀的思想。

宣夜说是古人通过对昼夜现象的观测而总结出来的一种宇宙观。东晋天文学家虞喜对宣夜二字的解释是:宣,明也;夜,幽也。幽明之数,其术兼之,故曰宣夜。宣夜说认为："天了无质,仰而瞻之,高远无极……日月众星,自然浮生虚空之中,其行其止皆须气焉。"也就是说,天不是一种实体,看起来既高且远,没有尽头,日月星辰只不过是会发光的气,自由地运行于虚无缥缈的空间。由此可以看出,宣夜说是一种朴素的无限宇宙观念。

大约在 1900 年前,古希腊天文学家托勒玫(公元 90～168 年)集古希腊天文学成就之大成,在他的名著《天文学大成》中提出了"地心说"。他认为,我们人类居住的地球是静止不动的,处于宇宙的中心,天体围绕它运转。最接近地球的是月亮,其次是水星、金星、太阳、火星、木星、土星、恒星天以及最高天,这就是所谓九重天的思想。他还以本轮、均轮加偏心圆的理论来说明月亮、太阳和行星的运动。

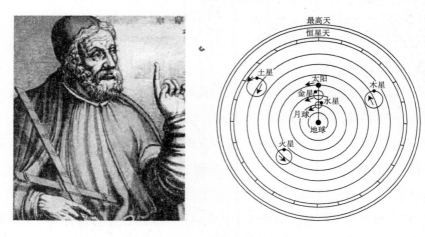

图 1.2.1　托勒玫与他的"地心说"示意图

托勒玫的"地心说"总结了古希腊人对宇宙结构的认识。虽说在今天看来,"地心说"已难以令人信服。然而,昨天终究不是今天。在将近 1900 年前,以托勒玫为代表的古希腊天文学家就敢于对宇宙的结构给出一个统一的解释,敢于主张地球和日月星辰都是个圆球,而且还提出一套测定天体运行的方法,不能不承认那是人类探索宇宙认识史上的一次大的飞跃,对推动天文学的发展有着不可磨灭的历史功绩。到了中世纪,欧洲的宗教神学认为"地心说"符合教义,并以此作为上帝创造世界的理论支柱,将它抬高到神圣不可侵犯的高度,致使"地心说"在欧洲占据统治地位长达 1400 年之久,这就严重束缚了科学思想的发展,阻碍了科学宇宙观的诞生,也为托勒玫本人所始料不及。

二、哥白尼"日心说"的创立及发展

公元 1543 年,波兰天文学家哥白尼(公元 1473～1543 年)在临终前将他以毕生精力完成的科学巨著《天体运行论》公之于世。他在此书中提出了"日心说"。

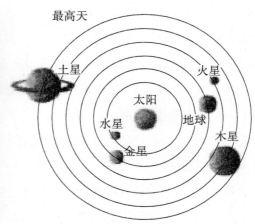

图 1.2.2　哥白尼与他的"日心说"示意图

哥白尼认为,地球不是宇宙的中心,只是月亮运动的中心。太阳才是宇宙的中心,地球和其他行星都围绕太阳旋转,按到太阳的距离由近及远依次为水星、金星、地球、火星、木星、土星。天穹的周日旋转是由于地球绕自转轴每天自转一周所造成的。太阳的周年视运动不是本身的运动,而是地球每年绕太阳公转一周造成的。其他行星的顺行、逆行等现象,可用地球和行星共同绕日运动来解释。

哥白尼的《天体运行论》,全书立论清晰,论据充分,对于日月行星的运动并不仅仅停留在定性的讨论上,而是有严格的数学论证和定量探讨,可以据此计算日月行星的星历表,预告其位置。由于哥白尼的系统论证,"日心说"已不是一种猜想,而是已成为一种科学体系。它揭示了地球是一个普通行星,这就从根本上否定了"地球是上帝安排在宇宙中心"的宗教神话,动摇了人们对教会的崇拜。天文学乃至整个自然科学开始摆脱宗教的束缚,从神学中解放出来。哥白尼的日心说是人类探索宇宙认识史上一次巨大飞跃,它敲响了黑暗的中世纪的丧钟,昭示了欧洲近代文明的开始,具有划时代意义。这自然招致守旧的宗教势力的反对和查禁,维护、传播、发展哥白尼"日心说"的人受到了宗教裁判所的残酷迫害。

意大利著名思想家布鲁诺(公元 1548～1600 年),不但宣传哥白尼学说,而且更进一步认为太阳也不是宇宙的中心,它是千万个普通恒星之一。他还认为有行星系统的恒星绝不止我们太阳一个,宇宙中可居住的世界很多。1592 年,宗教裁判所逮捕了布鲁诺,对他进行了长达八年的残酷审讯,并于 1600 年 2 月 17 日将这位坚持真理宁死不屈的斗士活活烧死在罗马花园广场。

稍后不久,德国天文学家开普勒(公元 1571～1630 年)发现了行星运动三大定律,他指出,行星绕太阳运动的轨道是椭圆,太阳位于椭圆的一个焦点上。1618～1621 年,他发表了《哥白尼天文学简论》一书,以自己的发现对哥白尼学说作了一些补充和修正,进一步完善和发展了哥白尼的理论。

近代实验科学的奠基人、著名的意大利科学家伽利略(公元 1564～1644 年)是第一个用望远镜探索星空的人。他用自己一系列激动人心的重要发现支持哥白尼学说,其中之一就是他发现木星有四颗卫星,证实了行星一方面是自己卫星的运转中心,同时本身围绕更大的运转中心太阳运转。而太阳仅仅是宇宙中的一颗普通恒星,那么太阳也可能围绕更大的运转中心运转。这就首次证明了宇宙中可能有不同等级的宇宙体系的存在。1632 年,伽利略发表了《托勒玫和哥白尼两个宇宙体系的对话集》,用一系列确凿证据来证明哥白尼学说的正确性。此书受到了读者的欢迎,但伽利略却被教廷判处了终身监禁。直到 1979 年 11 月,也就是在他去世三百多年后,罗马教皇才不得不为他的沉冤平反。

要解释行星为什么绕太阳运动和为什么按照开普勒定律指出的那种方式运动,是太阳系理论的核心问题。直到著名的英国科学家牛顿(公元 1642～1727 年)发现万有引力之前,这个问题一直悬而未决。相传在 1665 年,牛顿受苹果落地的启发,发现了万有引力定律。随后,建立起以万有引力定律和物体运动三大定律为核心的牛顿力学体系。他用万有引力定律推导出开普勒行星运动三大定律,这就给行星的运动规律找到了理论证明,使哥白尼的日心体系建立在稳固的理论基础上。从此,一门天文学分支学科——天体力学诞生了,它成为解决天体的运动和形状、人造天体的发射等问题的专门理论,而科学太阳系的概念也由此建立起来。

三、人类观测宇宙视野的不断扩展

1781 年,英籍德国科学家赫歇尔(公元 1738～1822 年)发现了处在土星轨道之外的太阳系第七颗行星天王星。随后不久,便发现天王星的运行有点反常。1846 年 8 月 31 日, 在巴黎天文台多年从事天王星的运动反常问题研究的勒威耶写出了论文《论使天王星运行失常的行星, 它的质量、轨道和现在位置的决定》。他推算出这颗未知行星的轨道根数。论文发表后,这颗推算的未知行星,真的被柏林天文学家伽勒于 1846 年 9 月 25 日找到了。观测到的位置与勒威耶所算出的位置相差不到一度。这颗被命名为海王星的太阳系第八颗大行星的发现曾引起当时人们的无比热情,它与以往人们用肉眼或望远镜直接观测发现新天体不同,它是靠科学的智慧和计算的力量找到的,是在笔头的尖端上发现的。它证明了牛顿力学的无比威力。至此,哥白尼的学说获得了彻底的胜利。

1930 年, 年仅 23 岁的美国天文工作者汤博发现了曾长期被视为太阳系第九颗大行星而现在被降格为矮行星的冥王星。至此,人们所了解的太阳系范围的半径由最初的 10 个天文单位扩展到了 40 个天文单位(注:天文单位是日地平均距离,一个天文单位约为 1.5 亿千米)。

尽管从 16 世纪起人们就猜想到满天的恒星都是遥远的太阳,而后又进一步猜想到,它们可能组成一个个更大的恒星系统,但这需要通过系统的观测和研究来加以证明。真正对恒星世界作系统的观测和研究是从天王星的发现者、被誉为"恒星天文学之父"的赫歇耳(公元 1738～1822 年)开始的。这位勤于天文观测的赫歇耳对全天的恒星分别按天区和星等进行计数,证实了我们看到的众多恒星,包括银河中的恒星,都处在一个有限的叫做银河系的恒星集团之中。他用当时最大的望远镜发现一些曾经被认为是"无星的星云"原来是由许多小星所组成,其实是一些处在我们银河系之外的恒星系统,通常称作河外星系。这样的星云也叫做河外星云,以有别于处于银河系之内的气体星云。

经过赫歇耳及其后继者的不断努力,终于搞清楚了我们银河系的结构。我们的银河系是一种旋涡星系,拥有数千亿颗恒星,绝大部分恒星集中在形状像铁饼的被称为银盘的扁圆盘内。我们的太阳并不处于银河系的中心,而是在银河中心平面即银道面的附近,距离银河系中心约3万光年的地方。银盘中有四条旋臂,这是盘中气体尘埃和年轻的恒星集中的地方。我们的太阳处在第三条旋臂上。银河系中的所有天体都围绕银河系中心旋转。银河系除自转外,作为整体还朝麒麟座方向以每秒214千米的速度运动着。而太阳则以220千米/每秒的速度围绕银河系的中心运转,转一周要2.25亿年,称为一个宇宙年。

在银河系的众多恒星中,无论在大小、质量方面,还是在光度方面,我们的太阳都很平常。在大小方面,有的恒星的直径比太阳大几千倍,有的则只有太阳的几百分子之一,甚至更小。在质量方面,大多数恒星的质量在0.1至10个太阳质量之间。在光度方面,最亮的恒星比太阳亮33000倍,最暗的恒星的光度只有太阳的百万分之一。由此可见,尽管太阳是太阳系的主宰,但在银河系众多的恒星中只是一颗很普通的恒星。

随着观测手段不断改进,被发现的河外星系越来越多。它们都是由几十亿至几千亿颗恒星以及星际气体和尘埃物质所组成,我们的银河系只是其中之一。同恒星一样,星系也聚成大大小小的集团。两个在一起组成二重星系;十来个在一起组成多重星系;更多地在一起组成星系团;许多的星系团又组成一个更大的星系集团——超星系团。除星系外,宇宙中还有类星体和暗物质等。

目前,射电望远镜可以接收距离我们100多亿光年的天体所发出的射电波。发射到太空中的哈勃望远镜和其他高性能观测仪器则把我们人类的视野的半径扩展到一百几十亿光年左右。故以一百几十亿光年为半径所绘的大圆球是目前人类能观测到的范围。天文学家通常把目前所能观测到的宇宙空间所包含的星系和星系际物质的总体叫做总星系。总星系是我们目前所能观测到的最大物质系统,它包含千亿个恒星系和大量星系际物质。我们太阳所在的银河系只是总星系中千亿个恒星系之一。科学研究中一般谈到的宇宙,都是指我们目前所能观测到的那部分宇宙,也就是总星系。它也叫做我们的宇宙。

四、宇宙大爆炸起源学说的建立

20 世纪初,受光速不变实验的启发,美籍德国科学家爱因斯坦(公元 1879～1955 年)创立了狭义相对论,随后又创立了广义相对论。与此同时,一些科学家又创立了量子力学。这就为我们人类重新认识宏观世界和微观世界提供了科学的理论基础。1917 年,爱因斯坦根据广义相对论方程推算,得出这样的结论:宇宙或者在膨胀,或者在收缩。他对这个结论有些怀疑,于是,加进一个"宇宙常数"进行修正。

1929 年,美国天文学家哈勃(公元 1889～1953 年)分析了从其他星系发来的光之后,发现绝大多数星系都离我们而去,其退行的速度和它们离开地球的距离成正比。这一称作哈勃定律的重要发现确认了我们的宇宙正在膨胀。宇宙膨胀现象的发现导致现代宇宙学家重新研究宇宙的起源和演化,进而导致得到一系列观测事实支持并为大多数科学家所接受的热大爆炸学说的诞生。根据已测得的宇宙膨胀速度推算,大约在 140 亿年前我们的宇宙退缩成一点。热大爆炸学说认为,我们的宇宙就是起源于此时此处的一次大爆炸,也就是说,我们的宇宙无论在时间上还是在空间上都有一个开端,它遵循自然规律而演化,逐渐演化出我们今天所见到的大千世界。

五、人类探索宇宙之旅任重道远

与我们的宇宙相比,我们人类居住的地球以及我们人类自身都十分渺小。在我们的宇宙中蕴藏着无穷无尽的奥秘。但我们人类绝不安于对宇宙的无知,而是用自己的智慧和努力不断探索宇宙的奥秘。三级火箭理论奠基人、苏联的一位中学教师齐奥尔科夫斯基说得好:地球是人类的摇篮,但人类不会永远停留在地球上,而是要探索宇宙空间。他们起初会小心翼翼地越出大气层的范围,然后大胆征服太阳附近的全部空间。

图 1.2.3　发射"神舟五号"的照片(左)与在太空上的杨利伟照片(右)

　　1961 年,苏联航天员加加林乘坐宇宙飞船冲出地球大气层实现了人类首次太空飞行。1969 年,美国航天员实现了人类首次登月飞行。从 1972 年起,人类开始发射一些能飞出太阳系的探测器,用以探索地外文明。其中有的探测器现已到达太阳系的边缘。我国已于 1970 年发射第一颗人造地球卫星。2003 年 10 月 15 日,我国成功地发射了第一颗载人宇宙飞船"神舟五号",将我国航天员杨利伟送上太空,围绕地球运行 14 圈,并于次日安全返回,实现了我国人民数千年以来的飞天梦,标志着我国已成为世界上第三个有能力进行载人太空飞行的空间大国。2005 年 10 月中旬,我国成功地发射了第二颗载人宇宙飞船"神舟六号",实现了二人多天的太空飞行,并安全成功返回地面。2008 年,我国又成功地发射了第三颗载人宇宙飞船"神舟七号",将我国三名航天员送上太空,实现了太空行走。2011 年 9 月 29 日和 11 月 1 日,我国成功发射了"天宫一号"空间实验室和"神州八号"宇宙飞船,并于 11 月 3 日成功实现了这两个航天器的安全对接。此外,我国还在 2007 年 10 月 24 日和 2010 年 10 月 1 日成功发射了"嫦娥一号"和"嫦娥二号"绕月卫星。毫无疑问,勤劳、勇敢、智慧的我国人民必将在载人航天探索宇宙这一充满风险、震撼人心的伟大征程中为人类作出较大贡献。

§1.3 地理坐标系与天球坐标系

　　为了确定地球上任一点的地理位置,就需建立地理坐标系并知道它在地理坐标系中的两个坐标,即它的地理纬度和地理经度。同样,为了确定天体的视位置,就需建立天球坐标系并知道它在天球坐标系中的两个坐标。为便于理解,这里先介绍地理坐标系,再介绍天球坐标系及不同天球坐标系之间的换算。

一、地理坐标系

地理坐标系是由如图 1.3.1 所示的一些基本的点和基本圈所组成。球心O 是地球的中心,地轴通过地心 O,与地球表面相交于两点。这两个点称为地球的两个极:即地球北极 P 和地球南极 P′。通过地球中心作垂直于地轴的平面是赤道面。赤道面与地球表面相交的大圆圈,称为地理赤道(在图中是过 QG′A′Q′各 点的圆圈)。赤道以北是北半球,赤道以南是南半球。

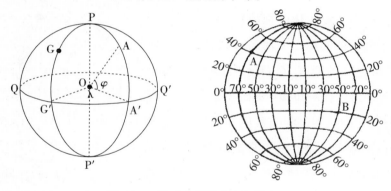

图 1.3.1　地球上的基本点和基本圈

通过地球北极 P 和地球南极 P′的大圆圈,称为经圈(如图中过 PGG′P′各点的圆圈)。每一个经圈被南北两极分成两个半圆圈,称为经线或子午线。任何一条经线都指示南北方向,北极是正北方向,南极是正南方向。垂直于地轴、和赤道平行的圆圈,称为纬圈或纬线。纬圈或纬线是一些大小不一的圆圈。任何一条纬线都代表东西方向。向东就是沿着纬线向着地球自转的方向。反之,向西就是沿着纬线背着地球自转的方向。

经线和纬线交织成经纬网。地面上任一点都在特定的经纬网的交点上。有了经纬线就能确定地面上任一点的地理位置。在地理坐标系中,赤道是基本圆圈,简称基圈。通过英国伦敦格林尼治天文台中星仪(图 1.3.1 中的的 G 点)所在的经线——本初子午线是始圈。赤道与本初子午线的交点 G′是地理坐标系的原点。在地理坐标系中，用来确定地球上任一点的地理位置的两个坐标量值，一个是地理纬度，一个是地理经度。其量度方法如图 1.3.1 所示，A 为地球上任一点，∠AOA′就是它的地理纬度，通常用角 φ 表示。∠A′OG′则是它的地理经度，通常用角 λ 表示。书写地理坐标的方法，规定纬度在前，经度在后。如北京为(39°57′N,116°19′E)，天津为(39°08′N,117°10′E)，西安为(34°15′N,108°55′E)。在两极上，只有纬度，没有经度，所以，南极为(90°S)北极为(90°N)。

二、天球与天球坐标系

1.天球的概念

天球是为研究天体的视位置和视运动而引进的一个假想的圆球。天体距离观测者远近不一，但天体之间的距离、它们到地球的距离都远比观测者随地球在空间移动的距离要大得多。因此，看上去它们几乎都距离我们一样遥远，仿佛散布在以观测者为中心的一个圆球面上。实际上，我们看到的正是天体在这个巨大圆球面上的投影位置，这个圆球称为天球。

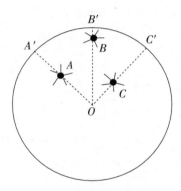

图 1.3.2　天体的视位置

天文学家给天球的定义是以任意点为球心，以无限长为半径的球体。当球心是地心时，叫地心天球；当球心是日心时，叫日心天球。由于天球的半径是无限长的，那么所有天体在天球上的位置，就是它们的投影位置。

　　如图 1.3.2 所示，O 是天球中心，天体 A、B、C 在天球上的投影 A′、B′、C′，就是人们看到的它们在天球上的位置。这个没有考虑到天体距离的投影位置，叫做天体的视位置。相对无限长的天球半径，地球半径非常小，无论观测者处于地球的何处，以他的眼睛为球心的天球与日心天球的差别可以忽略不计。由于地球每天自西向东自转一周，根据相对运动的道理，天球必然以相反的方向每天自东向西旋转一周。因此，在天球上的所有天体都是大体同步地作东升西落运动。这种运动并不是它们的真实运动，而是视运动。

2.天球上的基本点和基本圈

将地球轴线无限延长叫天轴。如图
1.3.3所示,天轴与天球相交于两点,在北
极上空的叫北天极,在南极上空的叫南
天极。地球赤道无限扩展与天球相交的
大圆圈,叫天赤道。在北半球上的人只能
看见北天极,看不见南天极。从观测者所
在地点作铅垂线,向上延长与天球相交
的点,叫做天顶,向下延长与天球相交的

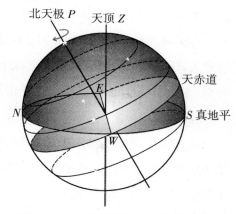

图1.3.3 天球上的基本点和基本圈(1)

点叫做天底。与地心和天顶的连线相垂直的平面叫地平面。地平面与天球相交而
成的大圆圈,叫做地平圈。

地平圈与天赤道相交于正东E和正西W两点。连结天球两极和观察者的天
顶、天底的大圆圈,叫做子午圈。子午圈与地平圈相交于正南S和正北N两点。
子午圈和天赤道都是正交的。连结天顶、天底和正东、正西的大圆圈,叫做卯酉
圈。它与子午圈和地平圈都是正交的。显然,北天极、南天极和天赤道是天球上固
定的点和圈;天顶、天底和地平圈、子午圈、卯酉圈在天球上却是不固定的点和
圈,它们的位置都随观测者所在位置的不同而改变。

如图1.3.4所示,通过天球中心作一平
面与地球公转轨道平行,这一平面称为黄
道面。它在天球上截出的大圆称作黄道。过
球心O垂直于黄道面的直线交于天球上两
点,为黄道的两极,靠近北天极P的极K称
为北黄极,靠近南天极P'的极K'称为南黄
极。黄道面与天赤道面的夹角叫做黄赤交
角,它约为23°26′。黄道与天赤道的两个交

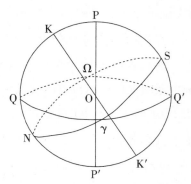

图1.3.4 天球上的基本点和基本圈(2)

点γ,Ω分别称为春分点和秋分点。从北天极上观测,当黄道以逆时针方向由天
赤道以南穿到天赤道以北时的交点为升交点,当黄道以逆时针方向由天赤道以
北穿到天赤道以南时的交点为降交点。春分点是升交点,秋分点是降交点。

3.几种常用的天球坐标系

在天球坐标系中,由于所选取的基圈、主圈和原点的不同,以及第二坐标的度量方式不同,可以得到不同的天球坐标系。天文中常用的天球坐标系有地平坐标系、赤道坐标系、时角坐标系和黄道坐标系。

(1)地平坐标系

地平坐标系的基本圈是地平圈,基本点是天顶。如图 1.3.5 所示,通过天顶 Z 和天底 Z′的大圆圈,叫地平经圈,它们都与地平圈 SDN 相垂直。取通过地平圈上南点 S 的地平经圈,即子午圈为主圈,南点 S 为原点。天体 X 所在的地平经圈与地平圈交于 D 点,大圆弧 XD,即天体 X 和地平圈的角距离,就是天体 X 在地平坐标系中的第一坐标值,称为天体 X 的地平纬度,又称地平高度,简称高度,用 h 表示。

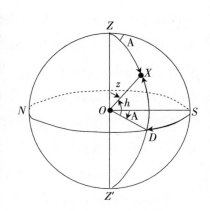

图 1.3.5　地平坐标系

天体 X 在地平坐标系中的第二个坐标值是大圆弧 DS,称为天体 X 的地平经度,又称天文方位角,简称方位角,用 A 表示。方位角 A 的量度规则是自南点 S 起,沿地平圈的顺时针方向,由 0°至 360°量度。地平高度 h 的量度规则是自地平圈起向天顶方向由 0°至 +90°,向天底方向由 0°至 −90°。

(2)赤道坐标系(又称第二赤道坐标系)

确定天球上任一点位置的赤道坐标系与确定地面上任一点位置的地理坐标很相似。如图 1.3.6 所示,赤道坐标系的基本圈是天赤道,基本点是北天极。

天球上平行于天赤道的小圆圈叫纬圈。通过北天极 P 和天南极 P′的大圆圈,叫做赤经圈或时圈,它们都和天赤道相垂直。

地球公转轨道平面的延伸与天球相交的大圆圈叫黄道,天赤道与黄道相交于两点,它

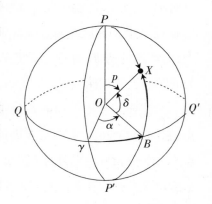

图 1.3.6　赤道坐标系图

们分别叫春分点和秋分点。春分点是由于太阳在春分日那天由南半天球进入北半天球时经过此交点,因此春分点也叫升交点,用符号 γ 表示。天体在赤道坐标系中的第一坐标叫赤纬,用 δ 表示,其第二坐标叫赤经,用 α 表示。赤纬的量度,按规定,自天赤道起算,沿天体所在的赤经圈,向北天极 P 的 δ,由 0° 至 +90°;向南天极 P′ 的 δ,由 0° 至 -90°。赤经 α 从春分点 γ 起沿着天赤道按逆时针方向量度,由 0° 至 360°,或由 0 时至 24 时。

天体的周日旋转并不影响春分点 γ 和天体之间的相对位置,因为它们的周日视运动基本上是同步的,所以周日旋转不会改变天体的赤经和赤纬。由于恒星的自行和春分点在天赤道上本身的移动等原因,它们的赤经赤纬并非固定不变,只是变化很小。但太阳、月亮和行星等天体都比较近,由于地球和行星围绕太阳作公转运动,所以它们的赤经赤纬有很明显的变化。

(3)时角坐标系(又称第一赤道坐标系)

这种坐标系的基本圈是天赤道,基本点是北天极,主圈是子午圈,原点是天赤道与子午圈在地平圈以上的交点。如图 1.3.7 所示,天体第一坐标赤纬 δ 的量度同于赤道坐标系。第二坐标时角 t 是从过观测者子午圈与天赤道交点 Q 起算,沿着赤道按顺时针方向计量,按小时计量。一周 360° 是 24 小时,所以 15° 为 1 小时。南点 S 的 t=0°,西点 W 的 t=90°,北点 N 的 t=180°,东点 E 的 t=270°。因为坐标系的原点在观测者的子午圈上,所以时角 t 具有地方性。

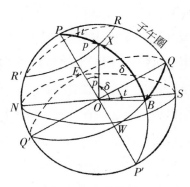

图 1.3.7　时角坐标系

(4)黄道坐标系

如图 1.3.8 所示,黄道坐标系是以黄道为基本圈,春分点为原点的球面坐标系。垂直于黄道与天球相交的两个极点分别叫北黄极和南黄极。天体的黄道坐标的计量用黄经 λ 和黄纬 β 表示。天体的黄经是从春分点起算,沿

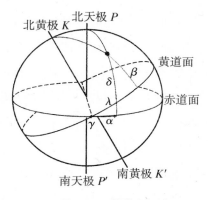

图 1.3.8　黄道坐标系

黄道逆时针量度(自西向东),以小时计量,量度方向与赤经方向相同;天体的黄纬是从黄道向北、南两个黄极量度,以 0°至 ±90°计量,向北黄极为正,向南黄极为负。黄道与赤道的夹角叫黄赤交角,目前黄赤交角约为 23°26′。

除以上四种常用天球坐标系外,还有一种银道坐标系,用银经 L 和银纬 b 表示天体的视位置。

三、不同天球坐标系之间的坐标换算

在以上提到的五种天球坐标系中,无论采用哪一种坐标系,都是为了表示天球上任一点的位置。天球上任一点在任一种坐标中都有一组确定的值,因此,每一个天体都有五对不同的坐标,它们是等效的。这样必然会产生一个问题,即每一天体的这五对坐标之间有什么关系,如何进行换算。在天文学中有专文介绍由球面三角知识得出不同天球坐标系之间坐标换算公式的推导过程。现在已有用于进行坐标换算的计算机软件,只要输入已知条件,立即可得结果。作为中学生和业余的天文爱好者,不必像专业人员那样下功夫去学会用球面三角的知识推导出坐标换算公式,但了解一下坐标换算公式对应用计算机软件实现坐标换算来说还是必要的。

1.地平坐标和时角坐标换算

(1)已知天顶距 z 和地平经度 A,求赤纬 δ 和时角 t,可用以下三个式进行换算:

$$\sin\delta = \sin\phi\cos z - \cos\phi\sin z\cos A$$

$$\cos\delta\sin t = \sin z\sin A$$

$$\cos\delta\cos t = \cos z\cos\phi + \sin z\sin\phi\cos A$$

式中 ϕ 是观测地的地理纬度,三个公式在换算时只要用两个,另一个可做核对。

(2)已知赤纬 δ 和时角 t,求天顶距 z 和地平经度 A,可用以下三个公式进行换算:

$$\cos z = \sin\phi\sin\delta + \cos\phi\cos\delta\cos t$$

$\sin z \sin A = \cos \delta \cos t$

$\sin z \cos A = -\sin \delta \cos \phi + \cos \delta \sin \phi \cos t$

2.赤道坐标和黄道坐标换算

（1）已知赤经 α 和赤纬 δ 求黄经 λ 和黄纬 β，可用以下三个公式进行换算：

$\sin \beta = \cos \varepsilon \sin \delta - \sin \varepsilon \cos \delta \sin \alpha$

$\cos \beta \cos \lambda = \cos \delta \cos \alpha$

$\cos \beta \sin \lambda = \sin \delta \sin \varepsilon + \cos \delta \cos \varepsilon \sin \alpha$

式中 ε 是黄赤交角，现在的值为 $23° 27'$ 。

（2）已知黄经 λ 和黄纬 β，求赤经 α 和赤纬 δ，可用以下三个公式进行换算：

$\sin \delta = \cos \varepsilon \sin \beta + \sin \varepsilon \cos \beta \sin \lambda$

$\cos \delta \cos \alpha = \cos \lambda \cos \beta$

$\cos \delta \sin \alpha = -\sin \beta \sin \varepsilon + \cos \beta \cos \varepsilon \sin \lambda$

§1.4 天体辐射与天文观测

天体的信息主要来自天体的辐射，我们对天体的了解主要来自对天体辐射所进行的天文观测。现就这方面的问题作几点说明。

一、什么是天体辐射

现已清楚，肉眼看到的可见星光只是天体所有辐射中的很小一部分，天体除了辐射可见光之外，还辐射包括 γ 射线、X 射线、紫外线、红外线和无线电波（射电）在内的所有波段的电磁波，许多天体还发射电子、质子、α 粒子等高能物质粒子流，还有的辐射不带电的中微子，根据广义相对论，天体运动时还发出引力波。

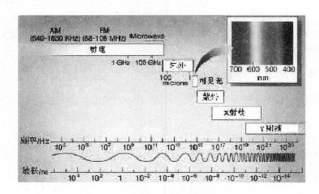

图 1.4.1　电磁辐射的波段

　　因此,我们要获得天体的信息,其渠道只能是天体所辐射出来的电磁辐射、宇宙线、中微子和引力波,其中电磁辐射是研究遥远天体的基本渠道,目前绝大部分天文探测成果都来自电磁辐射。

二、天体辐射和大气窗口

　　地球大气层中的各种粒子对于来自宇宙空间的天体辐射有吸收、散射、反射作用,例如,臭氧吸收波长小于 0.29 微米的紫外辐射,水汽能吸收全部波长大于 15 微米的红外辐射,只有某些波段的辐射能通过大气到达地面,这些波段称为"大气窗口"。

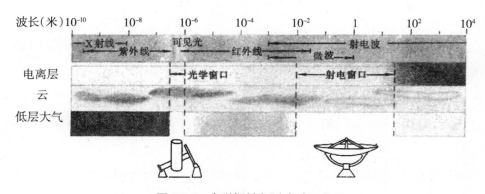

图 1.4.2　电磁辐射和"大气窗口"

　　如图 1.4.2 所示,"大气窗口"主要有两个:(1)光学窗口,这是为人眼和光学望远镜观测到的波段范围,区间为 0.3 至 0.7 微米;(2)射电窗口,能透过 0.3 厘米至 30 米的射电波,这不是人眼和光学望远镜所能观测到的波段范围,只有用射电望远镜才能观测到。此外,在红外波段还有一个很窄的窗口能透过电磁波。由此可见,要观测到天体电磁辐射的全部波段单靠地面观测是不行的,只有到太空中进行观测才有此可能。

三、地面天文观测

1.光学天文望远镜观测

世界上第一架光学天文望远镜是在 1609 年由伽利略所制,随即投入对天体的观测,并取得一系列重大发现。光学天文望远镜的主体部分是物镜,此外还配有相应的目镜、镜筒、支架等装置。物镜的作用是收集来自天体的辐射,并使之成像。

图 1.4.3 伽利略所制的折射式望远镜(左)和牛顿所制的反射式望远镜(右)

400 年前伽利略所制的世界上第一架天文望远镜是折射式望远镜,口径只有 4.4 厘米。折射式望远镜中最大的一台问世于 1897 年,口径约有 1 米,镜筒长达 19 米,至今还是世界之最。世界上第一架反射式天文望远镜是由牛顿在 1668 年所制, 口径只有

图 1.4.4 加那利大型望远镜

3.3 厘米。1789 年赫歇尔制造出 1.22 米口径的反射式望远镜,镜筒子长 12 米。1948 年帕洛玛山天文台安装了 5 米口径的反射式望远镜。

随着光学天文望远镜不断改进,越做越大,其集光能力和分辨本领不断增

强，不仅能使天文学家观测到更暗更遥远的天体，更好地分辨天体的细节，而且还可以用它更好地拍摄天体的光谱，以便了解天体的化学组成和物理状态。目前世界上最大的天文望远镜名为"加那利大型望远镜"，直径达10.4米，位于大西洋拉帕尔玛岛的一座山峰上，2007年7月正式投入使用。欧洲南方天文台不久前宣布一项雄心勃勃的计划：建造一个直径达42米的天文望远镜。科学家们希望这个被称作"极大望远镜"的宇宙观测工具，可以帮助解答一直困扰着人类的问题：宇宙从哪里来？要到哪里去？生命从哪里来？

2.射电天文望远镜观测

1932年，美国无线电工程师央斯基发现了宇宙射电。此后，人们对研究宇宙射电辐射的兴趣越来越浓，于是诞生了一个新的天文学分支——射电天文学。射电天文学使用射电望远镜系统在无线电波段研究来自宇宙深处的射电波。目前使用的波段是从1毫米到30米左右。这个波长的无线电辐射能够穿过地球大气层而不受到显著的影响。

图1.4.5 阿雷西博射电望远镜图

射电望远镜是由一个有方向性的天线和一台灵敏度很高的接收机组成的。天线所起的作用好像光学天文望远镜的透镜或反射镜，它把天体发出的无线电波会聚起来。接收机的作用就像我们的眼睛或照相底片，它把天线所收集起来的无线电波经过变换、放大后记录下来。射电观测可不受太阳光散射和云层的影响，因而白天、黑夜都能进行观测。有许多天体发射无线电波的能力比发射光波的能力大得多。例如，著名的天鹅座A射电源，它发射无线电波的能力要比太阳强

图1.4.6 新墨西哥州射电望远镜甚大天线阵

100亿亿倍。因此不少遥远的、用光学望远镜看不到的天体，有可能被射电望远镜发现。20世纪60年代的四大天文发现，类星体、脉冲星、星际分子和微波背景辐射，都是用射电天文手段获得的。

为了提高射电望远镜的性能通常有两种方法：（1）对只有一个抛物面天线的射电望远镜来说，提高性能的方法是增大其抛物面的口径；（2）采用多个天线，组成射电望远镜阵列。目前世界上最大的单面口径射电望远镜是安装在波多黎各（美国自治领地）岛的阿雷西博射电望远镜，直径达305米。而最大的射电望远镜阵列是安装在新墨西哥州（美国）的甚大天线阵。

为了更好地探索宇宙，中国天文工作者正在不断加快加大研制新的大型天文望远镜的步伐，并取得令世人刮目相看的成就。

首先，我国已建成了简称为LAMOST的天文望远镜，它的全称是大天区面积多目标光纤光谱天文望远镜。其口径6米，视场达20平方度。是全球最具威力的光谱巡天望远镜之一。LAMOST作为光谱巡天望远镜，它看到的不是星星的面容，而是用来捕捉它们的光谱。

图1.4.7　简称为LAMOST的天文望远镜

光学光谱包含着遥远天体丰富的物理信息，是天体的一种DNA身份识别。而专家通过看恒星的光谱，就可以得到关于它的物质组成、温度、内部结构等信息。此望远镜安装在国家天文台北京兴隆观测站，已于2008年10月16日举行落成典礼。

第二，中国国家天文台正在建设中的FAST项目也将是一个探索未知的利器。FAST是500米口径球面大射电望远镜，主要利用贵州大窝凼喀斯特洼地的地貌作为500米口径大射电望远镜的主反射面支撑条件。我国目前最大的射电望远镜位于河北兴隆，直径为50米。而500米直径的FAST不仅将成为新的中国之最，也将是世界上最大的单碟片射电望远镜。FAST是我们国家在大射电望远镜方面的探索，由于它的大口径，能让我们看到更远的太空，由此也许能解开宇宙形成的一些奥秘。另外，FAST将会使我们的观测范围涵盖从脉冲星、黑洞，到星系、暗物质和暗能量的广泛的天体物理学目标。由此,我们也许就能探索到宇宙结构的形成及演化的奥秘。

四、空间天文观测:全波段天文观测

所谓空间天文观测是指在高层大气和大气外层空间所进行的天文观测。在地面上观测天体,必须通过"大气窗口",因而只能在几个电磁波段内进行,而且在观测时还要受到大气和尘埃的干扰。空间天文观测的优点是突破了大气层屏障,扩展了天文观测波段,成为全波段天文观测,消除了大气湍流造成的光学扰动的影响,大大提高了仪器的分辨本领。空间天文观测按观测波段又分成红外天文观测、紫外天文观测、X 射线天文观测、γ 射线天文观测等,相应所用的天文望远镜为红外天文望远镜、紫外天文望远镜、X 射线天文望远镜、γ 射线天文望远镜等。

图 1.4.8 著名的哈勃空间望远镜

在各类空间天文望远镜中最著名的当数哈勃空间望远镜。它长 13.3 米,直径 4.3 米,重 11.6 吨,由美国国家航空和航天局和欧洲空间局联合研制,历时 13 年,造价近 30 亿美元。该镜于 1990 年 4 月 25 日由美国"发现号"航天飞机送入太空轨道,可进行从红外到紫外宽波段的天文观测。由于能摆脱地球大气层对天文观测的一切干扰,它的威力远远超过地面上的所有地基光学望远镜,1.6 万千米外的一只萤火虫都难逃它的"法眼",其清晰度是地面天文望远镜的 10 倍以上,所获得的图像和光谱具有极高的稳定性和可重复性。

哈勃太空望远镜现已度过了它的 21 岁生日,绕地球达 11 万多圈。它拍下了超过 100 万张图片和光谱,观测到迄今为止人类已发现的最遥远、距离地球 130 多亿年的古老星系,证实了超级黑洞和暗能量的存在,有助于了解星系的形成和演化,帮助科学家解决了许多天文物理方面的重大问题,真可以说是居功至伟。

而今,哈勃望远镜已快到"退休"之时。哈勃望远镜的继任者是詹姆士·韦伯太空望远镜,计划在2014年左右发射升空。韦伯望远镜21英尺宽的镜面面积是哈勃望远镜的6倍,而重量仅为哈勃望远镜的三分之一。韦伯这一继任者将令天文学家观测到更远、更古老的天体,捕获到早期宇宙微光,观察到宇宙大爆炸后形成的第一批物体。而在"詹姆斯·韦伯"升空之后,一架名叫"地外行星搜寻者"的太空望远镜也将被送上太空。它汇集了人类太空望远镜技术的精华,能利用极高的分辨率,探索在太阳系邻近数十光年之内,是否存在与地球条件相似的行星。

由于航天技术的飞速发展,现在我们人类已能发射行星探测器,对太阳系的各大行星与其他天体作近距的天文观测和着陆实地勘察,使我们的天文观测工作又登上了一个新的台阶。

链接知识:光学天文望远镜的光学性能

光学天文望远镜是最常用、最重要的天文观测工具,其性能包括光学性能与机械性能,二者相比光学性能对天文观测的影响更大。光学天文望远镜的光学性能一般用下列指标来衡量:

1.有效口径(D):通常指物镜的有效直径。天文望远镜的口径愈大,聚光本领就愈强,愈能观测到更暗弱的天体,它反映了望远镜观测天体的能力。

2.焦距(F):天文望远镜的焦距主要是指物镜的焦距。

3. 相对口径:它是望远镜的有效口径D与焦距F之比,它的倒数叫焦比(F/D)。作天文观测时,应注意选择合适的相对口径或焦比。一般说来,折射望远镜的相对口径都比较小,通常在1/15~1/20,而反射望远镜的相对口径都比较大,通常在1/3.5~1/5。

4.放大率:目视望远镜的放大率等于物镜焦距与目镜焦距之比。因此,只要变换不同的目镜就能改变望远镜的放大倍数。

5.视场:能够被望远镜良好成像的区域所对应的天空角直径称望远镜的视场。望远镜的视场与放大率成反比,放大率越大,视场越小。

6.分辨角与分辨本领:分辨角指望远镜能够分辨出的最小角距。目视观测时,望远镜的分辨角 = 140(角秒)/D(毫米),D 为物镜的有效口径。望远镜的分辨角愈小,分辨本领愈高,愈能观测到更暗、更多的天体,所以说,分辨本领是望远镜最重要的性能指标之一。

7.贯穿本领:是望远镜可以观测到最暗天体的能力,常以在晴朗的夜晚,望远镜在天顶方向能看到最暗恒星的极限星等表示。一架望远镜可以看见几等星主要是由望远镜的口径大小决定的。这个口径 D 与极限星等 m 之间的关系可粗略用下式表示:

$$m = 2.1 + 5 \lg D$$

据此可以很容易算出不同口径的望远镜可看到的极限星等。例如,口径 D = 100 毫米,极限星等 m =12.1 等;口径 D = 200 毫米,极限星等 m =15.2 等;口径D =1000 毫米,极限星等 m = 17.1 等。

除了以上 7 个衡量指标外,还有一个必须考虑的重要问题就是它的象差问题。所谓象差是指透镜或反射镜所呈的像与原物面貌并非完全相同的现象。象差共分以下 6 种:(1)色差;(2)球差;(3)彗差;(4)象散;(5)场曲;(6)畸变。在望远镜的光学设计和调整使用中都要尽力消除或减少各种象差的影响。

§1.5 天文观测的第一步:认识星空

天文学的一个最大特点是尤为重视对天象的观测。天文学正是从对天象的观测中诞生,并随着观测精度的提高和天文新现象的不断发现而发展。而要在分布着许多星星的夜空中很快找到某个观测对象,必须认识星空。

面对星空,乍看起来,似乎有多得数不清的星星,一时不知从何着手去认星,似乎认识星空很不好办。据统计,在整个天球上,正常视力的人眼可见的恒星总数只有六千多颗,其中一等星为 20 颗,二等星为 46 颗,三等星为 134 颗,四等星为 458 颗,五等星 1476 颗,六等星为 4840 颗。一等星是最亮的星,六等星是正常视力的人眼刚刚能分辨的暗星,两者的星等差5个等级,前者的视亮度是后者的100倍,星等相邻的恒星的视亮度之比为2.51倍。

在任意时刻,我们从天上所看到的恒星只有三千多颗,另外三千多颗在地平线以下,因而看不到它们。认识星空,应先认识60多颗比较好认的较亮的一、二等星,然后再考虑认识部分三、四等星,至于很暗的五、六等星可暂不予考虑。换言之,认星应先易后难,循序渐进,积少成多。

人们为了便于认识星空,识别星体,首先要按一定的规则将天空划分若干星区。目前,国际上通用的方法是将星空划分为88个星座,而我国古代则将星空划分为三垣四象二十八宿。

一、星座的划分与恒星的命名

1.星座的划分

我们将肉眼看到的恒星,按照它们排列的形状分为若干区域,并称这些区域为星座。早在公元前1000年前后,古巴比伦人就创立了30个星座。后来,欧洲的一些天文学家又陆续加以补充和发展。1922年国际天文学联合大会将历史上沿用的星座名进行整理并确定为现代国际通用的88个星座(其中北天29个,黄道12个,南天47个),不久又规定以1875年的春分点和赤道为基准。

星空上各星座的大小和形状不一,但某一区域内恒星皆属该星座。每一星座可由其中亮星的特殊分布而被辨认,例如,形如勺子的七颗亮星(北斗七星)称为大熊座。星座名称一般按照恒星排列的形状结合人们的想象,用神话人物(如仙女座、仙后座)、器具名(如六分仪座、显微镜座等)或动物名(如鲸鱼座、乌鸦座等)命名的。

2.恒星的命名

天文学家最常用的恒星命名方法是德国天文学家巴耶尔17世纪初提出的一种方法,即以星座为姓,按恒星由亮至暗的顺序,用希腊小写字母 α、β、γ、δ、ε、ζ……命名。24个字母用完后,就用小写的拉丁字母a、b、c、d……,若再不够用,再用大写的拉丁字母A、B、C、D……,但R以后的字母是专门用来命名变星的。

我国的先民很早就注意到一些明亮或有特征的恒星，给它们起了各式各样的名字，例如织女星、牛郎星、心宿二，参宿四等等。因为织女星、牛郎星分别是天琴座和天鹰座中的最亮星，所以也称作天琴座 α 和天鹰座 α。

二、三垣四象二十八宿

中国古代为了认识星辰和观测天象，将星空分成三垣二十八宿三十一个星区。北天极和近头顶天空分为三个区域称为三垣。它们分别是紫微垣、太微垣和天市垣。紫微垣靠近北天极，位居北天中央，包括小熊、大熊、仙后、仙王等星座。在我国北方，这部分天区是永不没入地平的，称为拱极星区域，好像整个星空都在围绕它们转动。太微垣在紫微垣的东北方向，包括室女、后发、狮子等星座的一部分。天市垣在紫微垣的东南方向，包括蛇夫、武仙、巨蛇、天鹰等星座的一部分。二十八宿是我国古代一种恒星分群系统。我国古代把天球赤道和黄道一带（即月球和太阳视运动的天区部分）的若干恒星分成二十八个星组，称为二十八宿，用来作为量度日、月位置和运动的标志。

图 1.5.1　四象二十八宿示意图

二十八宿每七宿组成一象，共分四象，以颜色不同的四种动物名命，即东方苍（青色）龙（包括角、亢、氐、房、心、尾、箕七宿）；北方玄（黑色）武（包括斗、牛、女、虚、危、室、壁七宿）；西方白（白色）虎（包括奎、娄、胃、昴、毕、觜、参七宿）；南方朱（红色）雀（包括井、鬼、柳、星、张、翼、轸七宿）。这里所说的玄武就是黑色的乌龟。

三、如何认识四季星空

由于地球的自转运动和公转运动，造成了天体在天球上的视位置的周日变化和周年变化。各星座出没地平的方位和运行路线会因时因地而异,但各星座的形状和它们之间的相对位置保持不变。为了熟悉星空,最好先在星图或标有恒星位置的天球仪上熟悉一下各星座的形状和它们的相对位置,做到心中有个大致印象,然后再面对星空进行实际认星就会顺利得多。

由于不同地理纬度地区的人在不同季节内所见星空区域不同,而我国大部分地区处在北半球中纬地区,这里简要介绍我们北半球中纬地区的观测者如何认识四季星空。

1.春季星空

春季星空的主要星座有大熊座、小熊座、狮子座、牧夫座、室女座等星座。认识春季星座必须掌握以下三个要领:(1)认识北斗七星;(2)认识春季大曲线;(3)认识狮子座。

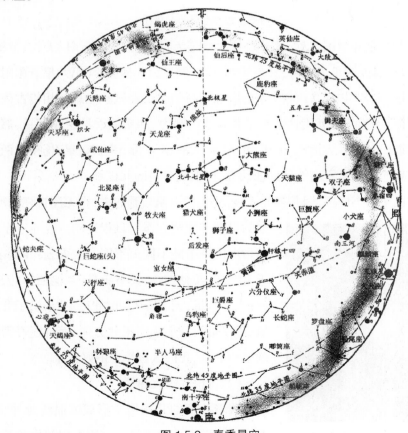

图 1.5.2　春季星空

（1）认识北斗七星

春天的夜晚，最引人注目的是高悬于北方天空的大熊座的北斗七星，除 δ 星是 3 等星外，其余 6 星都是 2 等星，即使在有夜灯光的城市也容易找到。

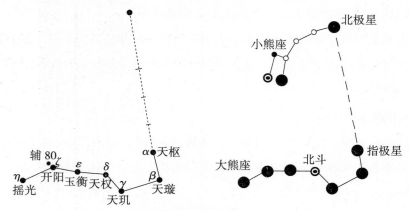

图 1.5.3 北斗七星与北极星

这七颗星的中国名称，从斗口依次顺延为：天枢、天璇、天玑、天权、玉衡、开阳和摇光。前四颗星为斗身，又名斗魁，后三颗星为斗柄。北斗第六星开阳附近有一颗伴星，中名叫"辅"，西名为 Alcor；在阿拉伯文里是试验之意。相传古代阿拉伯人在征兵的时候，就用这颗星试验新兵的眼力，如果能看见这颗辅星，那就证明视力很好。天枢（大熊座 α 星）和天璇（大熊座 β 星）为指极星，连接这两颗星并延长到这两颗星距离 5 倍远的地方，可找到明亮的北极星。

北极星属小熊座，因它离北天极很近，所以粗略看起来，它无周日视运动，其他的星都在围绕它作周日视运动。北斗七星的斗柄指向因季节的不同而不同。古人云：斗柄东指，天下皆春；斗柄南指，天下皆夏；斗柄西指，天下皆秋；斗北东指，天下皆冬。由此可见，认识了北斗七星，不仅可帮我们确定正北方向，而且还可帮我们确定季节，是我们认识星空的好帮手。

1.5.4 星空的周日旋转

（2）认识春季大曲线

顺着斗柄的几颗星所形成的曲线延伸出去，能找到一颗橙色的亮星——牧夫座的大角星。它是春夜星空的第一亮星,牧夫座中另五颗较暗的星,组成一个五边形,将它们与大角星用假想线连接起来,活像一只风筝,而大角星恰似挂在风筝下端的一盏明灯。顺着斗柄的几颗星所形成的曲线继续向南延伸,可找到另一颗呈青白色的亮星——室女座的角宿一。这条始于斗柄、经过牧夫座的大角星和室女座角宿一的大弧线称为春季大曲线。

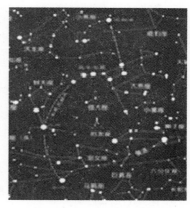

图 1.5.5　春季大曲线

（3）认识狮子座

由北斗七星的斗口上的天枢(大熊座 α 星)向天璇(大熊座 β 星)方向延伸,大约为这两星距离七倍远的地方,就是春季星空中引人注目的狮子星座。

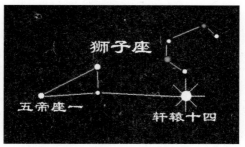

图 1.5.6　狮子座

将狮子座的九颗星用假想线连接起来,就像一头威武的雄狮。认星时请注意以下特点:这个星区西部的六颗星,形如反写的大问号,又如一把农夫用的镰刀,人们把这六颗星想象为雄狮的头和颈, 镰刀把尖上的那颗白色亮星就是狮子座 α 星,其中文名叫轩辕十四。在狮子座镰刀型曲线内,有一个流星雨辐射点,每年 11 月中旬的狮子座流星雨就是从此处爆发出来的。狮子座的后三颗星,构成一个小三角形,人们把它想象为雄狮的尾巴,尾巴末端有一颗黄色的星,是狮子座的 β 星。

在室女座和附近的后发座中,可以看到很多河外星系和星系团。室女座星系团约由 2500 个星系组成,是离我们银河系最近的一个大型星系团。春夜星空中还可看到另一些星座。对于初学者可先学会认识以上介绍的几个主要星座。建议读一读下面的春季认星歌,看一看春季星空的主要星座图,也许对检验和提升你认识春季星空能力有所帮助。

春夜认星歌

春风送暖好认星,北斗高悬柄指东。认星先从北斗起,向南展开方向明。

雄狮春夜横空卧,头尾特征要记清。牧夫大角沿斗柄,风筝之下一明灯。

2.夏季星空

夏季星空的主要星座有天琴座、天鹰座、天鹅座、天蝎座、人马座、武仙座等星座。

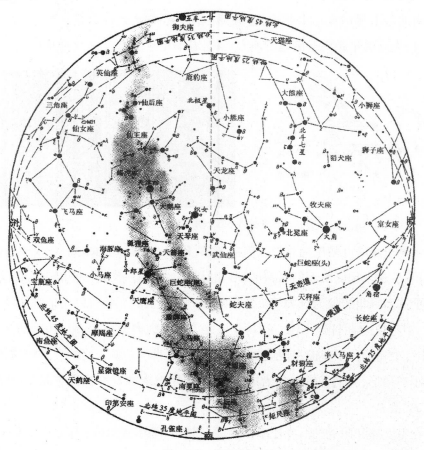

图1.5.7 夏季星空

夏日黄昏以后,北斗七星位于西北方天空,斗柄指向南方。这个时期星空的特点是，银河像美丽的光带挂在天穹，从北偏东的地平线向南方延伸，在银河的中段有三颗明亮的星——天琴座的织女星、天鹰座的牛郎星和天鹅座的天津四，它们组成了夏季星空的大直角三角形。织女星位于直角上。织女星后面的四颗小星组成菱形，织女星连同这菱形组成了天琴座。织女星在银河的西侧，牛郎星在银河东侧，二星隔河相望。靠近牛郎星西北和东南各有一颗暗星，俗称扁担星，传说那是牛郎挑着来同织女相会的一双儿女；它们同牛郎星排成一条直线，统称河鼓三星。

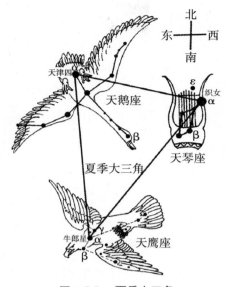

图 1.5.8　夏季大三角

在天琴座的东北，在银河背景上可看到一个十字形的星座叫做天鹅座，天津四就是处在十字的东北端那颗白色的亮星。天鹅座以有许多美丽的气体星云和黑乎乎的暗星云称著。此外，它有一个强射电源——天鹅座 A，在天鹅座 A 的方向还发现一个强烈的 X 射线源，被公认为黑洞的最佳候选者。

由织女星顺着银河"岸"边向南延伸，可看到一颗红色的亮星——天蝎座的心宿二，它和十几颗星组成 S 形曲线，这就是夏季的代表星座之一天蝎座，蝎尾浸没于银河之中。由牛郎星沿银河南下，可找到人马座，其中的 6 颗星组成南斗六星与西北天空的北斗七星遥遥相对。常言所说"北斗七，南斗六"就来源于此。人马座部分的银河最为宽阔和明亮，因为人马座方向是银河系中心的方向。中国 28 星宿之一的斗宿（南斗六星）就处于人马座之中。在由织女星向牛郎星连线并继续向东南方向延伸，可找到由暗星组成的摩羯座，中国星宿牛宿就处于摩羯座之中。苏轼《前赤壁赋》中有一名

图 1.5.9　天蝎座

句曰:"月出于东山之上,徘徊于斗牛之间"。其中的斗即指斗宿,牛即指牛宿,也就是说,月亮是在人马座与摩羯座之间徘徊,过去曾有一些人将此解释为月亮徘徊在北斗星与牛郎星之间,纯属误解。沿天津四与织女星的连线向西南方向巡去,可找到武仙座,武仙座以西就是由七颗小星围成的北冕座。

现在让我们读一读夏夜认星歌,以便记住夏季星空的主要星座。

夏夜认星歌

斗柄南指夏夜来,天蝎人马紧相挨。顺着银河向北看,天琴天鹰隔河排。

天鹅飞翔银河上,牛郎织女色青白。红星心宿照南斗,夏夜星象记下来。

3.秋季星空

秋季星空的主要星座有飞马座、仙女座、英仙座、仙王座和仙后座等星座。

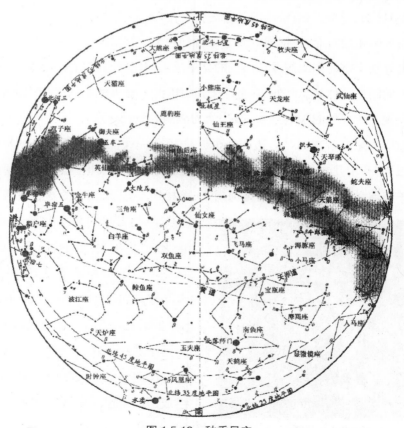

图 1.5.10　秋季星空

秋高气爽,天空刚刚拉上夜幕时,北斗七星横在地平线上,斗柄指西,这时不容易看到它。飞马当空,银河斜挂,这是秋季星空的重要特征。

在秋季星空中,最引人注目的是由四颗亮星组成的一个大方框,它由飞马座的 α、β、γ 三颗星和仙女座的 α 星构成,这四颗星除 γ 星为 3 等星外,其他都是 2 等星,所以这个四边形在天空中非常醒目。作为这个四边形左上顶点的 α 星是仙女座中最亮的一颗,从四边形中飞马座 α 星到仙女座 α 星的对角线,向东北方向延伸,仙女座 δ、β、γ 这三颗亮星(除 δ 是 3 等星外,其他两颗都是 2 等星)几乎就在这条延长线。仙女座中有一个著名的仙女座大星云 M31,名为星云,实为一个比我们银河系还大的星系。此外,仙女座还有一个流星雨辐射点,著名的仙女座流星雨通常在每年 11 月 20 日前后可见。

仙后座位于她女儿仙女座的北面。它的五颗较亮星可连成一个英文字母 W,这个 W 在秋季星空中显得特别辉煌,很容易找到。仙后座西边就是她的夫君仙王座。沿仙女座向东北方向延伸可找到英仙座,其中的一颗亮星大陵五是著名的食变双星。英仙座中也有一个流星雨辐射点,每年 7 月 27 日至 8 月 17 日,可以看到有名的英仙座流星群。仙王座、仙后座、仙女座、英仙座、飞马座构成王族星座,是秋季星空的主要星座。位于秋季四边形正南方的南鱼座有一颗名叫北落师门的亮星。秋季星空亮星很少,但像仙女座大星云 M31 这样的深空天体虽然不太亮却十分壮观。现在让我们读一读秋夜认星歌,以便记住秋季星空的主要星座。

秋夜认星歌

秋夜北斗近地平,仙后五星升当空。仙女一字东北指,飞马四星四边形。

英仙星座一主星,大陵五是变光星。南天寂寞少亮点,北落师门一明灯。

4.冬季星空

冬季星空的主要星座有猎户座、大犬座、小犬座、金牛座、双子座和御夫座等星座。在寒冷的冬天,夕阳西下后的夜空,北斗七星出现在东北低空,斗柄指向北方。冬季星空中最引人注目的是高悬于南天的猎户座。它主要由七颗亮星组成,夹在红色亮星参宿四和蓝白色亮星参宿七之间的三星被看作是猎人腰带上的明珠;著名的猎户座大星云就位于中间那颗明珠附近,民间所说的"三星高照"就是这三颗星。在我国古代天文学中,天蝎属商星,猎户属参星,刚好一升一落,永不相见,于是杜甫在诗中说:"人生不相见,动如参与商。"

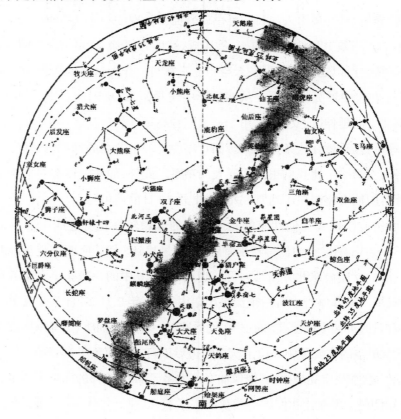

图 1.5.11　冬季星空

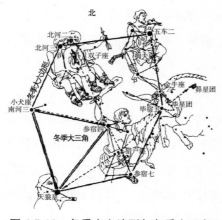

图 1.5.12　冬季大六边形与冬季大三角

顺着三星向南偏东巡去,可找到全天最亮的星——大犬座的天狼星,它是一颗双星。参宿四的正东另有一颗白色的亮星——小犬座的南河三。参宿四、天狼星和南河三组成冬季大三角,淡淡的银河从中穿过。沿猎户座三星向西北望去,可找到一颗红色亮星——金牛座的毕宿五以及附近的几颗小星,它们组成毕星团;再继续向西北巡去,可看到由6至7颗小星组成的昂星团;它们皆属金牛座。金牛座的东北是形如五边形的御夫座,其主星五车二是颗很明亮的星。顺着参宿七和参宿四的连线向东北巡去可找到双子座,它像个矩形,其中可找到两颗亮星:橙黄色的北河三和蓝白色的北河二。五车二、北河三、南河三、天狼星、参宿七、毕宿五共同组成冬季大六边形。其中的南河三、天狼星与参宿四组成冬季大三角。

现在让我们读一读冬夜认星歌,以便记住冬季星空的主要星座。

冬夜认星歌

三星高照入寒冬,昴星成团亮晶晶。金牛低头向猎户,御夫五星五边形。

北看双子东小犬,天狼全天第一星。遥望东北有北斗,指极定北方向明。

在介绍四季星空之后,有一点要特别指出:以上所说的春夏秋冬四季星象,主要是我国北方地区黄昏之后全天星星几乎出全的一段时间内所看到的情景。

为什么在一年四季大体相同的时间内,在同一地区之内所看到的星象,会是这样千差万别呢?原来是由于地球绕太阳运动形成的。地球绕太阳一年运转一周,星象则由东向西移动,一年顺次移动一遍。其实,在同一地点整夜连续观看星象,四季不同的星象同样会顺次出现在我们面前,只是随季节的变化,东升西落的先后顺序不同罢了。这种每天东升西落的现象是由地球自转形成的。因此,如果有人想尽快认识四季星象的话,不妨下点苦功夫,进行整夜观看。这样,用不了多少天就可以达到认识星空的目的了。

链接知识:你知道古代的普通人对星空已熟悉到何等程度吗?

在古代,人们为了确定季节辨别方向就必须了解天文知识,熟悉星空。不仅所有的古代科学家几乎个个都是通晓星空的天文学家,即使是妇女儿童士兵农夫也都相当熟悉星空。

明末顾炎武在《日知录》里说:"三代以上,人人皆知天文。'七月流火',农夫之辞也;'三星在天',妇人之语也;'月离于毕',戍卒之作也;'龙尾伏辰',儿童之谣也。后世文人学士,有问之而茫然不知者矣。"翻译成白话文,意思是说:夏商周三代的时候,人人都知天文。"七月流火"是农夫们说的话,"三星在天"是妇道人家说的话，"月离于毕"是戍边的士兵们所说的话；"龙尾伏辰"是儿童唱的童谣。后来的文人学士们，若问他们关于这方面知识时他们却茫然不知了。

如果在网上搜索一下，不难找到对"七月流火"，"三星在户"，"月离于毕""龙尾伏辰"的文字注释，但都没有结合星图来讲，所以有必要在此基础上再作进一步的解析。

"七月流火"中的火是指蝎子座中最亮星——红色的大火星。每年初夏入夜不久，大火星就处于南方的中天，到农历七月就偏向西边。

"三星在户"中的三星就是处于猎户座腰间的三颗亮星，俗语所说的"三星高照""福星高照"，就是指这三星。冬夜，猎户座高悬南天，明亮放光。"三星在户"就是说这三星照在门前，以喻新喜临门。

"月离于毕"中的毕是指二十八星宿中的毕宿，属西方白虎七星宿（奎娄胃昴毕觜参）之一。离通丽，附着的意思。此语意为月亮附于毕宿。

"龙尾伏辰"语出《左传》："童谣云'丙之晨，龙尾伏辰'"。注称："龙尾者，尾星也。日月之会曰辰，日在尾，故尾星伏不见。"这里的尾就是二十八星宿中的尾宿，也属于天蝎座，正是蝎子的尾巴。此语意为丙日将旦之时，龙尾之星隐伏在日月交会之处。

综上所述可知，古代的普通人都相当熟悉星空，或者说有关星空的知识在人们中已得到相当大程度的普及。

第二章　地月系

　　地月系是由我们人类居住的地球与围绕地球转动的一颗天然卫星月球所组成的天体系统。本章介绍有关地球和月球的知识，着重介绍与地球运动相关的知识，因为它是中学教学中的一个难点，也是高考中的一个重点。

§2.1 宇宙中的地球

　　按离太阳由近及远的顺序，地球是第三颗围绕太阳运动的行星。古希腊神话认为，宇宙是从混沌中诞生的，最先出现的神是大地之神该亚，所有的天神都是被尊为地母的该亚的子孙。所以直到今天，西方人仍称地球为该亚。在天文学中地球的符号是⊕，这个符号是希腊人用来表示圆球体的符号。作为人类的家园，地球自然是我们最关心的一颗行星，也是研究得最为深入的一颗行星。我们有一系列的学科专门研究地球各方面的性质，天文学则着重研究地球作为一个天体的性质。

图 2.1.1　大地之神该亚和地球符号

一、地球的形状和大小

　　在远古时，由于人类的活动范围很小，又没有精确可靠的观测手段，所以人们都不了解我们人类居住的地球具有何种形状，更不知道它的大小。世界上首先提出地球为球形的是公元前6世纪古希腊学者毕达哥斯加。随后，亚里士多德等古希腊学者从远方归来的海船总是先看到桅杆后看到船身以及在月食时看到地球投到月亮上的影子是弧形等现象中发现了地球为球形的科学论据。

　　世界上首次实测地球大小的是古希腊天文学家埃拉托色尼斯。在公元前

200多年前,面对测地球大小这样一个似乎难以解决的问题,埃拉托色尼斯却用一个巧妙而简明的方法顺利解决了。他的做法是:在埃及选择两个差不多在同一经线上的城市:赛恩城和亚力山大城。他了解到:在6月22日夏至这一天正午阳光直射赛恩城,而同一时刻在亚力山大城,阳光与铅垂线成7.2°的角。不难明白,这一角度就是两城之间的纬度差。他测知两城的距离为5000埃及里。这样就可算出在经度为1度的弧长,再乘上360就是地球整个经圈的长度,再除以2π就是地球半径的长度。当时他算得的地球半径约合6200~7300千米,与现代测量所得的值比较接近。

图2.1.2 从人造卫星上所拍摄的地球照片

17世纪,牛顿从理论上论证了地球的形状。他认为,地球由于自转,产生惯性离心力,不可能是正圆球形,应具有椭球形状。随着对地球形状大小的研究不断深入,人们发现地球近似于一个椭球旋转体。它的中间部分稍鼓一点,顶部和底部稍扁一点。赤道半径为6378千米,极半径为6356千米。确切一点说,它的南半球和北半球也不严格对称,它的表面有高低起伏。于是,有的人认为地球成梨形,甚至认为成土豆形。但按比例算,地球表面各处到地球中心的距离相差都很少,即使考虑到山脉的高度和海洋的深度,地球仍然是很平滑的,山脉的高度和海洋的深度大约只占其直径的1/600,换句话说,如果地球是一个直径为一米的球,那么山脉的高度和海洋的深度离海平面不到一毫米。从宇宙空间看地球既不像梨,也不像土豆,倒像一个滚圆的球。(见图2.1.2)

二、地球的内部结构

目前人类开掘的钻井最深不过十几千米,对于地球内部的研究只能靠一些间接的方法,其中最主要的方法是分析研究地震波。此外,通过对人造地球卫星的运动的研究和对高温高压下的物质的物理性质与化学性质的研究也有助于对地球内部结构的深入了解。

　　地震波的折射和散射表明,地球内部由地核、地幔和地壳三部分组成。中心是地核,中间是地幔,外层是地壳。地壳与地幔之间的分界是莫霍面,地幔与地核之间的分界是古登堡面。地核的平均厚度约 3400 千米。地核可分为外地核和内地核,外地核物质大致成液态,可

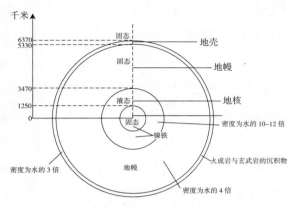

图 2.1.3　　地球内部结构示意图

流动;内地核物质是固态的,主要由铁、镍等金属元素构成。地核的温度和压力都很高,估计温度在 5000℃以上,压力达 1.32 亿千帕以上,密度为每立方厘米 10 至 12 克。地幔厚约 3000 千米,地幔上部存在一个软流层,下部为可塑性固态。地壳非常薄,大陆地区的地壳平均厚度为 33 千米,海洋的地壳的平均厚度不到 10 千米。

三、地球的外部圈层

地球的外部圈层由大气圈、水圈和生物圈这三部分所组成。

1.地球的大气圈

　　在地球表面,包围着一层空气,称为大气层或大气圈。大气圈的高度,随地球纬度不同而有所不同。在赤道上空,大气层的高度约为 4200 千米,在两极则仅 2800 千米。这个包围着地球的大气圈使地球上的生命与宇宙空间相隔离并使地球上的生命免遭太阳辐射的伤害。

　　距地球表面最近的一层叫对流层,它的厚度不一,在地球两极上空约为 8 千米,在赤道上空约为 17 千米。空气的移动是以上升气流和下降气流为主的对流运动,"对流层"因此而得名。对流层集中了 75% 大气质量和 90% 的水汽,风、

霜、雨、雪、云、雾等天气现象,都发生在对流层内。

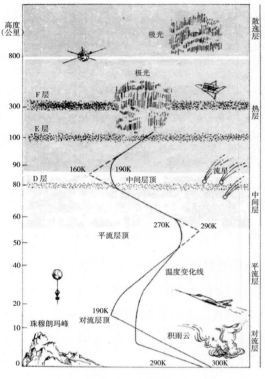

图 2.1.4　地球大气铅直分布

对流层以上是平流层,大约距地球表面 20 ~ 50 千米。平流层的空气比较稳定,大气是平稳流动的,故称为平流层。在 30 千米以下是同温层,其温度在 -55℃ 左右,基本不变。这里基本上没有水气,尘埃很少,并且晴朗无云,很少发生天气变化,适于飞机航行。

从平流层顶到 85 千米高度为中间层,气温随高度增高而迅速降低,最高处气温低至 -90℃ 左右。从 85 千米到 500 千米这一层,称为热层或暖层。这一层的特点是温度随高度升高而升高。据探测,在 300 千米高度上,气温可达 1000℃以上。空气处于高度电离状态。这一层空气密度很小,在太阳紫外线和宇宙射线的作用下,氧分子和部分氮分子被分解,并处于高度电离状态,故热层又称电离层。电离层具有反射无线电波的能力,对无线电通讯有重要意义。

热层以上就是大气的外逸层了。它的下限约在 800 ~ 1000 千米,上限可伸展到 3000 千米以上。这里是地球大气与星际空间的过渡地带,空气非常稀薄,一些高速运动的空气分子和原子会逃逸到宇宙太空中去,所以这一层又称散逸层。

如果根据化学成分来划分,那就主要分为均匀大气层和非均匀大气层。地球大气的结构也可按电离浓度的标准来划分,分为电离层和非电离层。

在均匀大气层中,大气成分在发生变化。在外大气层中,诸如扩散、混合、离解之类的过程正在进行,引起这个稀薄大气层的组成发生变化。

电离层就是由太阳短波辐射和宇宙线产生的电子和离子所组成的区域。这个区域通常依照高度的增加划分为 D 层、E 层、F1 层和 F2 层几个层次。电离层是极易变化的,带电粒子的数量取决于太阳黑子数、季节、纬度和昼夜交替变化。

按成分看,大气的主要成分是氮分子(78%)和氧分子(21%),在剩下的 1%中占得最多的是氩、水蒸气和二氧化碳。另外,诸如氖这样的惰性气体所占的比例很少。臭氧(O_3)出现在约 25 千米高的大气层中。由于氧分子受紫外线光的辐射而离解,氧原子和氧分子结合成臭氧。

地球的大气密度和气压随高度增加而迅速下降。位于 6 千米以下的空气占空气总质量的一半。在靠近 160 千米的高度,空气的密度与海平面上空气的密度的比率下降到 10^{-9}。

2.地球的水圈

我们的地球表面大部分都被海洋所覆盖,在地球的陆地上有许多江河湖泊,有丰富的地表水和地下水。地表水和地下水与海洋息息相通,可以看作是连续的水层。这就形成了这个行星特有的水圈。

液态水存在的温度条件是要在 0℃ 至 100℃ 之间。地球表面平均温度为15℃,所以能保存水圈。金星和水星的表面原来也曾有过液态水。金星的温度过高,其上的水只能以水汽的形式存在于大气中。水星昼夜温差高达 600℃,水只可能在两极的永久阴影区以冰的形式存在。火星因温度太低,水只能以薄冰的形式覆盖在其两极表面。比火星更远得多的木星、土星、天王星、海王星和冥王星温度更低得多,更不可能有液态水组成的水圈了。所以,地球是太阳系中唯一具有水圈的行星。而这一点正是地球能生存无数各式各样生物的一个最重要条件。

3.地球的生物圈

据统计,地球上的生物约有 200 多万种,其中动物 100 多万种,植物几十万种,还有十多万种微生物。它广泛分布在大气圈的下层,水圈、岩石圈以及土壤里,上限达大气对流层顶部,下限达地下数千米深处。一切栖息于地球上的生物相互依存共同形成了一个整体圈层,叫生物圈。生物圈可划分为陆地生物圈、水生物圈和大气生物圈,这三个部分又可进一步划分为几个层次。

陆地生物圈是陆地生物栖息的领域。在陆地表面有一个土壤生物圈,它通常划分为从地表起到树顶为止的植物生物圈和因岩石风化而成的表土圈。处在土壤生物圈之下的是岩石生物圈，它可分为好氧生物有可能生存的地下台地生物圈和只有厌氧生物才能生存的地下岩石生物圈。岩石里的生物主要存在于地下水之中。

在岩层深部，存在着蔓延生命的两个极限，也就是100℃等温线和460℃等温线。在标准大气压情况下，达到100℃，水就变成蒸汽，蛋白质就会凝固。达到460℃，水在任何压力下都变为蒸汽，即是说就不可能存在生命。通常，生命在地壳中达到的深度不过3~4千米，最多为6~7千米。生命只是偶然地以不稳定方式达到更深的地方——贫生物圈。在贫生物圈以下依次为地下亚生物圈和非生物圈。前者还有可能存在生命的痕迹，后者就根本不会有生命存在。

所谓水生物圈，就是地球上所有水生物栖息的水的世界，它包括海洋生物圈和大陆水域生物圈。按照它们的光照明暗程度，又可分为比较明亮的发光层、光总是很弱的半发光层和非常黑暗的无光层。对海洋和大陆水域的勘察表明，水生物资源远比陆地生物资源丰富，开发水生物资源具有广阔的前景。

大气生物圈是空中微生物栖息的区域。微生物栖息的基地是大气中的水汽，其营养源泉是太阳能和悬浮微粒。大概从树顶延伸到云出没的地方是对流层生物圈。在对流层生物圈以上是微生物很稀少的平流层生物圈。在平流层生物圈以上延伸的一层空间中，因为风有时将低层的微生物吹上来，所以在这层空间中，只是偶然地而不是经常地出现生命。这一层空间被称为亚生物圈。在亚生物圈以上近地太空是航天器和航天人员经常出没的地方。它被称为泛生物圈，或人为生物圈。应当指出，地球上的绝大多数生物都集中在地表上下几千米之内的区域，这个区域叫优生物圈。

地球生物的多样性不仅表现在各种生物的外观不同，而且还表现在它们对不同生存条件的适应能力不同。有的耐严寒，有的耐高温，有的耐干旱，有的耐高压，有的甚至是厌氧的。例如，生活在海洋几千米深处的鱼看不到日光，总是忍受着上面水层的巨大压力，所以它们没有生活在水面上的鱼的普通视觉器官，而它们的血压是如此之高，以至于当把它们放到压力比较小的水面上时它们就会爆胀而死。反之，如果把生活在水面上的鱼放到深海里去，它们就会被挤压而死。在热带或温带的植物都反射大量的太阳光，以避免危险的高热，但生活在恶劣气候条件下的高山植物却都反射携带热量不多的那部分太阳光。这就导致高山植物的颜色与其他植物不同,使它们的叶子呈棕红色。

尤其令人惊奇的是一些微生物,其生命力之顽强远远超出人们的想象。例如:1969 年登上月球的美国宇航员康拉德来到了 1967 年"探测者"号月球探测器在月球上着陆的地方,取出了"探测者"号上的相机。回到地球后,科学家惊奇地发现栖息在这个相机内的细菌在月球上度过了两年半岁月后,竟依然活着。因此,了解地球生物圈及其生物的多样性,对我们探索地外生命具有重要的借鉴作用。

四、地球磁场、地球磁层与地球辐射带

1.地球磁场

从我国古人发明指南针以来,人们就已经知道地球存在着南北极对称的磁场。地球磁场是指由于地球本体具有磁性,而使地球和近地空间存在的磁场。就一次近似而言,地球的磁场可以模拟为一个简单的偶极子的磁场,近似于把一个磁铁棒放到地球中心,使它的 N 极大体上对着南极而产生的磁场形状。当然,地球中心并没有磁铁棒,但地球有一个液态导电的核,并且自转较快,而电流在导电液体核中流动会发生一种能够产生磁场的发电机效应。在地球磁极处,垂直方向的场强为 0.63 高斯。在赤道处,场强为 0.31 高斯。地磁极是接近南极和北极的,但并不和南极、北极重合,一个约在北纬 72°、西经 96°处;一个约在南纬 70°、东经 150°处。磁北极距地理北极大约相差 1500 千米。 如图 2.1.5 所示,磁轴与地轴有一个约为 11.5°的夹角。

更确切地说,地球上不同的地方的磁场与一个简单的偶极子磁场并不完全一致,因为在地壳内存在磁性物质。另外,由于太阳活动的影响,磁

图 2.1.5　地球的磁场

场也发生短周期的起伏。在地球表面任一指定地点,磁场都在缓慢地变化,这样的变化叫做长周期变化。

矿物可以记录过去地球磁场的方向,人们利用这一点,发现在地球46亿年的生命史中,地磁的方向已经在南北方向上反复反转了好几百次。在最近几百万年的时间里,地球的磁极已经发生过多次颠倒:从69万年前到目前为止,地球的方向一直保持着相同的方向,为正向期;从235万年前至69万年前,地球磁场的方向与现在相反,为反向期;从332万年前到235万年前,地球磁场为正向期;从450万年前至332万年前,地球磁场为反向期……从目前的科学考察的结果来看,人类还没有发现磁极颠倒会给地球带来灭绝性的灾难。目前人类的科技水平比起69万年前地球磁极颠倒时,已不知高出多少倍了,因此,即使地球磁极发生颠倒,人类也完全有能力应对它。

2.地球磁层

图2.1.6　地球的磁层

根据人造卫星探测表明,由于在高空受到太阳向外辐射出来的大量粒子流(即太阳风)的影响,所产生的冲击波改变了理想的地球偶极子磁场的分布,使地球的磁力线向后弯曲,地磁场朝太阳方向的最前面形成一个背着太阳方向延伸的包层,称为"地球磁层"。它位于地面600~1000千米高处。磁层的边界称为磁层顶,位于地面5万至7万千米高度上。由于太阳风的压缩使地球磁力线向背着太阳一面的空间延伸很远,形成一个圆柱状的尾巴,这就是所谓的地球磁尾。其半径为22个地球半径,其长度可达几百个甚至一千个地球半径。远远看去,地球磁尾如同彗星一样,由方向相反的磁力线组成。

3.地球辐射带

地球辐射带是指地球磁场俘获的带电粒子带。它是太阳风中的一些带电粒子闯入地球磁层时被地球磁场俘获而形成的。地球辐射带的带电粒子都是高能粒子,它们在地球磁场的作用下绕着磁力线作螺旋运动,在靠近两极处被反射回来并不断辐射出电磁波。地球辐射带分"地球内辐射带"和"地球外辐射带"。其内辐射带离地面高度1至2个地球半径,范围限于磁纬度+40与−40°之间,东西半球并不对称,两半球的内辐射带均向赤道方面

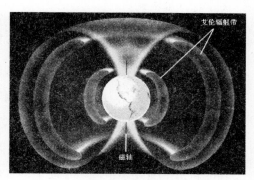

图 2.1.7　地球的辐射带

突出。此带是由美国范艾仑于1958年分析人造卫星探测的资料时所发现,故亦称范艾仑带。地球外辐射带高度在3至4个地球半径之间,厚约6000千米,它比较稀薄,带电粒子的能量比内辐射带小。地球两极上空无辐射带。

综上所述可知,对我们地球上的人类和一切生物来说,地球磁场与地球大气一样,起着一种保护伞的作用。地球大气能阻挡太阳光中的紫外线等有害成分对地球上所有生命的侵害,而地球磁场则能将从太阳和其他天体射来的高能粒子俘获而形成地球辐射带。由于地球辐射带内有较强的高能粒子,所以载人飞船如迅速通过它,宇航员尚可无碍,若停留过久则会伤害宇航员的健康。

五、地球既是太阳系中一颗普通行星,又是太阳系中一颗特殊的行星

为什么说地球是太阳系中的一颗普通行星?这是因为在太阳系的八大行星中,地球的质量、体积、平均密度和公转、自转运动,与其他行星相比,尤其是与类地行星相比,并没有什么特别的地方。按八大行星离太阳的距离来说,地球处于第三位;按质量和体积比较,地球都处于第五位。地球的自转和公转速度,在八大行星中,既不是最快,也不是最慢,其平均密度与其他类地行星也差不多。所以,从这些方面看,地球确是一颗普通行星。

为什么又说地球是太阳系中一颗特殊的行星?这是因为它是太阳系中目前惟一已知有生物,特别是有高级智慧生物的行星。

那么,为什么地球会成为拥有包括高级智慧生物人类在内的众多生物的星

球呢？应该说，这与地球所处的优越的宇宙环境和地球自身具有的优越条件有关。

从地球所处的宇宙环境看，主要有以下几个优越条件：(1)太阳在过去50亿年中没有明显的变化，并还将保持这种状态达50亿年之久，这就使地球有稳定的光照条件，生命从低级向高级的演化没有被中断。(2)太阳系的各大行星和大多数小行星都以近似圆形的轨道围绕太阳运动，不仅公转方向一致，而且绕太阳公转的轨道平面几乎在同一平面上，所以它们各行其道，互不干扰，使地球处于一种比较安全的宇宙环境之中。(3)由于在地球外侧一定距离上存在着巨行星木星和土星，它们大大减少了近地小天体撞击地球的几率，起着地球保护神的作用。(4)由太阳风形成的太阳磁层，对抵御来自太阳系之外的有害宇宙辐射起到屏蔽保护作用。

从地球自身条件看，主要有以下几个优越条件：(1)地球与太阳的距离适中。由于日地距离适中，使地球既不过热又不太冷，表面平均气温约为15℃，这就保证了地球上液态水的存在，为生物的生存和发展创造了条件。(2)地球的体积和质量适中。这就使地球的引力能将大量气体聚集在它的周围，形成一层包围地球的大气层，这个大气层不仅适合生物的呼吸而且还在阻挡太阳紫外线对生物的伤害方面起着一顶保护伞的作用。(3)单是适中的日地距离，还不能保证地球有适宜的温度，这还与地球有合适的自转和公转方式，并具有适宜的大气有关。地球每天自转一圈，白天与黑夜交替既不过长又不过短，再加上有一层以氮气和氧气为主的大气，具有很好的调节气温作用，所以，昼夜的温度变化较小。地球又是倾斜着身子绕太阳公转，由此造成有四季交替。月球离太阳的距离和地球差不多，但自转太慢，又无大气，只能成为一个昼夜冷热悬殊的无生命世界。(4)地球表面70%被水覆盖，而拥有大量的液态水，这正是地球与其他星球最重要的区别之一。水对生命的诞生和繁衍具有决定性意义。地球生命正是首先从海洋中诞生，然后逐渐进化、演变，使地球成为到处活跃着各种生物的星球。(5)由于地球具有较强的磁场，地球大气中有电离层，对地球生命免受来自宇宙的有害辐射的扫荡起了很好的保护作用。

§2.2 地球的自转运动及其相关现象

地球的运动有许多种，其中最基本的两种运动形式是地球的自转运动和地球的公转运动。这里先讲地球的自转运动及其相关现象。

一、地球的自转运动

地球不停地围绕其自转轴作旋转运动,称为地球的自转运动。地球自转的方向是自西向东的,因而才会有天球以相反的方向自东向西地旋转运动。地球的自转轴简称地轴,它通过地球的中心和南北两极。从北极上方看,地球是按逆时针方向自转;从南极上方看,地球则是按顺时针方向自转。

为了计量地球自转运动的周期,必须在地球之外选定参考点。由于地球的自转运动,被选定的参考点两次回归到同一方向时,其间的时间间隔就是地球自转周期。以恒星为参考点所测得的地球自转运动的周期叫恒星日,它是恒星连续两次通过同一子午圈的时间间隔。在一个恒星日中,地球自转360°,这是地球自转的真正周期。一个恒星日分为24个恒星时,一个恒星时分为60个恒星分,一个恒星分分为60个恒星秒。以太阳中心为参考点所测得的地球自转运动的周期叫真太阳日,它是太阳中心连续两次通过同一子午圈的时间间隔。一个真太阳日分为24个真太阳时,一个真太阳时分为60个真太阳分,一个真太阳分分为60个真太阳秒。

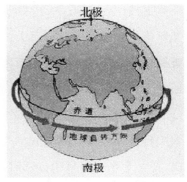

图 2.2.1 地球的自转

真太阳时不是均匀的时间系统,真太阳日时长时短,相差最大的可达51秒。其原因在于地球在自转同时还绕日公转,而且公转速度是不均匀的。为了建立一

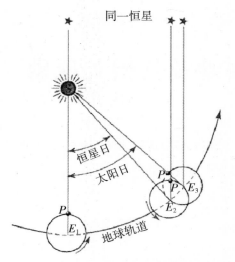

图 2.2.2　太阳日与恒星日二者关系示意图

个均匀的太阳时系统，天文学家引入一个天球上的假想点——平太阳。其引入方法如下：首先假定在黄道上有一个以真太阳平均速率做匀速动的点，它与真太阳同时过近日点和远日点；又假设在天赤道上也有一个做匀速运动的点，其速率与第一个假想点相同，并且两者同时过春分点。这第二假想点就是平太阳。以假想平太阳为参考点，连续两次过同一子午圈的时间间隔为一个平太阳日。一个平太阳日分为 24 个平太阳时，一平太阳时等于 60 平太阳分，一个平太阳分等于 60 平太阳秒。平太阳时是一种均匀的太阳时系统，简称平时，就是我们日常用的时间系统。因真太阳时不是均匀的时间系统，不同日子的真太阳时是有长短变化的，而平太阳时是均匀的时间系统，无论什么日子都一样长。由此可知，真太阳时与平太阳时在不同的日子就有不同的时差，这三者关系是：时差 = 真太阳时 – 平太阳时

　　显然，时差不是一个固定值，时差随时间的变化曲线叫时差曲线。在中国天文年历的太阳表中载有每天的时差的数值。平太阳是假想点，平太阳时无法通过观测得到。但任何一天的真太阳时可由观测得到，时差可通过查天文年历得到，通过上式就可算得平太阳时。

　　平太阳日与恒星日也不一样长，1 平太阳日 = 1.0027379 恒星日。为什么平太阳日要比恒星日稍微长一点呢？原因在于地球除自转外还围绕太阳公转，所以，在一个平太阳日中，地球自转所转过的角度要比 360 度多 59 角分，或者说一个平太阳日要比一个恒星日长 3 分 56 秒。

二、地球自转的角速度和线速度

　　地球自转速度有角速度和线速度两种。地球自转角速度是每恒星日360°。因

为恒星日只比太阳日短 3 分 56 秒,接近 24 小时。所以,地球自转角速度约为每小时 15°,每 4 分钟 1°。由于地球是球体,除南北两极点外,任何地点的自转角速度都一样。

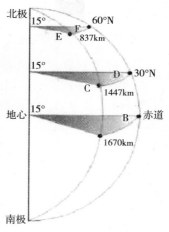

地球自转的线速度则因各地纬度的不同而有差异。这是因为纬线圈的周长自赤道向两极逐渐减小。赤道处纬线圈最长,自转线速度最快。赤道上的自转线速度为: $V_0 = 2\pi R/24$ 小时 $= 1670$ 千米 / 小时 $= 464$ 米 / 秒。式中 R 为赤道半径。地球表面上任一点的自转线速度与所在地纬度的余弦成正比,

图 2.2.3　地球自转的线速度

即在纬度 ϕ 处的自转线速度 $V_\phi = V_0 \cos\phi$ 式中 V_0 为赤道上的自转线速度。依上式可求出任何纬度上的自转线速度,纬度 30° 处的线速度为 402 米 / 秒,60° 处为 232 米 / 秒,两极为零。

三、地球自转与天体的周日视运动

由于地球每日自西向东旋转,而处于地球上的观测者觉察不到地球的自转,却看到了整个天球上的天体都在自东向西围绕天轴作周日旋转运动。这种天体周日视运动的轨迹都是平行于天赤道的圆圈,称为周日平行圈。天赤道是最大的周日平行圈。越靠近天极,周日平行圈就越小,在天极上周日平行圈缩为一点。

如果我们把望远镜指向天极,让底片长时间曝光,星星绕天极旋转的轨迹就能在底片上留下一个个圆圈,这些圆圈的共同圆心就是天极的位置。

图 2.2.4　天体的周日运动

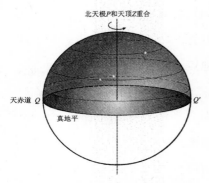

图 2.2.5　在两极处天体的同日运动

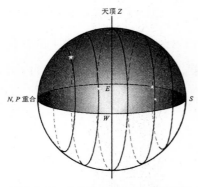

图 2.2.6　在赤道上天体的周日运动

1.在两极上（φ = ±90°）

观测者位于北极上抬头看天球，如图 2.2.5 所示，北天极 P 与天顶 Z 相合，地平圈与天赤道相合。因此，天赤道以北的星体永远自东向西平行于地平圈作周日运动。它们常显不落，称为恒显星；反之，天赤道以南的星体，永隐地平以下，称为恒隐星。如果观测者站在南极上看天球，那么在北极看不到的恒隐星变为恒显星，看到的恒显星变为恒隐星。

2.在赤道上（φ = 0°）

观测者位于赤道上，如图 2.2.6 所示，天北极 P 与北点 N 相合，南天极 P′ 与南点 S 相合；天赤道 QQ′ 穿过天顶和天底，所有天体的周日平行圈都和地平圈垂直。因此，它们都垂直上升和下落，每天有 12 小时在地平以上，12 小时在地平以下。显然，在赤道上的观测者可以看到天球上所有的恒星。

3.在赤道和两极之间（0° < φ < 90°）

在这些地区内，天轴和地平面斜交，其交角等于观测者的地理纬度 φ；周日平行圈也和地平面斜交，其交角等于 90° − φ。所有恒星都倾斜上升，倾斜下落。在北半球上当观测者越向高纬度移动时，北天极 P 越靠近天顶 Z，周日平行圈和地平圈的交角越小，所见南天的恒星越来越少；反之，当观测者向低纬度的地方移动时，北天极 P 的高度逐渐下降，周日平行圈和地平面的交角逐渐增大，所见南天的恒星逐渐增多。

综上所述可知，在地球上，只有

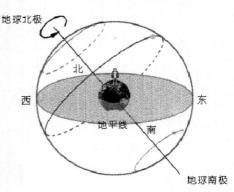

图 2.2.7　在赤道和两极之间天体的周日运动

赤道上的观测者可以看到天球上的全部恒星,其他地区,或多或少地有些恒星永不下落成为恒显星, 有些恒星永不上升成为恒隐星。恒显星的条件是其赤纬 $\delta \geqslant 90°-\phi$, 恒隐星的条件是其赤纬 $\delta \leqslant -(90°-\phi)$ 而能见升落的恒星的赤纬 δ 必在以上两个界限之间, 即 $90°-\phi > \delta > -(90°-\phi)$。

四、地球的昼夜更替

由于地球是一个不发光、也不透明的球体,所以在同一时间内,太阳只能照亮地球表面的一半。向着太阳的半球是白天,称作昼半球;背着太阳的半球是黑夜,称作夜半球。在不考虑太阳的视半径和大气折光对昼、夜长度影响的情况下, 昼半球和夜半球的分界线是一个大圆圈,称作晨昏圈或晨昏线。如图 2.2.8 所示,晨昏线所在平面与太阳光线垂直,平分赤道。晨昏线移动方向为自东向西,与地球的自转方向相反。

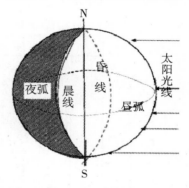

图 2.2.8 晨昏线

晨昏线由晨线和昏线组成,顺着地球自转的方向,由夜半球进入昼半球的为晨线,由昼半球进入夜半球的为昏线。 在昼半球上的纬圈弧长称为昼弧,在夜半球上的纬圈弧长称为夜弧。由于地球不停地自转,昼夜就不断交替。昼夜交替的周期就是太阳日,为 24 小时。由于昼夜交替的周期不长,这就使得地面白昼增温不至于过分炎热,黑夜冷却不至于过分寒冷,从而保证了地球上生命有机体的生存和发展。应当指出,把地球上的昼夜交替仅仅归结为由地球的自转引起并不全面。如果地球没有自转运动而只有公转运动,那么地球上也会有昼夜交替,只是周期很长,等于它的公转周期,也就是一年。如果地球自转周期和它的公转周期相等,那地球将永远以一面朝向太阳。朝向太阳的一面就会过热,背面则过于寒冷,就不适宜生命在地球上生存和发展。

五、地方时、区时和世界时

由于地球自转,地球上不同经度的地方有不同的地方时:经度每隔15°,地方时相差1小时;经度相差1°,地方时相差4分钟。东边的地方时总是早于西边。

为了统一时间,国际上采用每15°,划分一个时区的方法,把全球分为24个时区,每个时区都以中央经线上的地方时作为全区共同使用的时间,即区时。

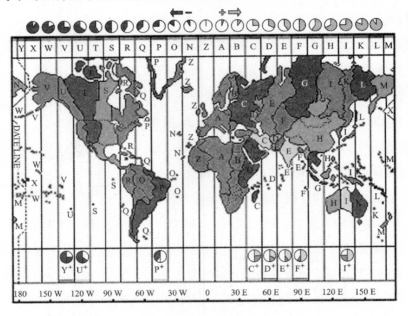

图 2.2.9　时区的划分

国际上规定,以英国伦敦格林尼治天文台中星仪所在的子午线(0°经线)作为时间和经度计量的标准子午线,这条子午线称为本初子午线,或零子午线。本初子午线为中央经线的时区为中时区(即零时区),跨东西经各7.5°。中时区以东依次是东1区、东2区⋯⋯东12区,它们的中央经线分别为东经15°、30°⋯⋯180°;中时区以西依次是西1区、西2区⋯⋯西12区,它们的中央经线分别为西经15°、30°⋯⋯180°。其中东12区和西12区各跨7.5°,叠加为12时区。每一时区的东西界线(亦即相邻两时区的界线)各距中央经线7.5°。

国际上规定,把通过英国伦敦格林尼治天文台原址的经线(0°经线)的地方时称为世界时。中国目前统一采用北京所在的东 8 区的区时(东经 120°的地方时),称为北京时间。请注意:北京时间不是北京的地方时,而是东经 120°的地方时, 即东 8 区的中央经线的地方时, 也是东 8 区的区时;北京的地方时是东经 116°19′的地方时,比北京时间晚 14.7 分钟。

六、日界线

国际上规定,把东西 12 时区的中央经线 180°经线作为国际日期变更线,简称日界线。日界线是地球上新的一天的起点和终点,地球上的日期的变更,都从这条线开始。

实际日界线不是一条直线,而是有些曲折,不完全按 180°经线延伸。这是为了照顾附近国家居民生活的方便,日界线避免通过陆地。过日界线的日期计算是这样的:从东 12 区向东过日界线进入西 12 区,日期减一天;从西 12 区向西过日界线进入东 12 区,日期加一天。

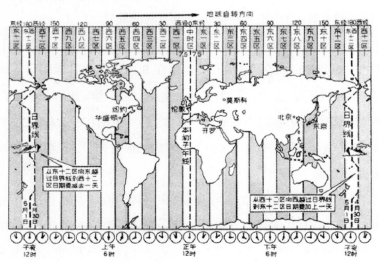

图 2.2.10　日界线

历史上就因不明此理而发生过一些所谓"丢失一天"或"多出一天"的事件。其中最著名的事件就是所谓的"麦哲伦船队丢失一天"事件。完成人类第一次环球旅行的麦哲伦船队是逆着地球自西向东的自转方向由东向西航行的。根据西班牙人的记录，从麦哲伦的船队出发那一天算起，到返抵西班牙一共有 1082 天，可是船队的记录却只有 1081 天。他们大为惊奇自己明明每天都记日记怎么丢失了一天，还因此不得不莫名其妙地去教堂进行忏悔，祈求上帝对他们的宽恕。其实，他们的日记并没有少记一天，问题就出在他们是由东而西穿越日界线的，理应加上一天。还有一个相反的例子是 18 世纪时俄国移民到北美阿拉斯加，由于他们是顺着地球自西向东的自转方向航行的，是由西而东穿越日界线的，因此就多出了一天。

正是为了避免再次发生这样的误会，1884 年 10 月，人们在美国华盛顿召开了"国际子午会议"，会上确定了一条"国际日期变更线"，并以此线上的子夜（即地方时间零点）为全球日期分界线。从此，类似麦哲伦船队丢失日子的那种误会再也不会发生了。

七、落地偏东和沿地表运动的物体的偏移

由于地球的自转，会产生一些原来意想不到的现象。

其一是落地偏东现象。当物体从地面上空 A 处下落时，不是垂直下落到地心 0 和 A 的连线与地面的交点 B 处，而是落在 B 点之东。其原因是地球自转的线速度与线半径成正比，A 处的线半径比 B 处大，其线速度比 B 处大。在下落过程中物体保持原有的线速度，势必落在 B 处之东。根据实验，从高 35 米下落的物体，东偏 11.5 毫米。英国有人曾在 1524 米深的矿井内，作下落物体的实验，结果，物体在井底东偏 76 厘米。

其二是沿地表运动的物体的偏移现象。在自转的地球表面上，一切沿地表作水平运动的物体，不论其朝哪个方向运动都会偏离其初始的运动方向：在北半球上向右偏，在南半球向左偏。这些现象既是地球自转的结果，也是地球自转的有力证据。

为什么沿地表作水平运动的物体会发生偏移现象？因为地球的自转会产生一种地转偏向力。这种地转偏向力是法国数学家科里奥里于 1835 年提出来的，

所以又称为科里奥里力。正是这种力使在地球上运动的物体发生偏移。因为任何物体在运动时都有惯性，总是力图保持原来的方向和速度。如图 2.2.11 所示，在北半球，物体向北沿经线取 AB 方向作水平运动，经过一段时间，O 转到 O′ 的位置。沿经线方向的物体，由于惯性，必然保持原来的方向和速度，取 A′B′ 的方向前进。这时，在 O′ 的位置上的人看来，运动物体已经离经线方向而向右偏了。同理可证，沿纬线方向运动的物体也向右偏，南半球则向左偏。只有在赤道上，水平运动的物体没有右偏和左偏现象。

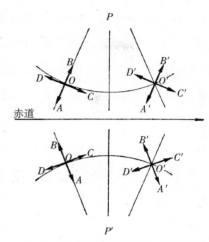

图 2.2.11　解释落地偏东示意图

由此可知，大气中的气流、大洋中的洋流都会发生偏移。这对地表热量与水分的输送交流，对全球热量和水量的平衡都有着巨大的影响。北半球的河流向右偏移，其右岸因受冲刷较强而变得陡峻，左岸则较为平坦。南半球则相反，左岸陡峻，右岸平坦。懂得这一点，我们就能理解，为什么由西向东流的长江黄河南岸陡峻，北岸平坦，发大水时南岸的防汛任务更为艰险。

八、地球自转对地球形状的影响

地球自转所产生的惯性离心力，使得地球由两极向赤道逐渐膨胀，成为目前略扁的旋转椭球体的形状。

这个椭球体的半长轴，即地球赤道半径为 6378.1 千米；半短轴，即地球的极半径为 6356.8 千米，两者相差约 21 千米。这个差值与地球平均半径相比是很小的，所以从太空看地球，仍觉得是一个圆球体。

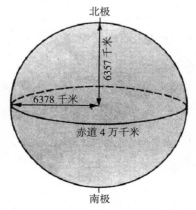

图 2.2.12　地球自转对地球形状影响示意图

在太阳系八大行星中,凡是像地球那样自转速度比较小的行星,产生的惯性离心力就小,对其形状的影响就小,看起来接近于一个圆球。反之,凡是象木星那样自转速度比较大的行星,产生的惯性离心力就大,对其形状的影响就大,看起来是一个比较扁的椭球。这可以说是一种普遍规律。

§2.3 地球的公转运动及其相关现象

地球除了围绕其自转轴作自转运动外,还围绕太阳作公转运动,由此造成天体视位置的周年变化,形成了太阳正午高度和白昼长度有规律的变化,并形成了地球上的四季和五带。

一、地球的公转运动

地球围绕太阳转动,叫做地球的公转运动。由开普勒行星运动第一定律知道,其运动轨道是一个椭圆。不过,它的偏心率很小,接近正圆。太阳位于这个椭圆的一个焦点上。地球到太阳的距离是有变化的。在近日点时,日地距离为1.47亿千米,在远日点时,日地距离为1.52亿千米,日地平均距离为1.49千米。现阶段地球1月初经过近日点,7月初经过远日点。地球公转轨道是个椭圆,但其轨道平面与天球相截是个大圆圈。这个大圆圈称为黄道。黄道有两个极:北黄极和南黄极。从北黄极往下看地球的公转运动,其运动方向与地球自转方向相同,是逆时针方向,亦即是自西向东的。

地球的公转周期是一年。地球围绕太阳公转360°的时间间隔是一个恒星年,它等于365.2422日或365日6小时9分9.7秒。天文

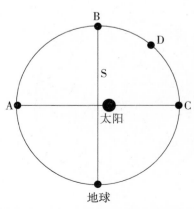

图2.3.1 地球的公转轨道是个椭圆

上通常所说的年是回归年，它是太阳视运动两次过春分点的时间间隔，等于 365.2422 日或 365 日 5 小时 48 分 46.08 秒，与恒星年很接近，只短 0.01416 日或 20 分 24 秒。

由开普勒行星运动第二定律知道，地球的公转速度与太阳的距离有

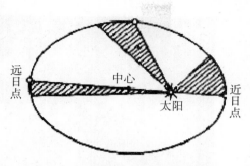

图 2.3.2 地球公转时掠面速度相等

关。如图 2.3.2 所示，地球公转时掠面速度相等，地球在近日点时速度快，角速度为每日 1°1′11″，线速度为每秒 30.3 千米；地球在远日点时速度慢，角速度为每日 57′11″，线速度为每秒 29.3 千米；平均角速度为每日 59′8″，线速度为每秒29.8 千米。

由于地球公转速度的快慢变化，就形成了自春分经夏至秋分的半年（夏半年）中的日数多于自秋分经冬至春分的半年（冬半年）中的日数，前者是 186 天，后者是 179 天。

二、天体视位置的周年变化

1.太阳的周年视运动

尽管，实际上是地球在围绕太阳运动，但人在地球上不觉得地球绕太阳运动，只看见太阳在星空背景上沿黄道运动，其运动周期与地球的公转周期相同。这种运动称为太阳周年视运动，简称太阳视运动或太阳周年运动。

2.黄道 12 宫与黄道星座

古代的天文学家早就发现，黄道上分布着 12 个星座，太阳每年都依照相同的顺序通过这 12 个星座。古代巴比伦、希腊天文学家为了表示太阳在黄道上的位置，将黄道分为十二段，这十二段称为黄道十二宫。在黄道上从春分点起，每隔 30 度为一宫。十二宫次序为：白羊宫、金牛宫、双子宫、巨蟹宫、狮子宫、室女宫、天秤宫、天蝎宫、人马宫、摩羯宫、宝瓶宫和双鱼宫。

在 2000 多年前，黄道十二宫与黄道上的十二个主要星座基本上一一对应。

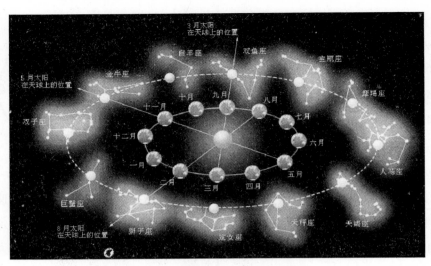

图 2.3.3　黄道 12 宫与黄道 12 星座

当时春分点在白羊宫,称为"白羊宫第一点"。因为宫与星座基本相符,春分点自然也在白羊座。由于岁差的缘故,春分点的位置每年在黄道上西移约 50.2 角秒,2000 多年来共西移 30 多度。这样,2000 多年前在白羊座中的春分点现在已移至双鱼座,因而宫和星座已不吻合,或者说已向西错后一个星座。

虽说黄道上只有 12 宫,但按现代天文学对星座的正规划分,黄道上分布的星座不是 12 个,而是 13 个。与前面所说的黄道 12 星座相比,只多一个蛇夫座。它处于天蝎座与人马座之间。古代,蛇夫座属于天蝎座,只是因为天蝎尾部亮星过于偏南,蛇夫的脚又无处可放,才将这一部分星空以及与天蝎体形无关的部分连同一段黄道带从天蝎座划为蛇夫座。目前阶段太阳进入各黄道星座的日期如下表所示:

人马座:12 月 18 日~1 月 18 日　　魔羯座:1 月 19 日~2 月 15 日

宝瓶座:2 月 16 日~3 月 11 日　　双鱼座:3 月 12 日~4 月 18 日

白羊座:4 月 19 日~5 月 13 日　　金牛座:5 月 14 日~6 月 20 日

双子座:6 月 21 日~7 月 19 日　　巨蟹座:7 月 20 日~8 月 19 日

狮子座:8 月 20 日~9 月 15 日　　室女座:9 月 16 日~10 月 30 日

天秤座:10 月 31 日~11 月 22 日　　天蝎座:11 月 23 日~11 月 29 日

蛇夫座:11 月 30 日~12 月 17 日

时下在一些人中流行说自己属于什么星座。这里所说的星座就是黄道十二宫里的星座。只要知道生日,对照以上时间表,就可知道对应的星座。比如生于5月16日,就属于金牛座;生于是10月1日,就属于室女座。作为一种趣谈,仅此而已,是可以的。不过,应当指出:一个人出生时太阳所经过的星座与他的性格命运并无必然联系,如果有人硬把它扯在一起,显然是一种误导。

三、黄赤交角及其影响

地球一边公转,一边自转。其公转轨道平面黄道面与自转轨道平面赤道面之间有一个交角,叫做黄赤交角。如图2.3.4所示,在地球绕日公转过程中,太阳有时直射在北半球,有时直射在南半球,有时直射在赤道上。太阳直射的范围是最北至北纬23°26′,最南至南纬23°26′。当太阳直射北纬23°26′时,就是北半球的夏至日(6月22日前后)。以后,太阳直射点南移。到了9月23日太阳直射在赤道上。这一天是北半球的秋分日。秋分后,太阳直射点继续南移,到12月22日前后,太阳直射在南纬23°26′。这一天是北半球的冬至日。以后,太阳直射点北返,当3月21日前后太阳能再次直射在赤道上,这一天是北半球的春分日。春分后,太阳直射点继续北移,到6月22日前后的夏至时又直射到北纬23°26′。地球以一年为周期绕太阳运转,太阳直射点则相应在南北回归线之间往返移动。

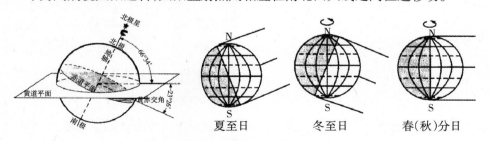

图2.3.4 黄赤交角及其影响示意图

如图2.3.5所示,太阳直射点纬度随时间变化曲线是一条余弦曲线。它以夏至点为顶点,具有很好的对称性,但它随时间变化的幅度是不均匀的。

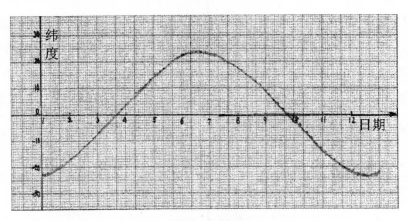

图 2.3.5　太阳直射点纬度随时间变化曲线

由图 2.3.6 可知太阳直射点纬度随日期变化的情况如下：

太阳直射点纬度	日期	
+23°26′		6 月 22 日
+20°	5 月 21 日	7 月 24 日
+15°	5 月 1 日	8 月 12 日
+10°	4 月 16 日	8 月 28 日
+5°	4 月 4 日	9 月 10 日
0°	3 月 21 日	9 月 23 日
−5°	3 月 8 日	10 月 6 日
−10°	2 月 23 日	10 月 20 日
−15°	2 月 8 日	11 月 3 日
−20°	1 月 21 日	11 月 22 日
−23°26′		12 月 22 日

　　由以上的图表可看出，在二至点附近太阳直射点纬度变化幅度很小，一个月的变化幅度不到 4 度，而在二分点附近，一个月的变化幅度超过 10 度。气温的变化幅度在很大程度上取决于太阳直射点移动的变化幅度。也就是说，在农历二八月附近的春分秋分前后气温变化幅度要比夏至冬至前后的气温变化幅度大得多，所以更要注意及时增减衣服。由此可见"二八月乱穿衣"这句谚语是有道理的。

四、正午太阳高度的变化

太阳光线与地平面的交角(即太阳在当地的仰角),叫做太阳的高度角,简称太阳高度。在太阳直射点上,太阳高度是90°;在晨昏线上,太阳高度是0°。太阳直射点南北移动,引起正午太阳高度的变化。正午太阳高度就是一日内最大的太阳高度,它的大小随纬度不同和季节变化而有规律地变化着。

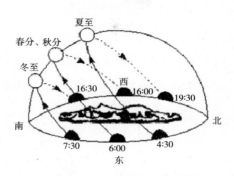

图 2.3.6 太阳高度变化示意图

地球上任一地点的太阳正午高度可用以下公式计算:$h = 90° - |\phi - \delta|$

式中 h 为太阳正午高度,ϕ 为当地的地理纬度,δ 为太阳的赤纬,(任何一天的太阳赤纬 δ 都可在天文年历上查到)。显然,只有在地理纬度 ϕ 与太阳赤纬 δ 相等的地方,太阳才能到达天顶。因为太阳赤纬 δ 只能在正负23.5°之间变化,因此可以肯定:只有地理纬度 ϕ 在正负23.5°范围之内的地方,才能看到太阳过天顶。至于地球上的其他地方,就不可能看到太阳过天顶,其太阳直射点高度不难按公式算出。

现以天津($39°06'N$)为例,计算其二分日和二至日的太阳高度:

因春分日和秋分日时,太阳直射赤道,$\delta = 0°$,故此日正午天津的太阳高度角

$$h = 90° - |39°06' - 0°| = 50°54'$$

因夏至日时,太阳直射北回归线,$\delta = 23°26'$,故此日正午天津的太阳高度角

$$h = 90° - |39°06' - 23°26'| = 74°20'$$

因冬至日时,太阳直射南回归线,$\delta = -23°26'$,故此日正午天津的太阳高度角

$$h = 90° - |39°06' + 23°26'| = 27°28'$$

五、昼夜长短的变化

在计算地球上不同纬度地方的实际昼长时,除太阳赤纬这个主要因素外,还必须考虑地球大气对光线的折射和太阳视半径这两个因素的影响。

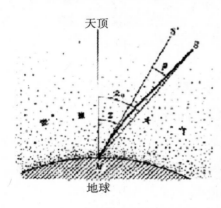

图 2.3.7　地球大气对阳光的折射

天体的光线是穿过地球大气层到达观测者的。地球大气的密度,在近地面较大,在高空较小。因此,光线从太空进入地球大气后,必定要发生连续折射现象,使观测者所看到的天体方向和没有大气时的方向不同。这两个方向间的差值叫做大气折射,或蒙气差。如图所示,大气折射使天体的天顶距减小,高度增大。大气折射对天体高度的影响在地平附近最大,其值约为 35′。这就意味着,当天体还在地平以下 35′ 时,我们就已经看到它已在地平上了。

恒星距地球非常遥远,它们的视象是一个光点。但太阳却不同,它有很大的视圆面,其平均视半径约16′。通常认为,早晨太阳上边缘刚接触地平时为日出;傍晚太阳下边缘刚入地平为日没。基于上述两个因素的影响,其总的效果是当太阳中心尚在地平以下 51′ 的时候,即为日出日没。在不考虑大气折射和太阳视半径这两个因素的影响的情况下,通过解天文三角形,可以得到太阳在地平以上的时间,即昼长 D 为:

$$D = (2/15)\arccos(-\mathrm{tg}\,\delta\,\mathrm{tg}\,\phi)$$

式中的 δ 为太阳赤纬,ϕ 为地理纬度。在中学地理课程中所给出的昼长(见下表)就是由这个公式计算而得到的。

表 2.3.1　在二分点和二至点时处的不同纬度处的昼长

纬度	春分日	夏至日	秋分日	冬至日
+90°	极昼期（春分日至秋分日），极夜期（秋分日至春分日）			
+66°34′	12 小时	24 小时	12 小时	0 小时
+23°26′	12 小时	13 小时 27 分	12 小时	10 小时 33 分
0°	12 小时	12 小时	12 小时	12 小时
−23°26′	12 小时	10 小时 33 分	12 小时	13 小时 27 分
−66°3′	12 小时	0 小时	12 小时	24 小时
−90°	极昼期（秋分日至春分日），极夜期（春分日至秋分日）			

在考虑大气折射和太阳视半径这两个因素的影响的情况下，计算昼长的公式修正为：

$$D=(2/15)\arccos(-\mathrm{tg}\,\delta\,\mathrm{tg}\,\phi-\sin51'/\cos\delta\cos\phi)$$

由此所得结果表明：在赤道上，全年平均昼长不是 12 小时而是 12 小时 7 分，夜长是 11 小时 53 分。出现 24 小时白昼，并不在 66°34′ 上，而是向赤道推进 51′，即 65°43′；出现 24 小时黑夜的纬度，也不在 66°34′ 上，而是向极地靠近 51′，即 67°25′。在两极上，二分日也不是极昼期和极夜期的起止日期。北极的极昼期开始于 3 月 19 日，结束于 9 月 25 日，也就是说开始早于春分日 2 天，结束则比秋分日晚 2 天。极夜期开始于 9 月 26 日，结束于 3 月 18 日，也就是说开始晚于秋分 3 天，而结束则比春分日早 3 天。南极的极昼期开始于 9 月 21 日，结束于 3 月 23 日；极夜期开始于 3 月 24 日，结束于 9 月 20 日。也是极昼期早 2 天开始，晚 2 天结束；而极夜期则晚 3 天开始早 3 天结束。

六、四季的形成与划分

由于地球是斜着身子围绕太阳公转的，这就造成了地球各处所接受的太阳辐射是随时间有规律地变化的。地球表面单位面积上接受的太阳辐射的数量，取决于日地距离、太阳高度和昼长这三个因素。在这三个因素中，起主要作用的是太阳高度

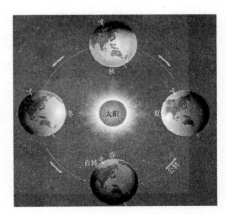

图 2.3.8　地球上的四季形成示意图

和昼长。日地距离由于变化不大,所起作用最小。地球在 1 月初过近日点时所获得的太阳热量仅比在 7 月初过远日点时多 6.9%,而在北半球,1 月初正是最寒冷时期,七月初则是最炎热时期。

由此可见,日地距离的变化并不是形成夏季和冬季的决定性因素,它只能对夏季的炎热和冬季的寒冷起到有所增强和减弱的作用。地球上的季节变化,从天文现象来看,是昼夜长短和太阳高度的季节变化,这种变化取决于太阳直射点在纬度上的周年变化。从天文含义看四季,夏季就是一年内白昼最长、太阳最高的季节;冬季就是一年内白昼最短、太阳最低的季节;春秋二季就是冬夏两季的过渡季节。

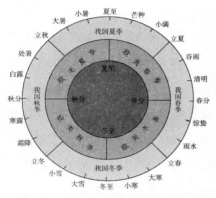

图 2.3.9 地球上的四季划分示意图

我国传统上以立春(2 月 4 日或 5 日)、立夏(5 月 5 日或 6 日)、立秋(8 月 7 日或 8 日)、立冬(11 月 7 日或 8 日)为起点来划分四季。西方国家划分四季则以春分、夏至、秋分、冬至分别作为春、夏、秋、冬四季的开始。

上述天文四季的划分方法,与各地实际气候的递变不一定符合。我国大部分地方立春时,在气候上正处于隆冬;立秋时,气候上还处于炎夏。为了使季节与气候相吻合,现在北温带许多国家,运用气候统计的方法,一般把 3、4、5 三个月划为春季;6、7、8 三个月划为夏季;9、10、11 三个月划为秋季;12、1、2 三个月划分为冬季。

此外还有一种划分方法是以"候温"(每五天为一候,候温即每五天平均气温的平均值,全年划为 73 候)作为划分四季的标准。平均气温高于 22℃ 的时期为夏季,平均气温低于 10℃ 的时期为冬季,介于二者之间的时期为春季和秋季。以候温确定季节性对我国农业生产具有重要意义。例如,春始日期南京为 3 月 22 日,北京为 4 月 1 日,和两地桃花初开的平均日期大致相同。

七、五带的形成与划分

由于太阳辐射在纬度分布上有从低纬向高纬递减的规律，导致地球上按纬度划分为一个热带、两个温带和两个寒带，共为五个热量带。五带的分界线是南北回归线和南北极圈，而回归线和极圈的纬度是由黄赤交角决定的(回归线的纬度 = 黄赤交角，极圈的纬度 = 90°− 黄赤交角)，因此，若黄赤交角发生变化，五带的范围就发生变化。

热带，包括南北回归线之间的地带，是一年内太阳往返垂直照射的地区，受太阳辐射最多。终年常夏无冬，昼夜长短变化小，白昼长的变化幅度在 10 时 35 分～13 时 25 分之间。其面积占全球总面积的39.8%。

温带，包括回归线与极圈之间的地带，这里既无直射阳光，也无极昼极夜现象，四季分明，昼夜长短变化大，白昼长的变化幅度

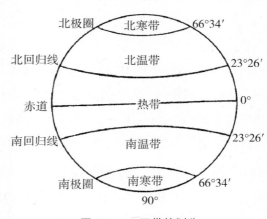

图 2.3.10 五带的划分

在 2 时 50 分到 24 时之间。温带面积占全球总面积的 52%。

寒带，指极圈到极点之间的地带，太阳高度角小，终年无夏。有极昼极夜现象，所受太阳辐射最少。所以，这个区域称为寒带。寒带面积占全球面积的8.2%。

链接知识:你知道太阳是中午离我们近还是早晨离我们近?

在小学 6 年级语文课本中有一节课名为《两小儿辩日》，讲的是一个有关孔子与两小儿辩日的故事。故事大意是:有一天，孔子看到两个小孩正在辩论太阳中午离我们近还是早晨离我们近的问题。一个小孩说:"太阳刚出来时大得像车上的篷盖，等到正午时就像个盘盂，"他根据看同一物体是远小近大的道理，认为

太阳早晨离我们近。另一个小孩说:"太阳刚出来时清清凉凉,等到午时热得像把手伸进热水里一样。"根据近热远凉的道理,他认为太阳中午离我们近。这两个小孩从两个不同的方面得出两个完全不同的结论,而且说得似乎都很有道理,连孔子也不知道哪个是对的。

那么太阳到底是中午离我们近还是早晨离我们近?如果我们从网上搜寻答案,居多的是这样两种答案:一种认为中午和早晨太阳离我们一样近,另一种认为中午时比早晨近。其实这两种答案都没有说对。在国内外著名学者中,较早就这个问题作出了科学分析的是苏联科普作家别莱利曼和我国天文学家戴文赛教授。

别莱利曼似乎并不了解孔子与两小儿辩日的故事,但他却早在 20 世纪30年代,就在其名著《趣味天文学》中对《什么时候我们离太阳较近:中午还是黄昏?》这个问题作了如下分析:首先,他通过对地球自转运动的分析得出结论:太阳中午时比黄昏时离我们近约一个地球半径,即近约 6400 千米。然后,他分析了地球绕太阳的公转运动。因为地球公转的轨道是个椭圆,太阳在其一个焦点上,所以地球离太阳时远时近。在上半年(从 1 月 1 日到 7 月 1 日)逐渐离开太阳,到下半年则逐渐接近太阳。其最大距离与最小距离之差约为 5000000 千米,这个距离变化平均每昼夜约为 30000 千米,从中午到黄昏平均变化约 7500 千米,比地球自转造成的距离变化大一些。综合以上两方面分析,他得出结论:从一月至七月期间,我们在中午比黄昏离太阳近一些,而从七月至一月期间情况恰好相反。尽管别莱利曼分析的是太阳在中午时与黄昏时相比孰远孰近,但其原理完全适用于对太阳在中午时与早晨时相比孰远孰近的分析。

1955 年,我国著名天文学家戴文赛教授发表了论文《太阳与观测者距离在一日内的变化》,他认为这个距离变化除与地球的自转运动和公转运动有关外,还与包括观测者所在地的纬度等因素有关,并对这个问题作了极为深入的研究,其结论是:以北京为例,12 月 15 日到 1 月 22 日,中午的太阳比早晚的都近;1 月 22 日到 6 月 5 日,中午的太阳比早上的远,比晚上的近;6 月 5 日到 8 月 1 日,中午的太阳又比早晚的都近;8 月 1 日到 12 月 15 日,中午的太阳比早上的近,比晚上的远。其中 1 月 22 日和 6 月 5 日两天,太阳与地球的距离早、午相等;8 月 1

日和 12 月 15 日两天,太阳与地球的距离午、晚相等。这是 1954 年的时候计算出来的,可以适用 100 年,100 年以后,会相差一天。

我们不能要求小学语文教师和非天文专业出身的科普工作者都会作天文计算,也不必要求他们深究其中的道理,但应知道这个问题正确答案:太阳离我们的距离是变化的,太阳在中午时与早晨时不会总是一样近,也不是总是中午比早晨近。但这个距离变化相对约为 1.5 亿千米的日地距离来说是很小的,所以对太阳视觉大小变化与温度变化的影响极小,可以忽略不计。早晨的太阳之所以看起来比中午的太阳大许多,是由人的视觉错误生成的,而中午时感觉比早晨温暖主要由于中午时太阳高度角比早晨时大得多造成的。关于人的视觉错误与太阳高度角对温度的影响,已有许多人作过详细的正确分析,这里仅通过对以下两张图片的解读作一简要的说明。

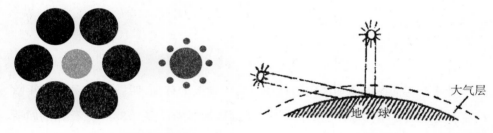

图 2.3.11　视觉错误示意图　　　　　图 2.3.12　太阳高度角对温度影响示意图

在图 2.3.11 中,两个中间的圆实际一样大,但由于周围背景不同看起来左小右大。早晨的太阳周围背景往往有树、房子等我们熟悉的参照物,而中午时其周围背景无我们熟悉的参照物,所以看起来早晨的太阳比中午时大许多。如果分别在早晨与中午对太阳拍摄照片,从照片上测量一下,就可发现两者大小几乎一样。

在图 2.3.12 中,中午时太阳高度角比早晨时大得多。中午时太阳光更接近于直射地面,而早晨太阳光是斜射在地面上。太阳光直射时,地面和空气在相同的时间里、相等的面积内接受太阳的辐射热要比早晨太阳光斜射时多,受热最强,所以中午比早晨热。

§2.4 极移、岁差和章动

过去,有很长一段时期,人们认为,地球的自转是十分均匀的。其实,地球自转是变化的,不仅地球自转轴在空间的指向以及地球体相对地球自转轴的位置都在变化,而且自转的周期也在变化。地球自转轴空间指向的变化归结为岁差和章动;地球体相对自转轴的运动导致地极移动;地球自转周期的变化导致地球自转速度的不均匀。这三者都是新兴边缘学科"天文地球动力学"的重要课题。这里只简单介绍极移、岁差和章动。

一、极移

地球自转轴在地球本体内的移动造成了地极的移动,叫做极移。1765年欧拉在假定地球是刚性球体的前提下,最先预言极移的存在。1888年,德国的屈斯特纳从纬度变化的观测中发现了极移。

通过一百多年来的研究,发现极移包含各种复杂的运动:其一是地极的周年摆动,它的平均振幅为0.09″,主要是由于大气的周年运动引起地球的受迫摆动。其二是张德勒摆动,周期为432天,平均振幅为0.18″,是由于地球的非刚体引起的地球自由摆动。这种摆动为美国天文学家张德勒所发现,因而得名为张德勒摆动,其周期称为张德勒摆周期。其三是地极的长期漂移。地极向着西经约70°~80°方向以每年3.3~3.5毫角秒的速度运动。它主要是由于地球上北美、格陵兰和北欧等地区冰盖的融化引起的冰期后地壳反弹,导致

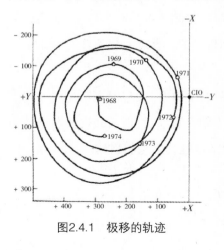

图2.4.1 极移的轨迹

地球转动惯量变化所致。此外,还存在周月、半月和一天左右的各种短周期极移。这些短周期的极移主要与日月的潮汐作用以及与大气和海洋的作用有关。观测表明,极移的轨迹如图 2.4.1 所示,表现为极点在 ±0.″4 即相当于 24 米 × 24 米范围内循与地球自转相同的方向描画出一条时伸时缩的螺旋形曲线。

由于极移,使地面上各点的纬度、经度会发生小的变化。为研究极移,1899年成立了国际纬度服务机构,组织全球的光学天文望远镜专门从事纬度观测,测定极移。参加的天文台站都位于北纬 39°08′。国际极移服务始于 1962 年,我国的天津纬度站于 1964 年开始极移服务工作。随着观测技术的发展,从 20 世纪 60年代后期开始,国际上相继开始了人造卫星多普勒观测、激光测月、激光测人卫、甚长基线干涉测量、全球定位系统测定极移,测定的精度有了数量级的提高。

二、岁差和章动

快速旋转的陀螺倾斜时,在重力的作用下,它的旋转轴会作圆锥式的运动,叫做陀螺的进动。地球也是一个旋转着的巨型"陀螺"。在日、月、行星引力作用下,地球自转轴围绕一条通过地球中心并且垂直于黄道面的轴缓慢而不停地作周期性的圆锥运动,这种运动叫做地球自转轴的进动。它造成赤道面的变化,使作为赤道面与黄道面两个交点之一的春分点向西移动。

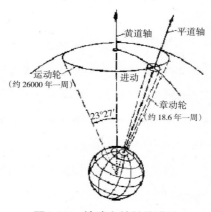

图2.4.2 地球自转轴的进动

太阳在黄道上视行的方向是自西向东的,春分点在黄道上移动的方向正相反,是自东向西的,每年西移 50.29″。因此,太阳连续两次通过春分点,并没有在黄道上视行 360°,只视行了 360°− 50.29″= 359°59′9.71″。这就造成了回归年比恒星年约短 20 分 24 秒的岁差现象。

公元前 2 世纪,古希腊天文学家喜帕恰斯在编制一本包含 1022 颗恒星的星表时,首次发现了岁差现象。公元 330 年前后,我国晋代天文学家虞喜,根据对冬至日恒星的中天观测,独立地发现了岁差,测定冬至点每50年西移1°。据《宋史·律历志》记载:"虞喜云:尧时冬至日短星昴,今二千七百余年,乃东壁中,则知每岁渐差之所至"。岁差这个名词即由此而来。虞喜的发现虽略晚于喜帕恰斯,但比喜帕恰斯估计春分点每100年西移1°要精确。隋代刘焯确定岁差为75年西移1°,更接近正确数值,而当时西方仍沿用喜帕恰斯。

那么,为什么地球自转轴会发生进动产生岁差呢?这是因为地球是一个旋转椭球体,赤道直径大于两极直径,又因为赤道面与黄道面有一个23°26′交角的缘故。其中,日、月引力造成赤道面变化,而使春分点移动的分量称为日月岁差;行星引力造成黄道面的变化,而使春分点移动的分量称为行星岁差。两者的合量称为总岁差。

日月岁差使春分点每年向西移动50.42″,而行星岁差则使春分点每年向东移动0.13″。两者合成的总岁差使春分点每年向西移动50.29″,即大约71年多一点向西移动1°,25800年在黄道上移动一周。这个周期就是地球自转轴的进动周期。

上面的讨论,是假定月球在黄道平面上的简化情况。事实上,月球在白道上运行,白道与黄道相交成5°9′的角。即是说,月球时而位于黄道平面的上面,时而位于黄道平面的下面,这就使得岁差现象变得复杂。由于这个原因,北天极在绕着北黄极转动时,不断在其平均位置的上下做周期性的微小摆动,振幅约9″。这种微小的摆动叫章动。

目前天文学家已经分析得到的章动周期共有263项之多,其中章动的主周期项,即18.6年章动项是振幅最大项,它主要是由于月球在白道上的运动引起白道的升交点沿黄道向西运动,约18.6年绕行一周所致。因而,月球对地球的引力作用也有相同周期变化,在天球上它表现为天极在绕黄极作岁差运动的同时,还围绕其平均位置作周期为18.6年的摆动。同样,太阳对地球的引力作用也具有周期性变化,并引起相应周期的章动。

还需补充说明的是,地球自转轴的进动不仅造成岁差,而且还产生以下两种后果:

(1)由于地球自转轴的进动,使北天极约以25800年的周期围绕黄极运动。

通常，我们将北极星的称号授予离北天极很近并易认的恒星。由于北天极在围绕黄极运动，指向星空的位置在发生变化，所以被称为北极星的星就不能固定不变。如图 2.4.3 所示，公元前 3000 年，天龙座 α 星是北极星。目前，小熊座 α 星是北极星，它离天北极的角距约为 40′，正日益向天北极靠

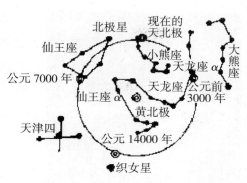

图 2.4.3　不同时期的北极星

拢。大约在公元2100年前后，极距达到最小，只有 27′38″。此后，小熊座 α 星将逐渐远离北天极，不再成为一颗北极星。到了公元 14000 年，北天第二亮星天琴座 α 星(织女星)将成为北极星。

（2）地球自转轴的进动造成春分点西移，而春分点是赤道坐标系和黄道坐标系的原点。由于它向西移动，对于赤道坐标系来说，恒星的赤经和赤纬，都会因此而有小的变化；对于黄道坐标系来说，只有恒星的黄经每年增加 50.29″，而黄纬则不变。在不同历元，春分点位置不同，同一恒星坐标值也不同，需要把恒星位置化为属于所需的某一春分点的位置，即加上岁差改正。这就是天文学上所说的历元归算。

§2.5 月球概况

　　月球俗称月亮,古称太阴。它是地球的唯一的天然卫星。它与地球构成一个天体系统——地月系,跟随着地球围绕太阳运动。从我们地球上的人类看来,天空中除了太阳之外最亮的就是月亮了。尽管太阳的直径实际上约为月亮的 400 倍,而月亮离地球的距离约为日地距离的 1/400,所以太阳与月亮看起来几乎一样大。人们总是喜欢把月亮和太阳相提并论,并把这两个轮番照亮大地的光明使者视为一对孪生兄妹。在古希腊神话中,月亮是一位美丽女神,名叫阿尔忒弥斯,

图 2.5.1　月神阿尔忒弥斯和月亮符号

正是太阳神阿波罗的妹妹。在天文学中,月亮的符号是"(",就像弯弯的蛾眉月。月球与我们人类有密切的关系,对月球的探索和研究是天文学的一个重要课题。

一、月地距离和月球的大小、质量

月球是距离地球最近的天体,测量它们之间的距离是比较容易的。用视差测量月地距离的经典方法现已被雷达测量所代替。用安在月球表面上反射镜反射激光光束也可对月地距离及月球直径进行一种测量。由于月球绕地球运动的轨道是椭圆,实际测得的是瞬时距离。现在国际上采用的月地距离平均值是 384401 千米,月球过椭圆轨道近地点时的距离为 356410 千米,过远地点时的距离为 406700 千米。月球的平均直径为 3476 千米,约为地球的 3/11。由此可以算出,月球的表面积约为地球表面积的 1/14,体积约为地球的 1/49。

地月系的质心在围绕太阳的椭圆轨道上运动, 地球和月球都以一个恒星月为周期围绕这个质心运动。地球的这一运动在相对太阳和行星之类的天体的方向上产生一种每月一次的小的摆动。通过测量这样的摆动,推算出月球质量为地球质量的 1/81.3,所以地月系的质心实际上在地球内。最近已通过对月球人造卫星的仔细跟踪得到了更可靠的月球质量的值。知道了月球的质量和直径,马上就可算出它的平均密度。业已发现,月球的平均密度约为水的 3.33 倍,与地球外壳的基岩的密度接近。

二、月球的运动

月球围绕地球转动的情形与地球围绕太阳转动的情形类似, 但月球绕地球公转的椭圆轨道要比地球绕太阳公转的椭圆轨道更扁一点, 加上月球离地球比较近,所以月球在近地点附近看起来比在远地点时大一点。

月球绕地球公转的轨道在天球上的投影通常称为白道,其轨道平面与地球轨道平面——黄道面并不重合,两者之间大约有 5° 的夹角,这个夹角称为黄白交角。白道与黄道的两个交点分别称为"升交点"与"降交点"。月球由黄道之南到黄道之北时经过升交点,由北到南时经过降交点。由于太阳的引力作用,交点不停地沿黄道从东向西移动,每年约移 20°。此外,月球轨道在它自己的轨道平面内也是不固定的,其椭圆的拱线,即近地点和远地点的连线,也沿月球公转方向移动。

月球绕地球转动的周期因所选参考基准点不同而有以下五种:

(1)恒星月:月球在天空背景上沿白道走完一圈的时间约为 27.32166 平太阳日,这是月球相对于远处恒星的运动周期,所以叫做一个恒星月。

(2)交点月:月球连续两次通过升交点的时间间隔为一个交点月。由于交点西退,交点月比恒星月短,约为 27.21222 平太阳日。

(3)近点月:月球连续两次通过近交点的时间间隔为一个近点月。由于拱线前移,所以近点月比恒星月长,约为 27.55455 平太阳日。

(4)分点月:又称回归月,它是月球黄经连续两次等于 0° 的时间间隔,即以春分点为基准的周期,约为 27.32158 平太阳日。由于春分点缓慢西退,所以分点月稍短于恒星月。

(5)朔望月:月相变化周期的长度,即连续两次朔(或望)的时间间隔。朔望月又称会合周期,平均约为 29.53059 平太阳日,比恒星月长两个平太阳日还多。其原因在于月球绕地球公转,而地球又绕太阳公转。假设一开始日地月在同一直线上。经过一个恒星月,月球已绕地球公转 360°,但这时地球已绕太阳公转了约 27°,必须再经过一段时间日地月才能在同一直线上。这就造成了朔望月明显比恒星月长的后果。

月球在绕地球公转的同时还自西向东绕通过月球中心的自转轴自转,其自转周期为 27.32166 平太阳日,与月球的公转周期——恒星月相同。由于月球的公转与自转都是自西向东旋转,并且转动周期相同,是一种同步运动,因此,月球总是以同一半球面朝向地球,从地球上看月球只能看到它朝向地球的一面,而看不到其背面。

尽管月球的自转周期与公转周期相同,由于月球的自转是一种匀速运动,而其公转为非匀速运动,再加上月球轨道平面与地球轨道平面并不一致等原因,所以在地面观测者看来,月球的边缘有上下左右的摆动。在天文学中,通常将这种摆动称为天平动。正是由于这种天平动,人们实际观测到的月面部分不是整个月面的一半,而是整个月面的 59%左右,比月面一半略多一些。

三、月球的表面特征

在用望远镜观测的初期,人们就发现,月球有一个坚硬的表面,在大尺度上其主要特征是月海、山脉、环形山和辐射纹。

最引人注目的是月海。这些一度被认为是液态海洋的暗区几乎是很平的平原,是充满熔岩和火山灰的凹地。最大的月海——风暴洋宽达 1200 千米,面积达

图 2.5.2　月球正面地形图

500 万平方米。月球正面有 19 个月海,几乎覆盖了月球正面的一半。月球背面只有 3 个月海,面积较少,其中最大的莫斯科海的面积不过 6 万平方米。这些月海可能是由彗星,小行星同月球撞击所造成。造成风暴洋的天体的半径可能有60千米。它以一个平角闯入时引起撞击点——零地面的汽化,并在撞击点周围出现一个被熔化的区域。这种撞击可能产生一种围绕这个区域的波状结构,使劣质岩破碎,产生由这个区域辐射出来的山系,朝各个方向喷射大量的物质,并促发次级效应。别的月海可能也是由类似的撞击所造成。

对人造月球卫星轨道的摄动表明,在一些月海之下埋藏着又大又重的物质凝聚块(质量瘤)。大概,形成月海基岩的熔岩现已被覆盖着 10 至 20 米厚的碎石,自月海形成以来,劣质岩的堆积物被较大的小行星砸开并被抛散开来。

在月海的许多地方所发现的山脉比得上地球上最大最长的山脉。最长的山脉长达 1000 千米,往往高出月海 3~4 千米。最高的山峰在月球南极附近,高达 9000 米,比地球上最高的珠穆朗玛峰还高。除山脉外,还有长达数百千米的峭壁,最长的是阿尔泰峭壁。有许多山是以诸如亚平宁山和阿尔卑斯山那样的名字来命名的。它们的高度可以通过它们的影长和地球在月球天空上的高度来测量。

用人造卫星拍摄的照片为精确绘制月球地形图打下了良好的基础,促进了对月面测量学的研究。一架双筒望远镜就足以帮助人观测到一些直径超过 200千米的大环形山。从地球上只能看到一部分的东海可能是月球上最壮观的地理特征。它横跨 1000 千米,由三条成同心圆的山脉所组成,围着一个相对说来缺乏特色的平原。从当空看来,它类似于一个巨大的圆形天窗。这三条环形山可能封住了由击中那里的物体产生的冲击波。的确,在月球背面存在一些围成二圈的很大的环形山,总的特征与东海最大的环形山相类似。

许多月球环形山具有中心山峰。许多环形山重叠在大概更古老的一些环形山之上。它们随机地分布在整个月球上,但月海除外,在那里有环形山的区域不到 10%。在月球上,估计直径超过 100 米的环形山多达 100 万个以上。我们在宇宙飞船上的照相机所拍摄的照片中发现,更小的环形山的数目多得简直无法计数。然而,最大环形山的四周可能高达 3000 米,其直径大得使处于环形山中央的观测者可以发现低于地平线超出视界的环形山。

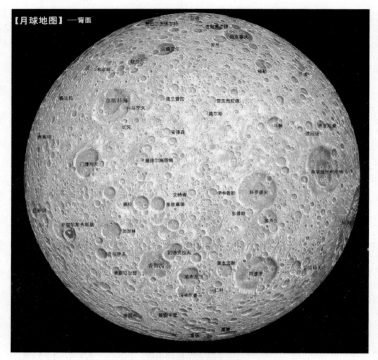

图 2.5.3　月球背面地形图

　　月球的辐射纹类似于长度超过 2000 千米的印记,从一些最大的环形山向外伸展开来。在色调上,它们比月球表面更亮,不产生阴影。它们很可能如同它们所呈现的那样,是由环形山形成时从环形山喷射出来的物质所致。除这些最重要的特征之外,月球表面还含有裂缝或月谷,其宽度超过 3 千米,有时延伸长度达 500 千米。它们的深度还不清楚。

　　在月球上并不发生水和空气的风化过程。在没有游离大气的情况下,物理性质的变化是缓慢发生的,而当小行星撞击它的表面并砸开它碎石覆盖层时就突然发生变化。暴力的遗迹可以很清晰地保持数百万年之久。由于太阳的轮番热晒和辐射的冷却,产生了一种所谓的日照效应,通过热胀冷缩缓慢地把岩石弄裂。过去以地面为基地对月球的亮度和偏振所进行的研究使人想到,月球的表面结构是渗水的。

　　总结月球表面上的大尺度特征和小尺度特征,使人们把月球想象成一个被频繁的撞击所破坏的大战场,这种频繁的撞击曾在月球过去的某个时期发生过,它使月球表面的物质汽化、熔化、破碎、喷射、熔合、激烈的扰动,并在真空状态和某一压力下冷却下来。

岩石的样品已被宇航员和无人驾驶的宇宙飞船取回,地球实验室的检验进一步证实了这种情况。不出所料,岩石样品包含许多在地球上发现过的元素,如氧、铁、铝等。有光泽的黑色碎片和球状物是玄武岩的玻璃状物,其中也有角砾岩。月面同地面有类似的特征,都以海占优势。它们是由表面熔岩流冷却而形成。另一方面,别的岩石形成于由熔岩团(或熔岩)构成的深部。这样的岩石在月面高原上是常见的。在地球火成岩中发现的矿石也在月球岩石——辉石、斜方石等矿石中找到。流星体对月球表面的不断撞击使得碎石覆盖层变得丰厚起来。作为覆盖物的所有这些碎石证明,过去在月球上有过一段激烈变动的历史。测定岩石样品的放射性推算出的月岩的年龄至少有 40 亿年。

由燃料用尽的登月舱与岩石所在地相撞引起的月震有力地证明了月球内部不存在液态核。由取得惊人成就的阿波罗号宇宙飞船留在月球上的地震仪表明,月球要比地球平静得多。当月球接近近地点时,天然的月震要频繁得多,一个正在被证实的事实使人确信,周期性地在月球构造内产生的起潮力此时取得最大值。从月球表面不同部分所得岩石样品的年龄而得出这样的结论:由天体对月球的撞击所产生的月球主要表面特征形成于若干亿年前,大概在 40 亿年前或更早的时候,有可能在太阳系诞生之后不久就形成了。

行星水星和月球的表面特别相似,这证实太阳系的诞生并不是一个平静的事件。由旅行者号宇宙飞船送回的木星和土星的卫星照片证实了这种判断。在我们的地球上和金星上,这种暴露宇宙早期创伤的印记已几乎被千百万年来的风化过程所完全改变。但火星仍然保留着正好被近代火山学家作为证据的许多痕迹。完全解开月球地质现象这团乱麻,弄清月球和太阳系的演化历史还仅仅是开始。

四、月球的物理特性

我们知道了月球的质量和半径,就能算出月球的表面重力,所得的值约为地球表面重力的 1 / 6。也就是说,原本在地球上重 60 千克的人,到了月球上就只重10千克了。登上月球后,人们会感觉到自己变得身轻力大,穿在身上的宇航服不再感到沉重,无论是跳跃,还是举重,都要比在地球上轻松多了。但要站稳或两腿交替走路就不如在地球上那么容易,往往只能一步连一步跳跃式前进。从高处往下跳时,则会像电影中的慢镜头一样慢慢落地。

作为一种判断,不应期望月球会保存一层有任何意义的大气。这一点已为以地面为基地的天文观测和登上月面的宇航员所证实。由于掩星时不存在来自恒星的光的折射和吸收,月球大气密度的一个上限是地球大气密度的1/2000。射电辐射源的实验得出它的密度为地球的万分之一。这些数字并不意味着月球没有任何一点大气,而是总有一些气体分子存在于月球周围,或者被太阳风吹散,或者从月球内部飘逸出来。

由于月球的自转周期与公转周期一样长,月球的一昼夜等于地球上的一个月,再加上月球大气太微不足道,几乎接近真空状态,月面物质的热容量和导热率都很低,因而昼夜的温差很大。白天,在阳光垂直照射的地方温度高达127℃;夜晚,温度可降到-183℃。自然,在月球上也不可能存在液态水。由此可见,月球上缺少一切生命生存的条件,与大气和水有关的一切自然现象都不会在月球上发生。在月球上,声音无法直接传播,宇航员只能靠报话机通话。月球是一个荒漠、寂静、没有生命的世界。

图 2.5.4　从月球上看地球

在月球上看天空,无论是白天还是黑夜,天空背景总是黑暗的。尽管在月球上看太阳,比我们在地球上所看到的还明亮,但星星可以与太阳同时出现在黑暗的天空背景上。从月球上看地球,比地球上看到的满月大14倍,亮80多倍。星光的质和量都因没有大气的吸收、散射而保持原有的状态,所以月球是观测天体和探索宇宙空间最理想的场所。

月球离地球最近,其引力又小,是我们人类飞向宇宙空间的一个天然的中途站。长期的天文观测和登月的直接考察,已经证明月球磁场是极其微弱的,强度不及地球的1/1000。月球也没有像地球和木星那样的辐射带。根据放置在月球上的月震仪的记录,月震很弱,最大的震级是1–2级;震源很深,约在700–1000千米深处。从月震波的传播了解到月球也有壳、幔、核等分层结构。从月面算起,0~65千米为月壳。月壳往下到1000千米是月幔,它占了月球大部分体积。月幔下面是月核。月核的温度约1000℃。

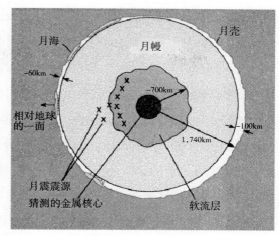

图 2.5.5　月球的内部结构

据初步探测发现,月球上有大量富含铁、硅、铝、钾、磷、铀、钍和稀土元素的矿藏。月球上的矿物多达60多种,其中有6种是地球上目前尚未发现的。特别有价值的是在月球上发现有大量地球上稀缺的氦3。根据我国科学家一项最新研究估算,月球上的氦3资源约有103万吨。如果以目前的油价作为标准,月球上的氦3每吨约值40亿美元!如果能够解决将氦3运回地球的问题的话,8吨的氦3相当于全中国一年的能源供应总量。月球上百万吨的氦3,为全人类提供几千年的能源是没有问题的。此外,最近在月球的两极地区发现的证据表明,在那里有大量结成冰的水。所以,对月球的探测和开发不仅在科学上很有意义,并且还有巨大的经济价值。

五、月球的成因与月地关系

关于月球的起源共有4种说法:"亲子说"、"兄弟说"、"捕获说"和"巨大撞击说"。"亲子说"认为,月球是由原始地球的一部分被剥离而形成的。"兄弟说"认为,月球和原始地球是由形成太阳系的星云中部分物质同时独立形成的。"捕获说"认为,月球是由接近地球的天体被地球的引力捕捉而形成的。"巨大撞击说"则认为,月球是由刚形成的地球与火星般大小的天体发生撞击而形成的。

在这四种月球起源说中,现在最被看好的是"巨大撞击说"。该假说的概要是:在地球刚形成不久,一个与火星差不多大小的天体飞来碰撞地球,这个天体深深地陷入地球内部,破坏直至地核。经过这次碰撞,碰撞的天体与地球很大一部分遭到破坏,并飞溅到外面。但因碰撞过分激烈,直至地球的部分地幔也被拉出,变成七零八落的物体分布在围绕地球的轨道上,不久由于自身的重力的凝聚,形成了月球。这个假说于1986年通过超大型计算机的模拟验证得到肯定。

此外,科学家还希望通过测量月球成分这种更直接的方式来探索月球的起源问题。SMART-1号是欧洲首颗月球探测器,2003年9月发射升空,2004年11月抵达月球上空的近月轨道。2006年9月3日,SMART-1号准时撞击月球表面,激起了大量的月球尘埃,接下来科学家将通过分析尘埃成分来解释月球起源。科学家和广大天文爱好者都期待,SMART-1号的撞击能揭开这个谜团。

虽然月球只是地球的一颗卫星,并且是一个无生命的世界,但它对地球上的一切生物,包括我们人类在内,有着决定性的影响。如月球通过其引力(起潮力)引起地球海洋的潮起潮落,为地球生命的产生和演化创造了所需要的环境。据最新研究证明,通过月球环绕地球的转动使地球的自转轴的倾斜保持了稳定,从而保证了地球上的四季分明。显然,如果月球不存在,则地球的环境会出现大的变动。由此可见,月球对我们人类的意义,绝不仅仅限于起夜晚自然照明作用和作为一种计算时间尺度的作用。随着对月球的探索和研究的不断深入,必将使我们对月地关系的认识不断深化。

六、关于对月球的探索

1.人类探索月球的四个阶段

(1)肉眼观测阶段:在1608年发明望远镜之前,人类只能用肉眼观测月球,难以仔细分辨月球的实况。由于看不清、不了解,古人对月球充满了遐想,我国古代就有一个嫦娥奔月的美丽神话,以为在月球上有桂花树、玉兔甚至有月宫。但古代的天文学家已能利用简易的仪器较为准确地测出月球离我们地球的距离。我国汉代的王充已认识到海洋的潮起潮落是由月球所引起。

（2）望远镜观测阶段：1608年荷兰眼镜匠发现镜片的放大作用，制成望远镜。1609年伽利略将自制的天文望远镜指向天空，发现月球上有高山、平原，不是完美无缺的球体，绘制了第一张月面图。此外，他还发现了木星的四颗卫星，由此开创了用望远镜观测天体的新时代。

（3）太空观测阶段：1957年，苏联成功发射了第一颗人造卫星。1961年，苏联航天员加加林乘坐宇宙飞船冲出地球大气层实现了人类首次太空飞行。从此，人类对月球的观测进入太空观测阶段。太空观测可分为远距观测和近距观测。用升入太空的哈勃望远镜观测月球属前者。用宇宙飞船进行掠月观测或绕月观测属后者。

（4）登月实地考察阶段：自古以来，人类一直梦想邀游月宫。1969年7月16日，美国的巨型火箭"土星5号"载着由指挥舱、服务舱和登月舱三部分组成的"阿波罗11号"宇宙飞船升空，离开地球飞向月球，7月20日"阿波罗11号"飞船飞达月球上空。飞船指挥舱内的一名航天员驾驶飞船绕月球轨道飞行，而另两名航天员则乘登月舱在月面着陆。登月后航天员采集了岩石和土壤（22千克），安装了用来记录月球内部震动的月震仪和用来测量月地距离的激光反射器。任务完成后，他们乘登月舱升空，返回月球轨道，与飞船对接，最后安全返回地球。

图2.5.6　登月第一人阿姆斯特朗登月时的照片　　　图2.5.7　宇航员驾月球车行驶照片

1969年11月至1972年12月，美国又陆续发射了"阿波罗"12号至17号飞船,其中除"阿波罗 13 号"因故没有登月(航天员安全返回地面),另五艘飞船均登月成功,"阿波罗"15 号至 17 号飞船的航天员还驾月球车在月面活动,采集岩石。到 1972 年"阿波罗计划"结束为止,共有 12 名宇航员分 6 批踏上月球进行实地考察,另有 15 人在月球上空飞过。他们拍摄一万多张各种各样的照片和长度以千米计的录像胶卷,总共搬回地球 380 千克月球岩石和土壤的样品。此外,还在月面上设置了 6 个核动力科学观测站。观测站的仪器每天向地球发送几万个数据。通过阿波罗计划的实施,科学家获得了大量的崭新的月球资料,仿佛发现了一个新的月球。

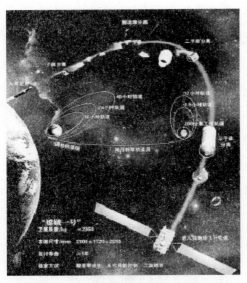

图 2.5.8 "嫦娥一号"发射示意图

2.我国探测月球的"嫦娥工程"

现在我国正在大力发展航天事业,其中一个重要目标就是要开展对月球的探测。我国探月的"嫦娥工程",分"绕、落、返"三个阶段进行。所谓"绕"就是发射中国第一颗月球探测卫星,实现首次绕月飞行。所谓"落",就是发射月球软着陆器,并携带月球巡视勘察器(俗称月球车),在着陆器落区附近进行探测。所谓"回"就是发射月球采样返回器,软着陆在月球表面特定区域,并进行分析采样,然后将月球样品带回地球,在地面上对样品进行详细研究。

2007 年 10 月 24 日,我国发射名为"嫦娥一号"的第一颗绕月卫星,成功实施了绕月飞行和对月近距观测,以此获取月球表面三维影像、分析月球表面有关物质元素的分布特点、探测地月空间环境。"嫦娥一号"发射成功表明,中国成为世界上第五个发射月球探测器的国家。

2010 年 10 月 1 日,我国发射"嫦娥二号"卫星,以距月球表面 100 千米的高度绕月飞行。与"嫦娥一号"相比,"嫦娥二号"不仅飞行时间大大缩短(由 14 天缩短到不到 5 天)而且飞得离月球更近。由于携带了空间分辨率小于 10 米的 CCD

立体相机，"嫦娥二号"对月球表面的观测也将更清晰，确保为"嫦娥三号"今后着陆在月球表面找到理想位置。

再下一步就是发射 "嫦娥三号"卫星，实现探测月球的第二阶

图 2.5.9 "嫦娥二号"三维图象

段的任务——"落"，让探测器在月球上实现软着陆，放出一个具有高智能的月球车对月球进行巡视探测 。这一步实现后，就要实施对月球进行第三阶段的探测——"回"，就是要在探测器落月后，释放月球车取样并返回地球。

在基本完成不载人月球探测任务后，我国将择机实施载人月球探测并与有关国家共建月球基地。正如中国探月工程的首席科学家欧阳自远所说，"人月两团圆并不遥远，我们有能力把人送上月球。一个人重量不过 100 公斤，以目前的技术再加 100 公斤打上去没有任何问题。"

§2.6 趣谈科学赏月

月球是夜空中最明亮最美丽的天体。爱美之心人皆有之，古今中外的人们无不喜欢观赏明月。在我国，人们喜欢赏月不仅是为了观赏明月之美，更是喜欢通过用赏月这种方式来寄托对远方亲友和家乡的思念之情，抒发自己的人生感悟和对美好理想的憧憬。正因为如此，颂明月之诗，望月抒怀之作，名篇迭出，传诵古今。"未离海底千山黑，才上中天万国明。"宋太祖赵匡胤的这两句诗写出了明月光照天地，气吞山河的伟大气概，抒发了他"结束战乱，统一天下，造福万民"的豪情壮志。在望月抒怀的古典诗词中，最令人称道的巅峰之作，当数苏轼的《水调歌头》。"人有悲欢离合，月有阴晴圆缺，此事古难全。但愿人长久，千里共婵娟。"当你读到这些令人过目难忘的名句时，不能不感叹天上的明月竟是如此牵动世人的情思。

从科学角度讲,为了更好地观赏明月,观赏者有必要了解月相的成因、月面地形的主要特征和日月升落规律。如果观赏者能够了解这三个并不难懂的天文常识,那么他就能在任何一天的夜晚来到之前预知:当晚的明月将在何时何方升起?其形状又将是什么样子?当他面对明月时,将会高兴地认出:月球上各块较暗的部分代表哪些月海?最明亮的环形山又在何处?而当他观赏一些描写月夜景色的诗文和画作时,将会有能力判断其所描写的月球的位置和形状是否准确。

一、关于月相的成因

在人类历史上,月球肯定很早就引起人们的兴趣和臆测。在一些夜晚不定时地观测就会发现,不仅每天月球的形状在变化,而且它相对于恒星的位置也在变化。其实,月球和地球一样,本身并不发光,完全靠太阳光照亮。朝着太阳的半球是明亮的,背着太阳的半球则是黑暗的。由于月球绕地球运动,地球绕太阳运动,于是日、地、月三者的位置不断变化。当月球的黑暗面完全对着我们时,就看不到它;当少部分光亮面对着我们时,只见弯月如钩;当整个光亮面对着我们时,便见到满月如轮。在图 2.6.1 中,内圈表示假设为圆的月球轨道,地球处于它的中心。外圈表示从地球上所看到的月球的外形——月相。月球在 A 处是新月,简称朔。月球在朔时与太阳相合,此时相对我们地球来说,月球与太阳在同一黄经方向上。在 B 处是上弦月;在 C 处是满月,简称望;在 D 这个位置时被称为下弦月。

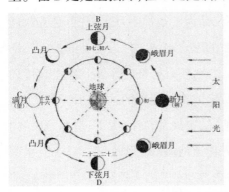
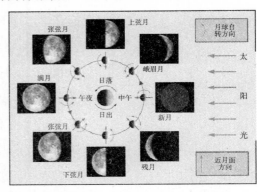

图 2.6.1　月相成因示意图

朔发生在农历初一,通常望发生在农历十五或十六,上弦发生在农历前半月的中间,即初七或初八。下弦发生在农历后半月的中间,即二十二或二十三。在下弦与朔之间的蛾眉月(残月)与在朔与上弦之间的蛾眉月(有时也称新月)都呈弯月形,但朝向相反。在上弦与望之间的凸月(盈凸月)和在望与下弦之间的凸月(亏凸月)也是形同而朝向相反。由于月球每个月绕地球转一圈,所以月相每月循环变化一遍。由此可见,月相的成因与月相的循环变化规律并不难懂。懂得了这个道理,我们就能预知任何一天的夜晚的月相了。

二、关于月面的主要特征

现已清楚,月球是一个没有大气、没有液态水、没有生命、极为荒凉的星球,它的表面崎岖不平,肉眼所见的明亮部分是山脉、高原和环形山(月坑),阴暗部分是平原和低地。月球上有许多环形山。环形山的中间是圆形的平地,间或有小的山峰。环形山内侧陡峭,外侧平缓,有的还向外辐射出一些明亮的条纹。最著名的是第谷环形山,有一百多条辐射条纹,最长的达到 1800 千米。环形山大多以科学家的名字命名,其中以哥白尼、开普勒和第谷命名的三座环形山最为壮观。肉眼所见的月面上的阴暗地区尽管实际上是平原和低地,但在 17 世纪时曾被称为"海"、"洋"、"湖"、"湾",这些名称一直保留至今。由于月球围绕地球的公转周期与月球自转周期相等,所以月球总是以同一半球面朝向地球,仅就为赏月而言,人们只需熟识月球正面的主要特征的示意图就可以了。

图 2.6.2　月球的正面照片

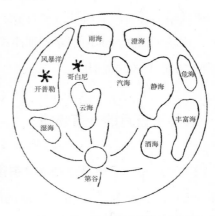

图 2.6.3　月球正面地形示意图

月球正面有 10 个大的月海：东半部和西半部各分布 5 个。西半部的 5 个分别为：危海、丰富海、澄海、静海和酒海。东半部的 5 个分别为：风暴洋、雨海、湿海、汽海和云海。月球正面的三个大环形山分别为是以第谷、开普勒和哥白尼命名的环形山。为便于记住月面上这 10 个月海和 3 个大环形山，有人编了以下两首口诀诗：

（1）上弦月地形口诀诗（协助记月面西半部的五个月海）

上弦观月有光采，西有危海丰富海。北边澄海景色暗，东方居中是静海。明暗界上看月山，高低起伏孔如筛。静海往南知是谁？酒海悄悄跟上来。

（2）下弦月地形口诀诗（协助记月面东半部的五个月海和三个环形山）

下弦观月后半夜，风暴洋东最显眼。洋中有山开普勒，亮纹辐射往外延。北方雨海形态圆，湿海就在东南边。雨海下边哥白尼，也有射线出圆圈。湿海西方云块显，正是云海在那边。南方第谷最明亮，射纹如雪四外延。

尽管你不可能一下子就认出这 10 个月海和 3 个大环形山，但你不难很快就会认出 4 个最好认的月海——风暴洋、雨海、静海和澄海。当你和自己的亲友一起赏月时，你就可以指着在月面东部的风暴洋说，它是最大的月海，宽达 1200 千米，靠北的那个较大较圆的海是雨海。你还可以指着月面西部的两个较大的月海说，居于中间一点的是静海，靠北一点是澄海。如果你能对照月球正面的照片和月面地形示意图多看多记几遍，稍微多下一点工夫，你就不难将月球地形的主要特征都记住。这样，当你在夜晚面对真实的月亮时将会高兴地认出：月亮上的各块较暗的部分代表哪些月海？而最明亮的环形山又在何处？如果你有较好的视力，你还可以在月面南部看到那座最明亮的以第谷命名的环形山以及由此向外延伸 2000 千米的辐射纹。

三、关于日月的升落规律

因为月球相对于恒星背景每天东移 13°，所以月球接连二次上中天的时间间隔为 24 小时 50 分平太阳时。月球的出没相应每天晚 50 分钟。但要记住，由于太阳以不均匀的速率沿着椭圆轨道运动，所以视太阳日的长度在整个一年内是有变化的,它平均比恒星日约长4分钟。由于月球的轨道与赤道相倾斜,并且它的角速度并不固定不变,所以每天月球上中天和月出的滞后相对于平均值是有变化的。由于月球运动的滞后,使日月升落关系有如下规律:

(1)朔时,日月相合,日出月出,日落月落。

(2)上弦时,日月相距90度,中午月出,子夜月落。

(3)望时,日月相冲,日落月出,日出月落。

(4)下弦时,日月相距270度,子夜月出,中午月落。

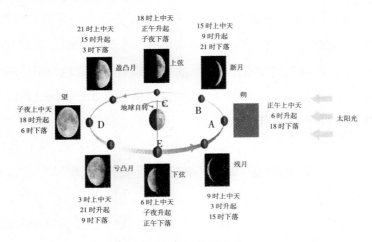

图2.6.4 日月升落规律示意图

任何人只要懂得这个规律,那么他就能在夜晚到来之前预知当晚的月亮将在何时何方升起?升起的月亮必将是什么样子?前几年,天津市举办月球知识竞赛,其中有些很有趣的题是考对月相成因和日月升落规律是否了解。这里不妨稍举几例,共同分析,以增强兴趣。

例题一:"月落乌啼霜满天,江枫渔火对愁眠。姑苏城外寒山寺,夜半钟声到客船。"这首诗的月亮是(　　　)

A.圆月　　　　　　B.残月　　　　　　C.上弦月　　　　　　D.下弦月

解答:此题的关键词是夜半月落,夜半就是子夜,对照日月升落规律可知,子夜月落只能是上弦月。

例题二:民歌"半个月亮爬上来"的月亮应当是深夜的(　　　)

A.上弦月　　　　　　B.残月　　　　　　C.蛾眉月　　　　　　D.下弦月

解答:此题的关键有二:一是由半个月亮可知只能为上弦月或下弦月,排除了蛾眉月和残月;二是再加上深夜月升,对照日月升落规律可知,只能是下弦月。

例题三:《包相会》这首歌开头的歌词是"十五的月亮升上了天空哟!"这说的时间大约是(　　　)

A.黄昏后不久　　　B.后半夜　　　C.子夜时分　　D.黎明前

解答:对照日月升落规律可知,望时,日月相冲,日落月出,日出月落。既然是月亮升空,只能是日落黄昏后不久。

综上所述可知,了解月相成因、月面地形主要特征和日月升落规律并不难。如果我们的公众能够了解科学赏月所必备的这三个天文常识,必将有助于大家更好地观赏明月,而我们的写作绘画人员在为描写月夜景色写诗作文作画时将不再因缺乏天文常识而发生失误,广大的读者则将有能力判断这些诗文画作对明月的描写是否有失误之处。

链接知识:解析"十五的月亮十六圆"

若问:月亮何时最圆? 常会听到的一种说法是"十五的月亮十六圆"。 这种说法对吗?查一下天文资料就可知道,这种说法有一定道理,但不够确切。比较确切的说法是,最圆的月亮——满月出现的日子是农历的十四、十五、十六和十七。在这四天中,出现满月次数以十六为最多,十五出现满月次数也比较多,十七则较少,最少是十四。

这里,我们先列出两组统计数据,然后再解析其中的道理。

(一)最近五年满月出现在农历的十七、十六、十五和十四的次数如下表所示:

	农历十七	农历十六	农历十五	农历十四
2006 年	2 次	7 次	3 次	0 次
2007 年	2 次	6 次	5 次	0 次
2008 年	2 次	6 次	4 次	0 次
2009 年	2 次	5 次	4 次	1 次

| 2010 年 | 2 次 | 6 次 | 5 次 | 0 次 |

（二）在（2001～2100）100 年中满月出现在农历的十七、十六、十五和十四的次数统计结果如下：

（1）出现满月的次数共 1241 次。

（2）农历十六出现满月的次数共 579 次，占 45.66%，出现次数最多。

（3）农历十五出现满月的次数共 468 次，占 37.71%，出现次数较多。

（4）农历十七出现满月的次数共 188 次，占 15.15%，出现次数较少。

（5）农历十四出现满月的次数共 6 次，占 0.48%，出现次数最少。

那么，为什么满月大多发生在农历十六、十五？为什么有时还会发生在农历十七和十四？

这要从地球与月球的运动说起。在天文学中，我们把地球围绕太阳运动的轨道平面称为黄道面，而把月球围绕地球运动的轨道平面称为白道面，这两个平面并不重合，有一个约为 5 度的交角，叫黄白交角。每逢农历初一，月亮运行到地球和太阳之间，当其黄经与太阳的黄经相同时，月亮被照亮的半球背着地球，我们看不到月亮，叫做"新月"，也叫"朔"；到了农历十五左右，月亮走到另一面，当其黄经与太阳的黄经相差 180 度时，月亮上亮的一面全部向着地球，于是我们看到了圆圆的月亮，称为"满月"，也叫"望"。月球绕地球公转速度有时快、有时慢，从"朔"到"望"再到"朔"，所经历的平均周期是 29.53 天，但最长的周期与最短的周期相差十几个小时。所以，尽管月球从朔到望所需的时间平均约为 14 天 18 小时 22 分，但实际上会时而略长于时而略短于这个平均时间。

根据农历历法规定，朔所在这一天为每月初一。但同是初一，朔可能发生在凌晨，或者上午、下午，也可能发生在晚上，而且每个朔望月本身也有长有短。这样，月亮最圆时刻的"望"最早可发生在农历十四日的晚上，最迟可出现在农历十七日的早上。但由于朔一定在农历的每月初一，朔之后平均起来要再经过 14 天 18 小时 22 分才是望，所以月亮最圆时刻的"望"以出现在农历十五、十六这两天居多，其中又以出现在农历十六为最多。为更好地具体了解发生朔与望的情况，作为一个实例，我们不妨看一看下面列出的 2009 年各月发生朔与望的时刻：

	望（满月）的时刻	朔（新月）的时刻
1月	11日（十六）11时27分	26日（初一）15时55分
2月	9日（十五）12时49分	25日（初一）09时35分
3月	11日（十五）10时38分	27日（初一）00时06分
4月	9日（十四）22时56分	25日（初一）11时23分
5月	9日（十五）12时01分	24日（初一）20时11分
6月	8日（十六）02时12分	23日（初一）03时35分
7月	7日（十五）17时21分	22日（初一）10时35分
8月	6日（十六）08时55分	20日（初一）18时01分
9月	5日（十七）00时03分	19日（初一）02时44分
10月	4日（十六）14时10分	18日（初一）13时33分
11月	3日（十七）03时14分	17日（初一）03时14分
12月	2日（十六）15时30分	16日（初一）20时02分

由此表可知,农历十四发生望是在深夜22时56分,而之前的朔发生在初一的0时06分,其间隔虽不到14天,但已很接近14天。两次发生在农历十七的望都是发生在凌晨,而之前的朔则发生在初一的晚上或下午,其间隔均不到16天,为15天多。至于发生在农历十六与十五的望与之前发生的朔的间隔都在从朔到望所需的平均时间14天18小时22分左右。两者相比,前者大多比后者更接近于14天18小时22分。正是这个原因造成了农历十六月亮圆的天数必定多于农历十五月圆的天数。

通过以上列出的统计数据和所作的解析可知,如果把"十五的月亮十六圆"这句话理解为每年在农历十六月圆的天数比农历十五月圆的天数还多,那是对的,但不能排除有时农历十七、十四月也圆。

最后再补充说明以下几点:(1)查最近十年的中秋节的资料表明:2010年的中秋节正好是满月,发生望的时刻是公历9月22日(农历八月十五)14时10分。在最近十年的农历八月份中有5次望发生在农历十五,3次发生在农历十六,一次发生在农历十七。(2)在2001至2100的100年中,中秋节出现满月共40次,占40%;元宵节出现满月共38次,占38%;出现概率均不到一半。(3)这里所列的数据是通过查阅时间科普网和中国科学院紫金山天文台刘宝琳刘婷婷编著的《百年历表及日月食(2001—2100)》,再统计整理而成。

§2.7 潮汐

一、什么是潮汐?

与海洋接触时间长的人,就会观察到海水有周期性的涨落现象:到了一定时间,海水迅猛上涨,达到高潮;过后一些时间,上涨的海水又自行退去,出现低潮。如此循环重复,永不停息。我国古代把白天出现的海水涨落叫做潮,把晚上出现的海水涨落叫做汐,合称潮汐。通过观察潮汐现象发现, 海水周期性的涨落现象是全球性的, 一般是每

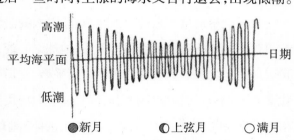

图 2.7.1 潮汐的高度随月令变化的曲线

天升降各两次,高潮发生在月球上中天以后。在相邻两个高潮(或低潮)之间的时间间隔为 12 小时 25 分钟,低潮在两次高潮之间的一半处发生。另外,特别高的大潮在新月和满月时发生。在这些大潮之间的一半处,月球处于上弦或下弦,这些日子的高潮处于最低的位置。这种微弱的高潮叫做小潮。这表明潮汐现象与月球的周日运动和公转运动有关。地球某处在一个朔望月的前半月时期内的潮汐情况如图 2.7.1 所示。

二、潮汐的动力:引潮力

我国古代科学家很早就发现了潮汐现象与月球运行之间的密切关系, 并得

出了"月周天而潮应"这个结论。这里所谓的"月周天"包括了月球的两种运动:月球的周日运动和公转运动。不过,从深入一步讲,"月周天而潮应"这个结论虽是正确,毕竟还属于现象上的描述,并没有找到它们之间的本质的联系。直到1687年牛顿发现了万有引力之后,潮汐和月球、太阳之间的关系才得到了科学的解释。

根据理论分析,地球上的潮汐现象是由于月球和太阳的引力在地球上分布的差异产生的。这个差异叫做引潮力,也叫涨潮力。引潮力的大小与太阳、月球的质量成正比,与它们之间的距离的立方成反比。尽管太阳的质量比月球大得多,但月地距离远远小于日地距离,计算表明,月球对地球的引潮力是太阳对地球的引潮力的2.18倍,或者说后者不到前者的一半。

三、对潮汐现象的探讨

如果设想地球不自转并被水覆盖,那么我们就可以最容易地理解潮汐现象。假设仅仅月球的引力吸引起作用。在地球中心处,由地球处于围绕地月质心的轨道上所产生的离心力被它们的引力所平衡。在最靠近月球的那一面,月球的引力比离心力大,而在相反的那一面则是离心力比较大。合力导致在海洋中潮汐的上涨。因此,潮汐的上涨是月球在其轨道上围绕地球运动的必然结果。假如地球不转,那么每隔半个月球恒星周期应发生一次大潮。

但是,地球在月球运动的方向上每24小时自转一圈。这两种周期的复合导致每24时50分钟产生两次高潮,换句话说,我们在对每隔相同的间歇中的情况的研讨中发现了月球上中天滞后的影响。另外,由于地球的自转轴并不垂直于月球的轨道平面,使这种情形又发生变化。陆地的错综复杂构造和海洋的深浅不同又进一步使这种情形发生变化。

如果我们把太阳考虑进去,那就会看到,正如图2.7.2所示,当月球为新月或满月时,太阳的作用力和月球的作用力相叠加,产生特别大的潮。在上弦和下弦时,太阳的起潮力不及月球的一半,与部分月球起潮力相抵消,潮差最小,因而被称为小潮。

作为引潮天体的月球和太阳,它们的运行具有周期性,所以地球上的潮汐也就具有周期性。由太阳引潮力造成的潮汐叫做太阳潮，由月球引潮力造成的潮汐叫做太阴潮。地球上实际出现的潮汐正是太阳潮和太阴潮两者合成的结果。但是太阳引潮力不及月球引潮力的一半。所以，太阳潮是不明显的，它只对太阴潮起到增强或减弱作用。也就是说，地球上的潮汐现象主要是和月球的运行相联系的。

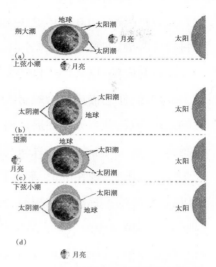

图 2.7.2 太阳对潮汐的高度的影响

海水的流动，要受到海底的摩擦和其本身的内摩擦的作用，遂使高潮向后延迟，即一日间的高潮落后于月球上中天的时刻，一月间的大潮落后于朔望1～3日。例如，著名的钱塘江大潮就不是发生在农历八月十五，而是发生在农历八月十八。以上主要是从天文因素来讲地球上的潮汐现象。实际上，潮汐现象要受到多种因素的影响，如气流、洋流和海岸地形等。如加拿大芬地湾以世界潮差最大著称，潮差达19.6米。夏威夷等大洋处观测的潮差约1米。有的地区的海潮不是每天两涨两落，而是只有一涨一落。

四、潮汐在地月系中所产生的重要的长周期影响

地球比在月球轨道上运行的月球自转得快。由于潮汐同运动较慢的月球相联系，所以潮汐作为对地球自转的阻尼而起摩擦作用，致使地球自转逐渐变慢。

天文学家通过对古代的食的研究发现，地球自转变慢为每世纪0.0016秒。地质科学家们在对鹦鹉螺壳化石和珊瑚化石的研究中，也获得了地球自转减慢的具体证据。科学家通过对现存的几种鹦鹉螺化石研究发现，现代鹦鹉螺的贝壳上，生长线是30条，中生代白垩纪是22条，侏罗纪是18条，古生代石炭纪是15条，奥陶纪是9条。由此推断，在距今4.2亿年前的古生代奥陶纪时，月亮绕地球一周只有9天。地球与月球之间的距离，只有现在的43%左右。此外，科学家通过对珊瑚化石的研究发现，现在的珊瑚每年长有365条轮线，而4亿年前的珊瑚

化石上,每年长有 400 条年轮线。这说明,4 亿年前,地球每年是 400 天,那时,地球每自转一周的时间为 21.5 小时,比现在要快 3.5 小时。

随着时间的推移,地球自转失去的角动量转化为月球的角动量。月球在其轨道上被加速,使它慢慢地沿螺旋线向外移开。因此,月球的一日和一月都在以不同的速率变长,并且无论在遥远的过去或是在遥远的将来,这种事件的情形都已被测算出来。回溯过去,当月球离地球大约只有 16000 千米时,月球的一个月约为 7 个平太阳日(现在的值)那么长。月球的一日只有几个小时那么长。在千百万年以后,月球的一日与一月相等,大约等于我们现在的 47 日那么长,地球将总是以同一个半球面朝向月球。可以证明,这种情形不会永远维持下去;太阳的潮汐将不断起作用。地球和月球将逐渐从它们的对抗中解脱出来,月球这颗卫星将收缩它的脚步,直到它再次接近地球。

§2.8 时间、历法、干支纪法与节气

一、什么是时间? 时间如何计量?

时间和空间都是物质存在的形式。物质的运动和变化是在时间和空间中进行的。时间包含既有差别又有联系的两个内容:时间间隔和时刻。时间间隔指物质运动的两个不同状态之间所经历的时间历程,含有久或暂之意。时刻则指物质的某种运动状态瞬间与时间坐标轴原点之间的时间间距,含有早或迟之意。时间表达了事物出现的先后、事物发展变化过程的快慢。因此,准确地量度时间是人类社会生活和研究自然现象所必不可少的。

时间与长度、质量一起构成了三大基本物理量。但是同后者相比,时间具有特殊的性质。人们不可能像计量长度和质量那样,利用一个"原器"把时间标准恒定地保存起来。量度时间不能用尺,不能用称。要建立一个时间计量系统,必须选

定某一运动规律已知、运动状态可以观测的具体事物的运动作为计量依据,确定基本单位和起算点。

由于选用的依据不同,或选取的起算点和单位不同,便产生不同的时间计量系统。如恒星时、真太阳时和平太阳时都是以地球自转为依据,而原子时则以原子内部电子能级跃迁时辐射的电磁波频率为依据。长期以来,人类普遍采用天体的宏观运动周期作为计量时间的标准。这就是传统的天文时间标准。20 世纪初以后,科学家发现地球自转速度有以下三种变化:一是地球自转速度长期减慢。这种变化使日的长度在一个世纪内大约增长 1 ~ 2 毫秒,引起地球自转长期减慢的原因主要是潮汐摩擦。二是地球自转速度有季节性的周期变化,春天变慢,秋天变快,周年变化的振幅约为 20 ~ 25 毫秒,可能是由风的季节性变化引起的。三是不规则变化,其原因还不清楚。由于以上这三种变化造成了地球自转的不均匀性,所以 20 世纪 60 年代以后,天文时间标准被以物质内部原子的微观运动为基础的原子标准所取代,计量时间的标准是铯原子在一定条件下跃迁辐射的振荡频率。通俗地讲,现已用原子钟取代天文钟作为测时报时的标准了。

日、月、年、世纪的计量,属于历法范畴。现代科学技术中的时间计量不是指这些长时间间隔的时间计量,而是指日以下的时间间隔的计量;对于专门的天文台和物理实验室来说,甚至是指秒以下的时间间隔的计量。在日常生活中和文学作品中,人们用刹那、瞬间、弹指、须臾来形容时间的短暂。应当指出,它们的短暂程度不仅不同,而且还相差不少倍。据古印度佛教戒律书所说:"一刹那者为一念,二十念为一瞬,二十瞬为一弹指,二十弹指为一罗预,二十罗预为一须臾,一日一夜三十须臾。"我们知道,一日一夜为 24 小时,按它们的倍数关系很容易算出,一须臾为 48 分,一罗预为 144 秒,一弹指为 7.2 秒,一瞬间为 0.36 秒,一刹那为 0.018 秒。显然,对它们所代表的具体时间有个确切了解,将有助于我们更加贴切地用它们表达自己的意思。

二、什么是历法?

历法就是编制日历的原理和方法。其主要内容包括说明每月的日数如何分配，一年中月的安排和闰月、闰日的安排规则，节气的安排，纪年、纪月、纪日的方法等。

各国历代历法大体可以分为三类：以太阳运动为主要依据的称为阳历，例如现行的公历；以月球运动为主要依据的称为阴历，例如回历、希腊历；兼顾太阳和月球这两种运动为主要依据的称为阴阳历，例如农历、藏历。

我国至晚到殷代就使用了阴阳历。从那时起一直到清末，先后制定过一百余种阴阳历。在长期的历史中，这种阴阳历一直被用来指示农时，与农业生产息息相关，因此，通常也把它叫做农历。1911年辛亥革命后，我国从1912年起采用世界通用的公历，纪年方法则采用中华民国纪年；与此同时仍颁行传统的农历。中华人民共和国成立后废除中华民国纪年，采用公历纪年。目前通行的日历牌，上半部印的是公历，下半部印的就是农历。

三、现在国际上通用的公历

现在国际上通用的公历也叫格里历，它是在公元1582年由罗马教皇格里哥里13世颁行的。它的一年中1月、3月、5月、7月、8月、10月和12月为大月，有31天；4月、6月、9月和11月为小月，有30天；2月份在平年为28天。为便于记住这种安排，在我国民众中传颂着这样一段谚语："一、三、五、七、八、十、腊（十二月），三十一天永不差；四、六、九、冬（十一月）三十日；只有二月二十八。"

公历规定四年一闰，闰年的二月份为29天，所以公历的平年为365天，闰年为366天。公历还规定：凡公元数能被4整除的年为闰年，除不尽的为平年；但对整世纪的年份如1600年、1700年、1800年等，只有世纪数能被4除尽的才是闰年，不能被4除尽的仍为平年。比如1900年的世纪数是19，不能被4除尽，所以1900年是平年；2000年的世纪数是20，能被4除尽，所以2000年是闰年。

这样，公历每400年中不是有100个闰年，而是要扣除3个闰年，只有97个闰年。于是，公历400年的天数为$(400-97) \times 365 + 97 \times 366 = 146097$天，400个回归年的天数为$400 \times 365.2422 = 146096.88$天，两者只差0.12天，平均每年只与回归年差0.0003天，三千年只差一天，其精度已够用。现在我国与世界上大多数国家一样采用公历,以 1 月 1 日作为一年的开始,用公元纪年。

四、中国农历

正如前面已提到的那样,中国很早就使用阴阳历,因为有二十四节气,能指导农业,所以后来又叫做农历。这种历法是以月球圆缺,即月相盈亏和太阳的周年视运动的周期为依据的。中国农历历法规定:将月相为朔的日期定为下一个月的初一。由于月相的朔望周期不是日的整数,平均为 29.53059 天,便规定:大月 30 天,小月 29 天。此外,由于地球公转运动不是均匀的,如在近日点处就比远日点处运动快,所以朔望周期也长短不一,最多相差半天,所以规定有的年份连续几个大月或连续几个小月。

中国农历也是以回归年为依据的。但回归年的周期与朔望月的周期性是不通约的。积 12 个朔望月为 354 天或 355 天,与回归年相差 11 天左右,3 年累计已超过一个月。调节的方法是在有的年份安排 13 月,有两个一样的月份,需要置闰。置闰的规则依据二十四节气来定。

五、干支纪法

我国古代将甲乙丙丁戊己庚辛壬癸 10 个字称为天干,而将子丑寅卯辰巳午未申酉戌亥 12 个字称为地支。干支就是天干和地支的总称。如下面的表 2.9.2 所示,按序将天干中的一个字与地支中的一个字相互搭配,共有 60 种组合。干支最早用来纪日,以后用来纪年、纪月、纪时。人出生时的年、月、日、时也可用 4 组干支共八个字来表示,这就是所谓的"生辰八字"。在干支纪法中,干支纪月、干支纪日、干支纪时现已不常用,但目前在绘画、书法艺术领域还沿用干支纪年。这里仅对干支纪年作简要介绍。干支纪年是从东汉章帝元和二年(公元85年)四分历开始的。纪年方法如表 2.8.1 所示,甲子为第一年,乙丑为第二年,丙寅为第三年……壬戌为 59 年,至癸亥为止,一周为整六十年。然后又从甲子开始,循环往复。

表2.8.1　六十干支表

1 甲子	11 甲戌	21 甲申	31 甲午	41 甲辰	51 甲寅
2 乙丑	12 乙亥	22 乙酉	32 乙未	42 乙巳	52 乙卯
3 丙寅	13 丙子	23 丙戌	33 丙申	43 丙午	53 丙辰
4 丁卯	14 丁丑	24 丁亥	34 丁酉	44 丁未	54 丁巳
5 戊辰	15 戊寅	25 戊子	35 戊戌	45 戊申	55 戊午
6 己巳	16 己卯	26 己丑	36 己亥	46 己酉	56 己未
7 庚午	17 庚辰	27 庚寅	37 庚子	47 庚戌	57 庚申
8 辛未	18 辛巳	28 辛卯	38 辛丑	48 辛亥	58 辛戌
9 壬申	19 壬午	29 壬辰	39 壬寅	49 壬子	59 壬戌
10 癸酉	20 癸未	30 癸巳	40 癸卯	50 癸丑	60 癸亥

　　已知公元年数可求出年的干支，其方法如下：将公元年数减去3后再除以60所得的正余数就是该年的干支序号。如余数为1，则该年的干支序号为1，从六十干支表上即可知该年为甲子年；以此类推，如余数为2，则该年为乙丑年；如余数为59，则该年为壬戌年。如余数为0，则该年为癸亥年。例如求2003年的干支序号，只要将2003减去3后除以60，马上就可算得商为33，余数为20，而此余数20就是2003年的干支序号，从六十干支表上即可查得该年为癸未年。不难明白，由公元年数确定年的干支有唯一解，反之则有许多可能解，但如能知道，这个干支年在哪个世纪或大致年代，那么就可能有唯一解。懂得这一点，对推算发生历史事件的公元年份与鉴定书画作品的创作时间会有帮助。这里举例说明如下：

　　例1.试问：辛亥革命发生在哪一年？此题可按以下三步解答：（1）先判断辛亥革命发生的大致年代，因为辛亥革命是推翻清王朝的革命，可以肯定是发生在20世纪上半叶的辛亥年。（2）求出所在世纪第一年即1901年的干支。将1901减去3再除以60，可算得余数为38，即可从六十干支表上知道，此年的干支为辛丑。（3）从六十干支表上知道，辛亥年的序号是48，比序号为38的辛丑年1901年晚10年，所以辛亥革命应发生在1911年。

　　例2.试问：苏轼（1036~1101）是在哪一年写的著名赏月词《水调歌头》？此题也分三步解答：（1）先判断写作的大致年代，因苏轼生于1036年死于1101年，写作时间必在这两者之间。（2）求出1070年的干支。将1070减去3再除以60，可算得余数为47，即可从六十干支表上知道，此年的干支为庚戌。（3）苏轼自己为此词所作注解是:丙辰中秋,欢饮达旦,大醉。作此篇。从六十干支表上知道,丙辰年的序号是 53,比序号为 47 的庚戌年 1070 年晚 6 年,所以苏轼是在 1076 年写的《水调歌头》。

例 3,试问:书圣王羲之(321~379)是在哪一年写的《兰亭序》? 此题也分三步解答:(1)先判断写作的大致年代,因王羲之生于 321 年,写作此词必已成年,应离 350 年不远(2)求出 350 年的干支。将 350 减去 3 再除以 60,可算得余数为 47,即可从六十干支表上知道,此年的干支为庚戌。(3)王羲之在《兰亭序》中已表明兰亭聚会是"岁在癸丑"。从六十干支表上知道,癸丑年的序号是 50,比序号为 47 的庚戌年 350 年晚 3 年,所以王羲之是在 353 年写的《兰亭序》。

我们从以上三例中看到,在求年的干支所对应的公元年份时,都有一个如何选取相近的年份的问题。从原则上说,只要与所求的公元年份相差不超过 60 年,任选一年都可。如超过 60 年,就可能有不止一个解。例如,在 20 世纪就有两个辛亥年,一个是 1911 年,另一个是 1971 年。但若知所求的年份属于上半世纪或下半世纪,那就只有一个解。从换算技巧上说,所选取的相近年份越靠近所求的年份就越省事。

综上所述可知,公元纪年与干支纪年相互换算的方法并不难懂,也不难算,但要熟练掌握它,就应在弄懂方法的基础上多加练习。最后,作为一种趣味性练习,请读者解答下列问题:2008 年的干支是什么? 郭沫若的名作《甲申三百年祭》写于何年? 苏轼的悼亡词《江城子》在何年所作? 丧妻时他多大岁数?

附:苏轼的悼亡词《江城子》:"十年生死两茫茫,不思量,自难忘。千里孤坟,无处话凄凉。纵使相逢应不识,尘满面,鬓如霜。夜来幽梦忽还乡,小轩窗,正梳妆。相顾无言,惟有泪千行。料得年年断肠处,明月夜、短松岗。"作者在此词前有一行小注:乙卯正月二十日夜记梦。

六、二十四节气

1.什么是二十四节气?

二十四节气是十二个中气和十二个节气的总称。留意我们现在使用的日历牌,可以很清楚地看到,日历上标有二十四节气,它们的名称依次为:立春、雨水、惊蛰、春分、清明、谷雨、立夏、小满、芒种、夏至、小暑、大暑、立秋、处暑、白露、秋分、寒露、霜降、立冬、小雪、大雪、冬至、小寒、大寒。

在这二十四节气里,节气和中气相间排列。其中,单数为节气,即:立春、惊蛰、清明、立夏、芒种、小暑、立秋、白露、寒露、立冬、大雪、小寒。双数为中气,即:雨水、春分、谷雨、小满、夏至、大暑、处暑、秋分、霜降、小雪、冬至、大寒。

为便于记住二十四节气,在群众中广为流传着这样一首口诀歌:春雨惊春清谷天,夏满芒夏暑相连,秋处露秋寒霜降,冬雪雪冬小大寒。此外,还有一首助记口诀:上半年来六二一,下半年来八二三,上下不差一两天。意思是说,上半年的节气发生于每月的六日或二十一日左右,下半年的节气发生在八日或二十三日左右,上下差不了一、二天。

2.二十四节气的含义

二十四节气按其含义可以分为以下四类:第一类是表示季节变化的节气,包括立春、春分、立夏、夏至、立秋、秋分、立冬、冬至八个节气。这里,立是即将开始的意思,立春、立夏、立秋、立冬分别表示春、夏、秋、冬四季将临。分是平分的意思,春分和秋分这两天昼夜等长,它们都处于夏至和冬至的中间。至是到来的意思,夏至和冬至则表示盛夏和隆冬的到来,也是一年之中白天最长和夜晚最长的两天。第二类是象征气温变化的节气,包括小暑、大暑、处暑、小寒、大寒五个节气。这里,处是即将结束的意思,处暑意味着酷暑即将结束。第三类是反映雨露霜雪情况的节气,包括雨水、谷雨、白露、寒露、霜降、小雪、大雪七个节气。第四类是与农事活动有关的节气,包括惊蛰、清明、小满、芒种四个节气。

长期以来,二十四节气在指导农民适时进行农事活动方面一直发挥着重要作用。有首农谚诗对此作了生动的描写。其诗曰:

种田无定例,全靠看节气。立春阳气转,雨水沿河边。

惊蛰乌鸦叫,春分滴水干。清明忙种粟,谷雨种大田。

立夏鹅毛住,小满雀来全。芒种大家乐,夏至不着棉。

小暑不算热,大暑在伏天。立秋忙打靛,处暑动刀镰。

白露贲割地,秋分无生田。寒露不算冷,霜降变了天。

立冬先封地，小雪河封严。大雪交冬月，冬至数九天。

小寒忙买办，大寒要过年。

3.二十四节气的划分

二十四节气是把黄道分为 24 段，太阳在黄道上视运动每转 15 度定为一个节气。因为太阳在黄道上视运动并不均匀，所以各节气的时间长度也不相等，各个节气所对应的太阳黄经和时间如表 2.8.2 所示：

表 2.8.2　与二十四节气对应的太阳黄经和节气日期

	节气名	立春（正月节）	雨水（正月中）	惊蛰（二月节）	春风（二月中）	清明（三月节）	谷雨（三月中）
春季	节气日期	2 月 4 日或 5 日	2 月 19 日或 20 日	3 月 5 日或 6 日	3 月 20 日或 21 日	4 月 4 日或 5 日	4 月 20 日或 21 日
	太阳到达黄径	315°	330°	345°	0°	15°	30°
	节气名	立夏（四月节）	小满（四月中）	芒种（五月节）	夏至（五月中）	小暑（六月节）	大暑（六月中）
夏季	节气日期	5 月 5 日或 6 日	5 月 21 日或 22 日	6 月 5 日或 6 日	6 月 21 日或 22 日	7 月 7 日或 8 日	7 月 23 日或 24 日
	太阳到达黄径	45°	60°	75°	90°	105°	120°
	节气名	立秋（七月节）	处暑（七月中）	白露（八月节）	秋分（八月中）	寒露（九月节）	霜降（九月中）
秋季	节气日期	8 月 7 日或 8 日	8 月 23 日或 24 日	9 月 7 日或 8 日	9 月 23 日或 24 日	10 月 8 日或 9 日	10 月 23 日或 24 日
	太阳到达黄径	155°	150°	165°	180°	195°	210°
	节气名	立冬（十月节）	小雪（十月中）	大雪（十一月节）	冬至（十一月中）	小寒（十二月节）	大寒（十二月中）
冬季	节气日期	11 月 7 日或 8 日	11 月 23 日或 24 日	12 月 7 日或 8 日	12 月 21 日或 22 日	1 月 5 日或 6 日	1 月 20 日或 21 日
	太阳到达黄径	225°	240°	255°	270°	285°	300°

4.二十四节气与农历的制闰

农历以十二个中气分别作为十二个月的标志，即各个月都有一定的中气。农历的闰月在古代有过不同的安排方法，但从汉代开始逐渐形成了一个置闰法，把不包含中气的月称为上一个月的闰月。

每月都有一定的中气相对应，怎么又出现了不包含中气的月呢？因为一个回归年中有二十四个节气，这就意味着节气与节气或中气与中气之间平均相隔 365.2422 ÷ 12 = 30.4368 日，而一个朔望月为 29.5306 日，这二者之间相差近一日，所以中气（节气也一样）在农历中出现的日期，每个月就向后推迟近一日。这样天长日久，总会出现中气赶到月末的现象，那么接下去的一个月必然就没有中气而只剩下一个节气了。于是这个没有中气的月就被称作这一年的闰月。如果这个没有中气的月的上个月是五月，那么我们就称这个没有中气的月为闰五月。2004 年是闰二月，有两个二月，前一个有中气，后一个无中气，这后一个无中气的月就是闰月。

农历之所以将没有中气的月作为闰月，只要做一个简单的运算就会发现其中的奥妙。原来，19 个回归年中分别有 19×12=228 个节气的中气，而在农历的 19 个年头中有 19×12＋7＝235 个朔望月，显然会有 7 个月没有中气，7 个月没有节气，这样把七个没有中气的月作为闰月就是很自然的事了。19 年 7 闰法，闰月一般安排在第 3、5、8、11、14、16、19 年，其中相隔年数为 3、2、3、3、3、2、3 年。至于是闰几月，还有农历的大小月如何排列，这需要进行精密的推算。

七、三伏与九九

在农历的节气中，除了二十四节气之外，还有一些诸如三伏、九九、入梅、出梅、端午、重阳之类的杂节气。这里单讲三伏与九九。俗话说：热在三伏。那么，究竟什么是三伏？所谓三伏是初伏、中伏和末伏的总称。三伏的日期是按节气的日期和干支的日期相配合来决定的。按农历的规定，夏至以后的第三个庚日（干支纪日法中带"庚"的日子称为庚日，如庚子、庚申等）为初伏（也叫头伏）；第四个庚日为中伏（也叫二伏）；立秋后的第一个庚日为末伏（也叫三伏）。

从干支纪法中知道，相邻两个庚日的间隔是十天，所以从初伏到中伏的时间固定是十天，但由于有立秋之后的第一个庚日为末伏的规定，所以从中伏到末伏的时间就有十天和二十天两种情况。末伏与初伏一样固定为十天。由于末伏必须在立秋之后，所以不少地区"秋后一伏"的说法。三伏天恰在小暑和大暑之间，是一年中最炎热的时候。农谚所谓"小暑不算热，大暑三伏天"就是这个意思。此外，三伏与农业生产也有密切关系，自古以来就流传着"头伏萝卜二伏菜，末伏有雨种荞麦"等经验之谈。我国每年的日历上都特别标有三伏的日子，为农业生产服务。

"九九"是我国北方，尤其是黄河中下游一带人民很熟悉的一个杂节气。它从冬至这一天算起,每九天为一九,合计"九九"八十一天。"九九"和气候、物候密切有关。民间流传着一些"九九"歌,对此作出了生动的描写。这里引用其中的一首:

一九、二九不出手;三九、四九冰上走。五九、六九沿河看柳;七九河开,八九雁来。

九九加一九,耕牛遍地走。

第三章　太阳系

太阳系在宇宙中只是极微小的一部分，但对我们居住在地球上的人类来说却是关系最密切的一部分。要了解地球的宇宙环境，首先要从了解太阳系开始。

§3.1 太阳系概貌与太阳系行星重新定义

一、什么是太阳系？

太阳系是由太阳、行星、矮行星、卫星与众多的小天体构成的天体系统。在太阳系中，太阳是中心天体。太阳系的行星有八颗：按离太阳由近及远的顺序，依次为水星、金星、地球、火星、木星、土星、天王星和海王星。首先被确定为矮行星的就是在 2006 年被开除出行

图 3.1.1　太阳系示意图

星行列的冥王星。包括新发现的比冥王星更远更大的"齐娜"在内的一些天体随后陆续列入矮行星的行列。太阳系的小天体则包括小行星、彗星、流星体等围绕太阳运动的天体。

图 3.1.2　太阳与 8 大行星等天体的大小比较

太阳是一颗典型的恒星，它在大小和质量方面都在太阳系中占统治地位，最大的行星——木星的直径只有太阳的十分之一。由于太阳的质量占太阳系的99.86%，所以行星、矮行星和众多的太阳系小天体都在太阳引力作用下以很相似的方式围绕太阳运动。

二、太阳系天体的运动特性

17世纪初，开普勒在哥白尼日心说的基础上研究了第谷提供的行星观测资料，总结出太阳系行星运动三大定律。

开普勒的第一定律说的是，所有行星的运动轨道都是椭圆的，太阳位于椭圆的一个焦点上。因此，行星绕日运动时与太阳的距离是不断变化的。离太阳最近时，为近日点；离太阳最远时，为远日点。通常椭圆扁的程度用偏心率表示。偏心率越大，椭圆就越扁，近日点和远日点与太阳的距离之差就越大。除了水星之外，其他行星轨道的偏心率不超过0.1。

开普勒的第二定律说的是，行星的向径（太阳中心到行星中心的连线）在单位时间内扫过的面积相等。（见图3.1.3）

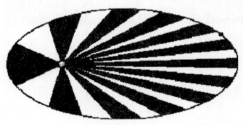

图3.1.3　开普勒的第二定律示意图

这个面积不变制约行星与太阳的距离变化和行星速度变化之间的关系。距离增大，速度就变小；距离缩小，速度就增大。这就是说，各行星围绕太阳作不等速运动，距太阳远时速度小，距太阳近时速度大。这个定律正与行星运动的动量矩守恒一致。所谓行星运动的动量矩守恒是指行星的质量、速度、离太阳的距离这三者的乘积保持不变。其中行星的质量可视为常量，所以其速度与离太阳的距离成反比。

开普勒的第三定律说的是，行星绕太阳运动的公转周期的平方与它们和太阳平均距离的立方成正比。它表明，各行星与太阳的距离不等，其绕日公转周期的长短必然不同。离太阳愈近的行星，公转周期就愈短。反之，就愈长。例如，离太阳最近的水星的公转周期仅为 88 日,地球的公转周期为一年,离太阳最远的海王星的公转周期则长达 164.8 年。开普勒的第三定律在天体测量上有很重要的用途。只要知道行星的公转周期就可以根据这个定律很容易地算出行星的平均距离。反之,知道了行星的平均距离就可以很容易算出它的公转周期。

不仅行星绕日运动遵循开普勒的这三个定律,矮行星、小行星、周期彗星的绕日运动也遵循这三个定律。卫星(也包括人造卫星)绕行星的运动也遵循这三个定律,只不过被围绕的天体由太阳改为行星。

一般说来,小行星的轨道偏心率要大得多,有些彗星和流星体的轨道偏心率可以接近于 1。行星的轨道平面都包含太阳这个中心天体,且与地球轨道平面的交角至多不过几度。因此,作为一次近似,太阳系是一个二维空间。然而,我们可以作一张太阳系的平面示意图,按比例绘出行星的距离,行星的轨道平面都被看做处于地球轨道平面上。(见图 3.1.4)在图中也包含了小行星带。这个介于火星轨道和木星轨道之间的小行星带是由数以万计的小行星所组成的。

观测表明,行星的轨道差不多既是近似圆形的又是共面的。一个进一步的规律是,这些行星在其轨道上运行的方向都是一致的,尽管在每一个轨道内和不同的轨道上,它们的运动速率在变化,但都遵循开普勒定律。简而言之,它们具有近圆性、共面性和同向性。

小行星,彗星和流星体的运动也是如此。至今还没有发现一个在轨道上逆向运动的小行星的例子。虽然大多数彗星和流星体绕太阳运行的方向与行星是一致的,但是有些彗星例外,其中最著名的就是哈雷彗星。

三、太阳系行星的分类

通常,我们把太阳系的八大行星分为内行星和外行星两大类。

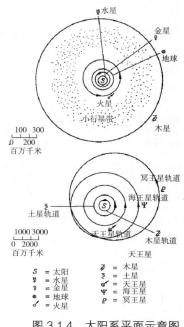

图 3.1.4 太阳系平面示意图

内行星指处在小行星带之内离太阳较近的四颗行星：水星、金星、地球和火星。它们离太阳较近，都是表面为岩石固体的岩质行星，其物理性质差不多，体积和质量较小，但密度大，中心有铁核，含金属元素比例高。它们都没有光环。水星和金星没有卫星，地球只有一颗卫星，就是质量约为地球的 1/81 的月亮。火星有两颗直径略小于 16 千米的卫星。这四颗内行星亦称为地球型行星或类地行星。

外行星是指处在小行星带之外离太阳较远的四颗行星：木星、土星、天王星、海王星。这四颗行星表面都没有固体地壳，称为木星型行星或类木行星。与内行星相比，它们离太阳较远，体积和质量较大，但密度小，主要由氢氦等轻元素组成。它们周围都有光环和较多的卫星围绕。木星有 63 颗卫星，其中有 4 颗（伽利略卫星）是很大的，跟我们的月球同属一个数量级，其余 59 颗要小得多。土星有 64 颗卫星，包括一颗几乎与水星一般大的土卫六和许多较小的天体。天王星已知有 27 颗卫星，几乎全都沿着圆形的共面轨道运行。海王星有 13 颗卫星，在质量上相差悬殊，最大的海卫一与土卫六差不多大，它围绕着海王星沿着偏心率很大的轨道运行。木星、土星、天王星和海王星的体积都比四颗内地行星大好多倍，都有一层浓厚大气，所以又被称为气体行星。

离太阳更远的冥王星比较特殊。它的体积和质量不仅比四颗内行星小，而且比月球还小，但它的密度很小，近似于四颗巨大的类木行星，而其化学组成却似彗星。冥王星有一个较大的卫星卡戎，卡戎与冥王星公共质心已不在冥王星之内。另外，冥王星的轨道与海王星的轨道有交叉，有时会进入海王星轨道之内。这次被开除出行星行列降格为矮行星有其必然性。

对太阳系八大行星还有一种分类法是把八大行星分为地内行星、地球和地外行星三类。地内行星指处于地球轨道之内的水星和金星。地外行星指处于地球轨道之外的其余五颗行星：火星、木星、土星、天王星和海王星。

四、海王星之外天体的不断发现与太阳系行星的重新定义

自 1930 年发现冥王星，了解了它的质量和距离之后，天文学家就断定它并

不是原来要找的那颗作为海王星轨道运动摄动者的海外行星。天文学家按照海王星的轨道运动推测,所要寻找的海外行星应是一个直径比地球大 3 至 5 倍、质量是地球 10 至 20 倍的天体,其轨道半径是 50 至 60 天文单位。而冥王星的直径和质量却比地球还小很多,不可能有足以使海王星轨道发生偏离的摄动力。此外,它的轨道平均半径只有 39 个天文单位,而且在 1979 至 1999 年间它还会运行到海王星轨道的内侧,处于天王星和海王星之间,成了海内天体。所以,冥王星的发现并没有中止天文学家继续寻找那颗比冥王星更遥远的海外行星。

美国天文学家柯伊伯曾于 1949 年提出一个太阳系演化学说。他预言,在海王星冥王星之外有一个环带,还存留许多未能聚合为大行星的小天体。后人将他预言的太阳系外围环带称为柯伊伯带。1992 年,在冥王星的轨道之外的地方找到了称为"1992QB1"的天体,其直径为 250 千米左右,在距离太阳 41 至 48 天文单位处运转。后来在距海王星的轨道 50 天文单位左右的范围中陆续发现了同样的天体。到 1999 年 7 月 2 日为止已发现了 174 个。这些天体都被称为柯伊伯带天体。

2002 年 6 月 4 日,以布朗为首的美国天文学家在比日地距离远 40 多倍的地方发现了一个名叫"侉瓦尔"的天体,其直径为 1250 千米,比自 1930 年发现冥王星以来所发现的所有天体加起来还要大。此外,他们还在比与日地距离远 90 多倍的地方发现了一个比"侉瓦尔"更大的被称作"塞德娜"的天体,直径约为 2000 千米,其成分可能由冰和岩石组成,比冥王星略小,体积约为冥王星的四分之三。"塞德娜"的温度常年低于零下 240 摄氏度。在发现"塞德娜"之后,其发现者还找到了"塞德娜"的一颗红色的微小卫星,在太阳系内,它的红色仅次于火星。

2005 年 7 月 29 日他们又宣布,在比日地距离远将近 100 倍的地方发现了一个比"塞德娜"更大的天体"齐娜",从亮度判断,它的直径至少相当于冥王星的 1.5 倍。通常,柯伊伯带只有小行星和彗星出没,但这颗新星的尺寸已超过冥王星,它是太阳系外围发现的第一个比冥王星大的天体。这颗新星表面可能与冥王星类似,由固态甲烷构成。这颗星之所以此前没有被注意,是因为它的轨道平面和其他行星的轨道平面成 45 度角,在地球上看来"出没无常"的缘故。现在,业余天文观测者可以在凌晨时分,在天穹东部的鲸鱼座看到这颗新星。"齐娜"的发现者认为,既然冥王星能称为行星,那么这颗比冥王星更大的新星理应称为太阳系的第十大行星。这就是所谓的"9+1=10"的说法。

有意思的是,不少天文学家还持有另一种意见。他们认为,无论是冥王星,还是"侉瓦尔"、"塞德娜"或齐娜"都有一个共同特点,即它们在化学组成上既不像四颗类地行星水星、金星、地球和火星那样主要由岩石组成,又不像四颗类木行星木星、土星、天王星、海王星那样主要由氢、氦等气体组成,却像彗星的彗核,主要由水冰、甲烷及冻结的尘埃和岩石组成。它们实际上都是柯伊柏带天体,都不必称为行星。这样,太阳系便只有处于小行星带之内的四颗类地行星和处于小行星带之外、柯伊伯带之内的四颗类木行星。这就是所谓的"9+1=8"的说法。

究竟采用哪一种新的说法,还是维持老的九大行星说法,这需要由国际天文学会(IAU)作出决定。

2006年8月24日,在捷克首都布拉格召开的第26届国际天文学联合会大会上,来自各国天文界权威代表投票通过联合会决议(5号决议):我们太阳系内的行星和其他天体按照下列方式划分为3个明确的类别。(1)一颗行星是一个天体,它满足:(a)围绕太阳运转,(b)有足够大的质量来克服固体应力以达到流体静力平衡的(近于圆球)形状,(c)所在轨道范围的邻里关系清楚。(2)一颗矮行星是一个天体,它满足:(a)围绕太阳运转,(b)有足够大的质量来克服固体应力以达到流体静力平衡的(近于圆球)形状,(c)所在轨道范围的邻里关系不清楚,(d)不是一颗卫星。(3)其他围绕太阳运转的天体统称为"太阳系小天体"。按照上面的定义,冥王星是一颗矮行星,并作为海外天体中一个新类别的原型。

图3.1.5　国际天文学会联合大会24日投票5号决议现场照片

与会的许多天文学家在24日投票结果出来后鼓掌表示欢迎。发现齐娜的美国天文学家麦克尔·布朗认为,将冥王星降格在科学上是正确的决定。冥王星发现者的遗孀也表示可以理解。至此,"冥王星降格为矮行星,太阳系只有八大行星"已成定论,而太阳系九大行星的说法已成昨日黄花,有关太阳系的教科书则必须作出相应的修改。

在冥王星确定为矮行星之后,谷神星和阋神星接着被确定为矮行星。阋神星就是上面提到的比冥王星更大曾被称为"齐娜"的那个天体,而谷神星就是处在小行星带上曾被称为最大的小行星的那个天体。到 2008 年,行星系命名工作组又确定了矮行星的两个新成员:Haumea 和 Makemake。Makemake 是 2005 年 3 月 31 日发现的,2008 年 7 月 11 日定为矮行星,并被命名为鸟神星。Haumea 是 2004 年 2 月 28 日发现的,2008 年 9 月 17 日定为矮行星,并被命名为妊神星。据推测,在已知的太阳系天体中,至少另外还有 40 个是候选的矮行星;随着时间的推移,必将有越来越多的天体被确认为矮行星。

§ 3.2 太阳

太阳是太阳系的中心天体 ,也是距地球最近的一颗能自身发光发热的恒星。它是地球上万物生长所需要的光和热的源泉。在人类历史上,太阳一直是世界上许多民族顶礼膜拜的对象。中华民族的先民把自己的祖先炎帝尊为太阳神。而在古希腊神话中, 太阳神则是万神之王宙斯的儿子阿波罗。在天文学中太阳的符号是⊙,象征着宇宙之卵,是生命的源泉。对我们地球上的人类来说,太阳是最重要的天体。我们对太阳的研究,主要是探

图 3.2.1　太阳神阿波罗和
太阳的符号

明它对地球的影响,此外,以它作为一个典型来认识恒星的一般特征。

一、太阳的体积、质量和温度

太阳是一个直径为地球 109 倍的气体球。因此,它的体积约为地球的130 万

倍,但它的质量只是地球的33万倍,其平均密度约为地球密度的1/4,或为水的密度的1.4倍。太阳的表面温度约为5700℃。太阳的温度随深度的增加而增加,恒星结构理论估算太阳的中心温度约为1500万℃,在这样的温度下能提供太阳能源的热核反应便发生了。目前,太阳每秒钟辐射出的能量为3.86×10^{26}焦耳。

二、太阳的结构

太阳从结构上可分为两大部分:内部为稠密的气体,处于高温高压之下,是我们无法看到的;外部是可见的稀薄气体,通常称为太阳大气。

1.太阳的内部结构

太阳的内部从里往外由核反应区、辐射区和对流层三个圈层所组成。

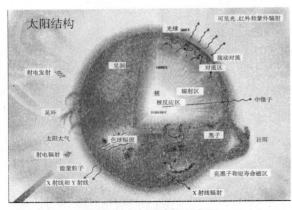

图3.2.2　太阳结构示意图

(1)核反应区:从太阳中心到1/4太阳半径范围内是进行热核反应产生能量的区域。这个区域体积约占太阳体积的1/64,密度约为水的150倍,质量占太阳质量一半,温度高达1500万度,压力高达2500亿个地球大气压,不断进行着将氢聚变为氦的核反应,释放出巨大的能量。它是太阳辐射和太阳活动的主要能量来源。太阳发射的能量99%是从这里产生的。

(2)辐射区:中心核反应区之外是能量辐射传输区,简称辐射区。它的范围约从0.25至0.8太阳半径,其体积约占太阳体积的一半。热核反应产生的辐射能量在这里通过太阳各层物质的吸收、发射、再吸收、再发射的过程向外输送。热核反应产生的高能γ射线经过这个过程逐步降低频率,最后成为太阳向空间辐射的较低能量的可见光和其他形式的辐射。

(3)对流层:对流层是太阳内部大气的最外层,其体积也约占太阳体积的一半。由辐射区输送的能量使这里温度达几万至几十万度,稠密炽热的气体处于升降起伏的对流状态。在太阳大气中产生的各种活动(如黑子、耀斑等)都与对流层有关。

2.太阳的外部结构

太阳的外部由光球、色球层和日冕三层大气所组成。

(1)光球:肉眼所见的光芒夺目的太阳视表面,叫做光球,是太阳大气的最低层,厚约500千米。通常所说的太阳直径和太阳表面温度也都是指光球而言的。从光球发出的光产生连续光谱。非常明亮的局部区域,即光斑是经常出现的。太阳的黑子也不时可见。此外,太阳表面呈现有宽为1600千米这个量级的米粒。米粒形状的不断变化表明了太阳表面总的扰动状态。米粒被解释成是一种让热的物质往外涌、冷的物质往里流的流管。

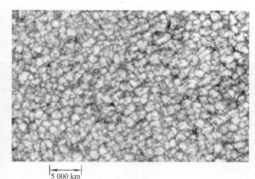

图3.2.3　光球照片　　　　　　　　图3.2.4　米粒组织照片

(2)色球层:在光球上面有一个叫做色球层的稀薄气体区域。它的厚度各处不一,平均约2000千米,主要是由氢、氦和钙所组成。

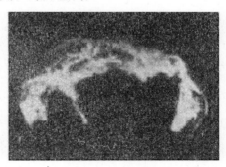

图3.2.5　色球层照片　　　　　　　图3.2.6　日珥照片

平时由于光球的强烈光线的影响，看不到这层气体。只有在光球被月球遮住发生日全食时才可以看到这层玫瑰色的色球层。色球层的温度随高度而升高，由底层的几千度升高到10万度。色球层的结构是不均匀的，其边缘不像光球那样清晰整齐，由许多细小的"火舌"组成，致使它的边缘成锯齿状。

色球产生突然爆发现象，在仪器观察中表现为特别明亮的斑点，叫耀斑。耀斑多半位于黑子群的上方。这些耀斑持续时间范围是从几分钟到几小时。紫外辐射和带电粒子从这些耀斑处喷射出来，穿过宇宙空间，显著影响着地球上层大气和地球磁场。

色球层中，有时有巨大的气柱升腾而起，称作日珥。形成日珥的气体的状态是由错综复杂的内部磁场、太阳引力场和太阳辐射的相互作用所决定的。日珥上升的高度可达几万至100多万千米，然后回落日面，或脱离太阳引力，消散在宇宙中。

（3）日冕：日冕在色球层之上，是愈来愈稀薄的太阳大气，平时看不见。在日全食时，日冕呈现为一片银白色的光辉，形状不规则，密度极小，为地球大气密度的100万分之一，是由离子和自由电子所组成，称为等离子体，它伸展到离太阳800万千米远的地方。日冕的温度随高度上升而剧增，上部达一、二百万度。可见，太阳的表面和大气总呈现出各种程度不一的活动。但整个日面上的平均变化很小，如果在星际距离上观测太阳，那么太阳就难以归入变星之列。

图3.2.7　日冕照片

三、太阳黑子及其活动周期

1.太阳黑子概貌

把太阳的像投射到一张白纸上，通常会发现在太阳表面上有一些黑子，有的黑子的直径可达10万千米，比我们的地球还大，而大多数黑子要比这小得多。这些黑子随着时间的推移而变化，它们向前运动穿过日面，显示出太阳有自转（见图3.2.8）。太阳的自转是一种较差自转，其周期是一个纬度的函数，从25天起变化到34天为止，随太阳纬度的增高而增大。

当一个黑子接近太阳边缘时，它呈现为太阳表面的一个洞穴。这个现象就是以格拉斯哥大学首席教授的名字命名的威尔逊效应。研究黑子在一年不同时期所走的

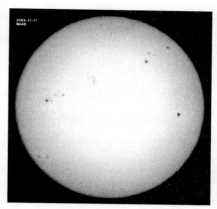

图 3.2.8 显示太阳自转的太阳黑子

路线可知，太阳赤道与黄道的交角为7°。太阳自转的验证是从这样一种事实得到的：来自太阳的一个边缘的太阳光的谱线的多普勒位移移向红端，从相对的另一边缘辐射的太阳光的谱线则移向紫端。前者说明太阳的一个边缘在远离我们，后者说明相对的另一边缘在接近我们，两者合起来说明太阳在自转。太阳黑子只是同光球背景相比较才是黑的。即使在黑子的本影里，其温度也在4500℃左右。本影的周围是半影，它是一个几乎像光球一样亮的区域，由一些围绕黑子中心的、大致是径向排列的、扭曲的亮纤维所组成。

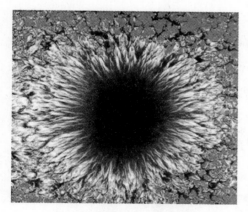

图 3.2.9 太阳黑子的结构

黑子通常成群出现。在各个黑子群中的黑子数随时间的变化而变化。一般的，一个黑子群分为两部分。相对太阳自转的指向而言，前导部分以一个大黑子为主，后随部分照例拥有一个大黑子，伴随有一些小黑子。

相应于一个太阳黑子就有一个磁场，其磁场强度取决于这个黑子的大小，变化幅度是从100高斯到几千高斯。利用塞曼效应能够测量在黑子不同部分中的磁力线指向。在黑子本影中心，磁力线的指向是垂直的，而在黑子边缘处则几乎是水平的。这里也存在一个从本影向外涌的气流，它为半影谱线的多普勒位移所

揭示,在黑子位于日面边缘时被观测到。测量塞曼分裂谱线能确定太阳表面上任一点的磁场。通过做一次光栅扫描,就可以获得一张太阳表面附近的总磁场图。太阳的总磁场强度一般为几个高斯。它的情况与一个偶极子的磁场相类似,其极轴与自转轴的交角不过几度。

太阳黑子的一个有趣的特性是,如果一个黑子群的前导部分呈现出正的磁极性,那么后随部分就呈现为负的磁极性。更值得注意的是,在称为太阳北半球的那个半球上,所有的黑子群都呈现相同的磁极性分布,而在南半球的所有黑子群则呈现出相反的磁极性,前导部分是负的,后随部分是正的。对所谓的太阳黑子周期中的成员来说,这种情况在整个周期中是始终维持着的。

2.太阳黑子活动周期

太阳黑子周期是德国药剂师亨利·施瓦布经过对太阳20年的系统观测于1943年发现的。在各天观测到的太阳黑子平均数表明,有一个11年的周期变化。当一新的周期开始时,一些小的黑子出现在两个半球纬度30°或30°以上的地方,这些黑子变得越来越大,越来越多。它们出现之处的纬度渐渐向赤道移动,经过半个周期后,恰好处于太阳黑子活动高峰,纬度15°左右黑子最多。在一个周期将近结束时,老周期里的黑子已很少,而且通常出现在纬度5°左右的地方,下一个周期的第一批黑子出现在较高的纬度处。在图3.2.10(下图)中,表明了从1881到2000年的太阳黑子数的曲线图,展示出这个周期的不规则变化的性质。图3.2.9(上图)描绘出所谓的蝴蝶图,表明了在不同纬度处的太阳黑子分布状况。

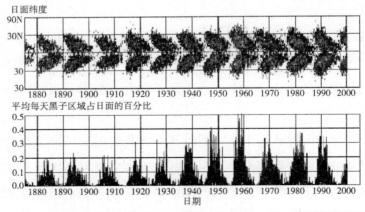

图 3.2.10　太阳黑子分布蝴蝶图(上图)与(太阳黑子 11 年活动周期曲线图下图)

值得注意的是,对每一个新周期来说,都有一次磁极性的反转。当新周期的第一批太阳黑子群出现在纬度约为 +30°和 −30°的地方时,那些在老周期里具有正的磁极性的黑子群现在则具有负的磁极性,而那些原来是负的现在则成了正的。如果把这样的磁现象考虑进去,那么基本的太阳黑子活动周期除去大家熟知的 11 年周期之外,还有一个 22 年周期。

四、太阳辐射和太阳风

1.什么是太阳辐射? 太阳辐射的能量如何测定?

太阳源源不断地以电磁波和宇宙线等形式向四周放射能量,这称为太阳辐射。太阳每秒辐射的能量可以通过测定太阳常数而得到。所谓太阳常数就是指:在地球大气外离太阳一个天文单位的地方,垂直于太阳光方向的单位面积在单位时间内接收的全部辐射能量。这个太阳常数为每分钟 1.96 卡 / 平方厘米。

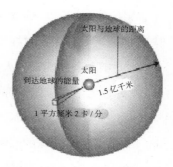

图 3.2.11 用太阳常数测定太阳辐射示意图

大家知道,一个天文单位是指日地平均距离,等于 1.496 亿千米。不难理解,太阳每秒辐射的总能量应等于太阳常数乘上以日地平均距离为半径的球面积再除以 60 秒。球面积等于球半径平方乘 4π。由此可以算得太阳每秒辐射的总能量等于 3.86×10^{26} 焦耳。

2.太阳辐射的能量来源

太阳辐射的能量来自太阳中心进行着的两种将氢聚变为氦的热核反应:一种叫质子—质子反应,另一种叫碳—氮—氧循环。这两种反应总的结果都是 4 个氢核聚合成 1 个氦核并放出 2 个正电子和 2 个中微子以及几个光子 γ。在碳—氮—氧循环中,碳只是催化物,氮和氧只是中间过程产物,都不发生质量亏损。只有氢在以上两种聚变为氦的热核反应中发生质量亏损。因为氢原子量为 1.00812,氦原子量为 4.00388,氢原子量的 4 倍是 4.03248,比氦原子量多 0.0286,所以每四个氢原子聚变为一个氦原子时将亏损质量 0.0286 原子量。

根据爱因斯坦的质能关系 $E = mc^2$，0.0286 原子量的质量亏损相当于释放出 4.279×10^{-12} 焦耳的能量。1 克氢聚变为氦时其质量亏损为 0.0072 克，所释放的能量为 6.5×10^{11} 焦耳。太阳每秒钟要辐射出 3.86×10^{26} 焦耳的能量，相当于每秒亏损 400 多万吨氢。然而这对于太阳的巨大质量来说还是很小的。目前，在太阳的组成成分中氢占 71%，氦占 27%，其他元素占 2%。太阳在过去 50 亿年的漫长时间中，只消耗了很少一部分质量。据估计，太阳的寿命（即稳定时期）可达 100 亿年，目前它正处于稳定而旺盛的中年时期。

3. 太阳辐射的能量分布

太阳辐射的能量分布，可见光部分占 48%，波长比紫光短的紫外区占 7%，波长比红光长的红外区占 45%。从 1942 年起人们已了解，在太阳发射的电磁波中辐射0.5 米波长以下的辐射来自色球层的低层，而波长较长的电磁波的辐射则来自日冕。太阳除辐射红外光、可见光、紫外光和电磁波外，还辐射 X 射线和宇宙线。近年来通过安置在人造星上的望远镜拍摄到的太阳的高分辨率 X 射线照片，发现在太阳表面的局部区域，主要是在耀斑附近出现 X 射线的爆发。

4. 太阳辐射对地球的影响

太阳辐射对地球的影响主要有以下三个方面：

第一，它向地球输送能量，为地球带来光与热，维持了地表温度。尽管，地球获得的太阳辐射仅为太阳总辐射的二十二亿分之一，相当于每分钟燃烧 4 亿吨烟煤所释放的能量，但对地球来说却是非常重要的。因为它是地球上的主要光热源泉，而且既不过多，又不太少。否则地球上就不复有生命存在。

第二，它是使地球上的地理环境发展变化的根本动力。地球上的地理环境包括大气、水文、生物等诸多方面。由于地球表面各地获得的太阳辐射不均匀，造成各地获得热量不同，而热量不同的地方之间会发生热量的传递和交换，于是就造成大气环流和地球上的水循环不止。植物靠光合作用制造养分而生，动物则依赖植物而生。正是太阳辐射为地球上的绿色植物提供了能量源泉，使其光合作用得以进行，从而维持了地球上生物的生存、发展和变化。尽管太阳辐射总的来说比较稳定，但还是有时强时弱的起伏，地球上交替出现的冰河期和温暖期与此直接相关。由此可见，正是太阳辐射促进了地球上的自然环境的形成和发展。

第三,太阳辐射能量是人类生活、生产的主要能源。除了原子能、地热能和火山爆发释放的能量外,地球上人类生产、生活中消耗的能量,都直接或间接来自太阳。各种燃料如石油和煤是储存在动植物中的太阳能,水能和风能也是太阳能所转化而来的。现在人们已开始直接利用太阳能,或把它转化为热能,或把它转化为电能来利用。

5.破解太阳中微子丢失之谜

在太阳内部不断发生的由氢聚变为氦的热核反应中,每 4 个氢核(即质子)转化成 1 个氦核、2 个正电子和 2 个神秘的中微子,所以太阳的核聚变会产生大量的中微子。中微子是一种不带电、静止质量极小、以接近光速传播、穿透力极强的基本粒子,可自由穿过地球,几乎不与任何物质发生作用,因此很难发现和探测。对中微子研究是当前天体物理学领域的一大热点,因为由此可以检验太阳内部结构理论和核反应理论。自 20 世纪中叶以来,美国、加拿大、意大利、日本等国的科学家曾先后采取多种办法探测来自太阳的中微子,但探测到的中微子却比理论计算值少得多,前者仅为后者的 1/3 左右,这就是曾长期使人们困惑不解的"太阳中微子丢失"之谜。

1989 年,欧洲核子研究中心证明存在且只存在三种中微子:电子中微子、μ 子中微子和 τ 子中微子。太阳内部核反应产生的中微子是电子中微子。1998 年日本科学家进行的超级神岗实验以确凿证据发现中微子振荡现象,使人们认识到三种中微子可以在传播过程中相互转换。在本世纪初,经过多国科学家的共同努力终于证实:虽然在地面观测到的电子中微子数量只占太阳中微子总数的三分之一,但是太阳中微子并没有减少;丢失的电子中微子并没有"消失",只是转变成了难以探测的 μ 子中微子和 τ 子中微子。至此困惑了人们 40 多年的太阳中微子失踪之谜,终于大白于天下。美国科学家雷蒙德·戴维斯和日本科学家小柴昌俊正是因为在探测宇宙中微子上作出突出贡献,获得了 2002 年诺贝尔物理学奖。

6.太阳风

日冕物质极为稀疏,但温度高达几百万度。在高温下,日冕中的部分气体粒子的动能极大,足以摆脱太阳的引力,不断地向外涌流。这种太阳大气不断的物

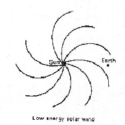

Low energy solar wind

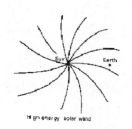

High energy solar wind

图 3.2.12　低能太阳风与
高能太阳风

质外流叫做太阳风。太阳风吹拂到的范围几乎遍及整个太阳系的广阔领域。来自不同区域的太阳风的速度有明显差异。在日冕磁场开放处，即冕洞处的太阳风速度高达 600 至 900 千米 / 秒；而一般区域流出的是 300 至 450 千米 / 秒的低速太阳风。

而今，地球人造卫星，月球、行星际间探测器都被用来研究太阳风的性质。留在月球表面上工作的仪器也收集着有关太阳风的性质的资料。这样的测量证实了太阳风中的物质主要包含自由电子、质子和 α 粒子。磁强仪读数表明，行星际磁场强度约为 1 / 100000 高斯。由于太阳的自转，太阳风像水龙管中的水似的，沿着以螺旋的方式旋转的星际磁场磁力线方向，向外喷射。如图 3.2.10 所示，这种磁力线曲率越小，太阳风的能量就越高。

五、太阳活动对地球的影响

观测表明，太阳活动的强弱是不断变化的。当太阳活动处于低潮时，称为宁静太阳。当太阳活动处于高潮时，称为扰动太阳。这种变化的周期平均为 11 年。宁静太阳的辐射强度接近于根据日冕的黑体温度所料想到的强度。而扰动太阳则表现为有较多的黑子，日珥增加，并有明亮的大耀斑频繁出现和日冕物质抛射现象的出现等。

图 3.2.13　太阳耀斑

在各种太阳活动现象中，对地球影响最大的是耀斑和日冕物质抛射。耀斑的出现是太阳大气高度集中性的、爆发性的能量释放过程。耀斑往往发生在大黑子群的上空。一个大耀斑能量相当 10 万至 100 万次强火山爆发的总能量，一个中等大小的耀斑能量相当于 100 亿枚百万吨级氢弹的爆炸;所发射的辐射种类繁多,除可见光外,有紫外线、X 射线和伽马射线,红外线和射电辐射,还有冲击波和高能粒子流,甚至有能量特高的宇宙射线。

日冕物质抛射是发生在日冕中的一种激烈活动现象,是太阳系内规模最大,程度最剧烈的能量释放过程之一,抛射出来的物质主要是电子和质子组成的等离子体,加上伴随着的日冕磁场。 一次日冕物质抛射可释放多达 10^{26} 焦耳的能量, 在一两小时内喷射出几亿吨到上百亿吨的等离子体物质。

图 3.2.14 日冕物质抛射

那么,太阳活动究竟是如何影响地球的呢? 若以产生影响的快慢顺序而论,分别以下面三种方式产生影响:

(1)由太阳耀斑和日冕物质抛射等激烈太阳活动产生的 X 射线和紫外线是一种电磁辐射, 只需 8 分多钟就可到达地球, 它引起电离层的电离度的急剧增强,称为电离层扰动。这时地面电台发射出的无线电波会受到强烈的吸收而不能传播到远处,导致无线电通讯的中断。

(2)由太阳耀斑或日冕物质抛射等激烈太阳活动产生的高能粒子,通常几小时或十几小时即到达地球,这些粒子能量很大,会危及人造卫星、宇宙飞船以及宇航员的生命安全。这些高能粒子以质子为主,由此产生的事件称为质子事件。

(3)由太阳耀斑或日冕物质抛射等太阳活动发射的低能等离子体通常在 1 至 3 天后到达地球,扰乱地球磁场,引起磁针剧烈颤动,称为磁暴。这时磁针就会失去指向作用,磁性探矿工作也就受到影响。它们还沿磁力线侵入两极高空,激发稀薄气体,产生绚丽多姿的极光。

通常,我们把由太阳活动对地球产生的灾害称为空间天气灾害,并将能造成空间天气灾害的剧烈的太阳活动通俗形象地称为"太阳风暴",而耀斑与日冕物质抛射正是造成这种空间天气灾害的最主要最直接的驱动源。观测表明:大多数太阳活动不会造成空间天气灾害, 即使太阳上发生耀斑与日冕物质抛射现象也并不一定会产生空间天气灾害。科学家经过研究发现,太阳风暴是太阳因能量的增加而使得自身活动加强，从而向广袤的空间释放出大量带电粒子所形成的高速粒子流。通常每隔11年就会进入一个太阳风暴的活跃期。尽管因太阳风暴产生的空间天气灾害发生次数较少，但其危害很大，不能不引起人们的高度关注。

例如，20世纪70年代的一次太阳风暴导致大气活动加剧，增加了当时属于苏联的"礼炮"号空间站的飞行阻力，从而使其脱离了原来的轨道。1989年3月，一连串的太阳风暴导致发生多次严重的空间天气灾害，特别是13日、14日引发的强磁暴使加拿大魁北克的电网受到严重冲击，导致魁北克供电系统瘫痪，600多万人在无电的冬天度过了9个小时；不仅如此，强磁暴同时还烧毁了美国新泽西州的一座核电站的巨型变电器，并致使大量输电线路、变压器、静止补偿器等电网设备跳闸或损坏。2005年1月20日下午3点左右，太阳发生了一次太阳风暴。受此次太阳风暴的影响，我国境内通信、广播、测量等系统的短波无线电信号因立即遭受强烈的电离层吸收而中断，其中北京地区信号中断一个多小时。太阳风暴不仅会对航天活动、通信、电力等构成威胁，而且还会影响地球大气的温压场，影响地球大气环流，从而影响地球上天气变化。鉴于太阳活动强烈时所抛射出的高能粒子流还会危及航天器与航天员的安全，所以进行载人航天时要尽可能避开太阳活动高峰期。

由此可见，研究太阳和地球之间的关系非常重要。太阳辐射能略有改变就会影响整个地球的有机界和无机界，尤其是当太阳发生扰动时，影响更大。所以，必须加强对太阳活动的观测，深入研究日地关系的各种机制，以便我们更好地趋利避害。

§3.3 地内行星

在太阳系的八大行星中，水星和金星因其运行轨道处在地球轨道之内而被称为太阳系的地内行星。它们时而走到地球和太阳之间，时而又走到太阳的背面，所以它们像月球那样，在不同的时间以不同的位相呈现在我们面前。如图

3.3.1 所示,地内行星(这里以金星为例)有四个特殊位置:上合、下合、东大距与西大距。天文学中把地内行星和太阳黄经相等时称为合日,简称为合。上合与下合,都符合黄经相等这个要求,所区别的是上合时地内行星离地球最远,下合时离地球最近。

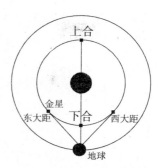

图 3.3.1 地内行星相对太阳的视运动

当地内行星与地球的连线和地内行星的轨道相切时,或者说,地内行星与太阳、地球三者成直角三角形时,称为大距。因为从地球上看,此时地内行星离太阳的角距最大,所以称大距。大距有东大距与西大距之分。由于水星离太阳的最大角距为 28°,金星离太阳的最大角距为 42° 至 45°,所以我们只能在日出之前的东方天空或日落之后的西方天空看到它们,或者说它们只能作为晨星或昏星被看到。如同对月球的探测所经历过的那样,我们对地内行星水星和金星的探测也经历过从肉眼观测到望远镜观测再到太空观测以至发射行星探测器作近距观测或着陆实地勘测几个阶段,使我们对它们的了解不断深入。

一、酷似月球的水星

水星是太阳系中离太阳最近的行星,它离太阳最大角距不到 30°,看到它的时间不超过一个时辰(2 小时),所以水星又称为辰星。在太阳系八大行星中,水星是运动速度最快的,西方人因此而以信使之神墨丘利的名字称呼它。

图 3.3.2 水星照片

图 3.3.3 信使之神墨丘利和水星符号

太阳系八大行星中,水星最小,它只比冥王星大一些。水星的半径为 2440 千

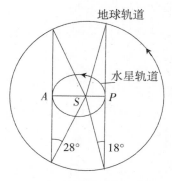

图 3.3.4 水星的两种最大角距

米，约为地球的 2／5。水星的质量约为地球的 5.5%。它的轨道明显是比较扁的椭圆，它的偏心率为 0.21。这意味着，所观测到的水星的最大角距实际上取决于观测到的水星是接近近日点还是远离近日点而发生变化。水星因为它接近太阳，几乎经常被黄昏或黎明的太阳光辉所淹没，只有当它与太阳的角距离达到最大值，即 28°附近，才可能用肉眼看到。

传说，为天文事业奋斗了一生的哥白尼，始终没有见过水星，为此抱憾终生。不管这个传说本身是否属实，但水星确是难以见到。尽管水星体积略大于月球，但其距离比月球远 200 多倍，所以在我们眼中只不过是一个视角为 10 角秒左右的亮点。它在太阳前后出没的时间不会超过两小时，只有在日出和日落刚刚高于地平线很短一点时间内才能看到。哥白尼居住的托伦城纬度较高，水星在地平线上逗留的时间更短，所以他看不到水星不足为奇。

按照哥白尼的太阳系学说，这颗行星在望远镜中应呈现出位相。目视观测者有时记录到这颗行星有与用肉眼在月球上所看到的相仿的不变的斑点。最初，天文学家曾经推测水星的自转周期与它在其轨道上的公转周期相等，这意味着除去因轨道的偏心率造成的天平动之外，水星是保持以同一半球面朝向太阳。但是，雷达搜索证实，水星的自转周期约为 59 天，与它围绕太阳运行的 88 天公转周期有显著差别，但相当接近 88 天的公转周期的 2／3。由于行星的昼夜长度 T_H 与其自转周期 T_Z 和公转周期 T_G 这三者有如下关系：$1/T_H = 1/T_Z - 1/T_G$，由此可知水星的一昼夜长为 179 个地球日，也就是说一个水星日比两个水星年还长。

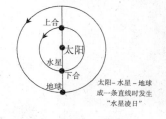

太阳-水星-地球
成一条直线时发生
"水星凌日"

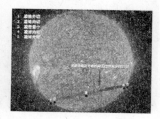

图 3.3.5 水星凌日示意图

水星在某些下合时会发生凌日。这时会看到有一颗小黑点掠过被投射出来的太阳像。(见图 3.3.5)由于水星和地球的绕日运行轨道不在同一个平面上,而是有一个 7 度的倾角。二者只有两个交点:升交点与降交点。因此,只有水星处于轨道上的这两个交点附近,而日水地三者又恰好排成一条直线时,在地球上可以观察到水星凌日现象。地球每年 5 月 8 日前后经过水星轨道的降交点,每年 11 月 10 日前后又经过水星轨道的升交点。所以,水星凌日只能发生在这两个日期的前后。 水星凌日平均每百年出现十三次。最近几次的水星凌日出现日期是:2003 年 5 月 7 日、2006 年 11 月 8 日、2016 年 5 月 9 日。

"水手 10 号"宇宙飞船对水星的探测得到的资料表明,水星表面酷似月球,环形山星罗棋布,还有山脉、盆地及平原,上面覆盖着一层绝缘灰尘。水星平均密度和地球差不多,为 5.46 克 / 立方厘米。它的表面重力加速度只有地球的 2/5,所以水星表面上的物体只要有 4.3 千米 / 秒的速度就可以脱离水星而逃逸掉。水星的体积比地球小得多,而密度却与地球相当,因而估计它具有一个巨大的铁质核心。这个内核一部分处于液态。水星表面类似月球,而核心又类似于地球,这是它独特的一点。由于没有大气和水的调节,自转缓慢,水星昼夜温差极大,白天在太阳直射的地方温度超过 400℃,夜晚降低到 −200℃左右。昼夜温差超过 600℃。

图 3.3.6 是"水手 10 号"宇宙飞船从 210000 千米的距离上所拍摄到的水星集成照片,显示出"水手 10 号"宇宙飞船所发现的水星结构上的最大特征:一个直径为 1300 千米的盆地被 2 千米高的山脉所围绕。其底面明显地为许多破碎部分和隆起部分所分割,其大小与月亮上的风暴洋相仿,并且几乎肯定是由直径几十千米的天体撞击而造成的。这个盆地在水星表面北纬 30°、西经 195°的地方。当"水手 10 号"宇宙飞船飞越该盆地时,水星正好运行到轨道上的近日点,这个盆地恰好处于太阳

图 3.3.6 水星照片

的直射点上,温度骤升,不仅成为水星最热的地方,而且也成为太阳系所有行星表面最热的地方之一。

这个盆地被称为卡路里盆地。卡路里在拉丁语里的意思是热。这个热盆地貌似月球上的"月海",因此,也有人称它为水星上的"海"。从照片上看,它在左边昼夜交界线处呈现出来。环形山辐射的光很明亮,如蛛网似的向外延伸着一条条明亮的辐射线。

在水星的两极地区,由于太阳光的入射角度接近地平线,所以在像圆坑形的洼地底部,就会成为一年到头都没有日光直射的永久阴影区,其表面温度约为 –210℃,冰可以在这样的地方持续存在几十亿年。通过从地球向水星发射电波,再观测其返回的信号,发现可能有直径超过 100 千米规模的冰层存在。根据月球探勘者号探险测器的观测,在月球两极地区也有冰层存在。如果这是事实的话,大概可以说这是行星的永久阴影地区的普遍特征。

二、明亮的金星

按离太阳由近及远的顺序,金星是第二颗围绕太阳转动的行星,是天空中除了太阳和月亮之外最亮的一个天体,视亮度最亮时达 – 4.4 等,比最亮的恒星天狼星亮 14 倍。金星就像镶嵌在夜空上最亮的一颗宝石,发出极为美丽的银白色光芒,若夜间没有路灯,仅凭金星就可为我们照亮回家的路。金星又称太白金星,西方人则用最美丽的女神维纳斯的名字称呼它。

图 3.3.7　金星照片

图 3.3.8　维纳斯女神和金星符号

在大小和质量方面,金星与地球最接近,简直是地球的孪生兄弟。金星没有天然的卫星,在"水手2号"起航之前,它的质量是根据它对其他天体的引力作用间接测得的,约为地球质量的81.5%。在1967年前,在凌日时和在狮子座处的掩星时测得它的半径为6150±25千米。潘坦吉尔及其同事用雷达测得它的修正值为6050±1千米。环绕金星的人造卫星则进一步提高了这个修正值的精度。也就是说,金星的半径约为地球的95%,金星平均密度为每立方厘米5.2克,也与地球的平均密度相差无几。

早在17世纪初,伽利略在用望远镜观测金星时就发现,金星像月亮一样有盈亏变化。金星的视大小与位相有着如图3.3.9所示的关系:当这颗行星在它最接近地球时(下合)以其黑夜面出现在我们面前。这一点连同其浓密不透明的大气使我们在它比任何其他同类天体更接近地球时丧失了观测的有利时机。当金星处于上合时,离地球最远,却以相当于"满月"的样子呈现在我们面前。当金星处于东大距与西大距时,则以相当于"上弦月"与"下弦月"的样子呈现在我们面前。金星在上合前后呈现成"凸月"的样子,而在下合前后则

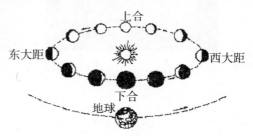

图 3.3.9. 金星的视大小与位相

呈现成"娥眉月"的样子。在金星的亮度最大时,它有可能在日落后照射得出地球上物体的阴影。当它的角距减小到下合时,它变得暗谈起来,虽然与地球逐步靠近,较小的位相仍使其难于观测。作为一颗晨星,它位于太阳的西面,并随着它的位相的增大而变亮。

金星凌日不如水星频繁,金星凌日以两次凌日为一组,间隔8年,但是两组之间的间隔却有100多年。最近一组金星凌日发生在2004年6月8日和2012年6月6日。上一组金星凌日发生在1874年12月9日和1882年12月6日至7日。下一组是2117年12月11日和2125年12月6日至7日。由此可知,任何一个人一生中最多只可看到两次金星凌日,最少的一次也看不到。

金星的大气是浓密不透明的,严重地妨碍了对金星地面的目视观测,由先驱者号上的雷达测量仪进行的雷达观测表明,金星这颗行星拥有凹地、起伏的旷野、一些有巨大阴影的盆地和山谷以及两大高原——英奇塔高原和阿弗劳狄高

原。麦克斯韦尔山是英奇塔高原中的最高标志,几乎高出这颗行星表面 12 千米,比地球上最高的珠穆朗玛峰还高出一截。由美国发射的麦哲伦号飞船通过雷达对金星 98% 的表面进行了制图,所获得的照片(见图 3.3.10)表明,金星上分布着许多大大小小的火山,尽管大部分金星火山早已熄灭,但不排除还有一些活火山仍在活动。

图 3.3.10　金星地貌

科学家用雷达探测金星时根据反射器反射回来的雷达波发现,金星的自转周期为 243 天,比它的公转周期 225 天还长。金星是逆向自转的,其自转轴几乎与其轨道平面相垂直。金星自转缓慢是与它比地球更接近太阳相符合的,因为太阳对金星的潮汐作用比对地球的潮汐作用大 4 倍。但是为什么金星自转的方向与其围绕太阳的公转方向相反,原因还未弄清楚。有人认为在金星形成的晚期曾有一个特大的星子从逆向撞到金星的边缘部分,于是金星自转方向才由"顺向"变为"逆向"。 由金星的自转周期和公转周期可算出其一昼夜长为 117 个地球日。由于金星是逆向自转,所以从金星上看太阳,太阳是从西方升起,从东方落下,而且在一个金星年中只能看到两次太阳西升东落。

金星的大气成分及其在不同高度上密度和气压已经被美国和前苏联的宇宙探测器测量出来。美国的水手号进行了环绕金星的飞行;苏联的金星号进入金星大气并完成了软着陆,在着陆期间,其仪器进行了取样和测量。二氧化碳是金星大气的主要成分,占 95% 以上,而其余的气体大半是氮和稀有气体。金星 4 号测得低层大气中的水蒸气的上限是 1.4%。

根据"金星号"飞船的探测,金星大气顶层温度为 – 55℃,可是其地表面的温度却高达 465 至 485℃,比水星地表温度还高。这一方面是由于金星离太阳比地球离太阳近四千万千米,接受到在太阳热能为地球的二倍,更重要的原因是金星大气的二氧化碳产生非常强烈的"温室效应",防止了热能的散失,从而形成了金星的高温。用气压表测得金星的大气压约为 90 个标准大气压,所以它是一个高温高压世界。如果金星存在一个类似于地球的偶极子磁场,那么由水手号上的测磁仪所揭示的偶极子磁场强度比地球磁场强度的 5% 还弱。

以前人们一直以为,金星地表温度太高,大气压力也太大,还有就是大气中含有大量极具腐蚀性的硫酸蒸汽,不适合生命的存在。但最近美国有些科学家提出一种新观点,认为在金星大气中可能存在生命。在金星上空约 50 千米处的温度为 50℃左右,在该区域含有大量水蒸气。他们认为,金星大气中的暗斑很可能是某种微生物的大量聚集。

此外,在金星大气中还含有数量可观的硫氧化碳,在地球上这是一种只有微生物生命活动才能形成的物质。在金星大气中同时存在硫化氢和二氧化硫非常令人费解,这两种物质会彼此起作用并生成其他物质。虽然科学家不排除存在自然形成硫氧化碳和硫化氢的未知作用过程的可能性,但是它们的生物成因的可能性也不能完全否定。他们认为,金星上的生命最初不一定是在金星大气中诞生。或许,过去在金星上存在过海洋,而金星地表温度也没有现在这样高,当温室效应使金星地表不适合生命生存时,金星上诞生的生命后来迁移到了大气中。金星上的气候变化可能与地球气温逐渐升高一样。在这种情况下,微生物体可能逐渐适应了金星的高气温,并且生存下来。

澳大利亚科学家称,他们曾在地球云层中发现有微生物,而地球云层的温度和大气压与金星大气层某些部分基本相似。正是在这种新见解的推动下一度停止的金星探测又重新掀起高潮。2005 年 11 月 9 日 11 时 33 分,俄罗斯联盟火箭将欧洲空间局的"金星快车"探测器送上太空。这是欧洲首次向金星发射探测器,也是近十多年来首次有人类探测器探访金星。"金星快车"在经过 5 个月4100万千米的长途飞行后于 2006 年 4 月份进入金星轨道工作。"金星快车"进入椭圆形的金星极地轨道,与金星表面的距离为 250 至 6600 千米。探测任务持续两个金星恒星日(约 500 个地球日),其探测任务就是要去探索金星大气层并揭开金星为何具有如此残酷的环境之谜，并对美国科学家提出的金星大气层中存在生命的假设进行检验。

§3.4 最近的地外行星：红色的火星

按由近及远的顺序，火星是第四颗围绕太阳转动的行星。由于它是太阳系内除地球之外很有可能曾存在过或还存着生命的行星，因而也是最受我们人类关注的一颗行星。在太阳系的八大行星中，火星与木星、土星、天王星、海王星这五颗行星因其运行轨道处于地球轨道之外而被称为地外行星，而火星是离我们最近的一颗地外行星。

一、火星概况

作为地外行星之一的火星相对于地球的视运动与地内行星有所不同。在图3.4.1 中也标出了火星的四个特殊位置：合、冲、东方照和西方照。

图 3.4.1　火星的视运动

在合时，火星离地球最远，黄经与太阳黄经相同，与太阳同升同落；在冲时则离地球最近，与太阳黄经相差 180°，太阳西落，地外行星东升，整夜可见。在东方照和西方照时，地外行星的黄经均与太阳的黄经相差 90°，东方照时在太阳之东，西方照时在太阳之西。在西方照时，地外行星子夜升起，日出时位于中天附近，下半夜见于东方天空；东方照时，地外行星在日落时到达中天，半夜时没入地平，下半夜见于西方天空。

显然，冲时是观测火星的最佳时机。由于火星与地球的轨道不是正圆，而且轨道平面并不重合，所以每次冲，火星与地球的距离不同。距离最近的冲叫大冲。火星冲每两年多发生一次，而大冲要每隔 15 年到 17 年才发生一次。所以，每当火星大冲时天文学家总会不失时机地抓紧观测。

火星在夜空中呈现为一颗明亮的红色天体，它的亮度因其与地球距离的变化而发生明显变化，在最暗时相当于一颗 1.5 等亮星的亮度，在最亮时视星等为 −2.9 等，比全天最亮的恒星天狼星还亮得多。由于它的亮度在发生着周期性的明显变化，我国古代把它称为"荧惑"，西方则以战神玛尔斯的名字来命名。

图 3.4.2 火星照片　　　图 3.4.3 战神玛尔斯和火星符号

从它的视轨迹形态看来，在冲前后时显示有缓慢的循环往复运动，根据开普勒的理论立即明白，火星位于地球轨道之外。火星每年巡回路线的范围告诉我们，火星这颗最近的地外行星离太阳的平均距离为 1.52 个天文单位，公转周期为 1.88 年。火星的轨道是个椭圆，其偏心率为 0.09，这是一个比较高的偏心率。根据火星冲时在其轨道上的位置，它离地球的距离明显不同。例如，如果当火星接近远日点时发生冲，那么它离地球的距离约为 1 亿千米，然而若是在火星接近近日点时发生冲，那么这个距离大约就缩短一半。

在火星处于上合和逼近冲这两个极端位置之间时，视角直径在 3.5 角秒到 25.1 角秒之间变化。这个尺寸的圆面允许我们准确测出它的直径。它的赤道半径为 3400 千米，略大于地球半径的一半。它的扁率不大，只稍大于地球的扁率。

海尔在 1877 年发现了火星的两颗小卫星。它们被命名为福波斯和德莫斯。测定它们的轨道使我们能精确地了解火星的质量。的确，它们的轨道的摄动是由火星赤道的凸部所造成的。由此算出的扁率值与更直接测得的扁率值相符得很好。火星的质量约为地球的 1 / 10。将火星的质量除以体积，我们求得火星的平均密度约为地球的平均密度的 70%。

与地球相比较，火星中心处还不够浓缩，可能没有一个液态的核。通过跟踪像水手9号那样的火星人造卫星，现已更精确地测定了火星的质量和形状。从火星是一颗地外行星这一点可以预料到，火星在望远镜中绝不会呈现出蛾眉月似的模样。然而在接近冲时火星明显地呈现为一个凸月似的模样。

对火星的望远镜观测揭示出火星表面存在不变的斑点，其中有些斑点略带色彩。所看到和所拍摄到的火星外貌已绘制成图并予以命名。定时观测火星的斑点使我们能测出火星的自转周期。17世纪，胡克和惠更斯所进行的观测为我们提供了一条很长的时间基线，由此得到的火星自转周期被公认为非常精确。火星的一天仅比地球的一天长半小时。

从望远镜中容易看到火星的一个表面特征就是两极的冰冠。这些白色的冰冠是在火星的两极发现的。它们的大小明显地随着火星的季节的变化而变化，每个极冠在其所在半球处于夏季时甚至可以消失。它们的模样发生变化的速率表明，冰层必定很薄。在水手7号飞船探测期间，通过对火星南极冠进行红外观测，记录到它的温度为 $-120℃$。在与火星大气相应的压力的条件下，这一温度与二氧化碳的沸点接近一致。另一方面，通过海盗2号飞船的探测使人猜想到，北极冰冠主要是水冰。

引人注目的是，水手9号飞船在南极冰冠上空的云层发现了水蒸气。此外，正如我们将要看到的那样，除非曾有大量的水在火星表面流动过，否则就难以解释某些引人注目的特征。

火星的季节与我们地球上的季节的相似性可由它们的轨道参数和自转参数来预测。火星的轨道很接近地球的轨道平面，与黄道的交角为 $1°51'$。火星的赤道与其轨道的交角是 $23°59'$。当火星靠近远日点时，它的南极就倾向太阳，与地球的方式相似，南半球更热些，但夏季比北半球短。

借助于带有灵敏的温差电偶的望远镜和热辐射观测，对火星表面的不同部分进行了温度测量。现在这些测量已为轨道环绕火星的宇宙飞船或着陆在火星表面的海盗号飞船所进行的测量所补充。火星赤道中午的平均温度约为 $10℃$，但在夜里这个温度急剧下降至 $-75℃$。如此悬殊的温度变化使人想到，火星大气只起一点点保暖作用。

通过望远镜进行的目测和照相研究证明，火星具有一种大气。有时看到其大气的扰动,使表面细节变得模糊不清。这些扰动可能是由于云的形成,在某些情况下看得见云投影到火星的外边缘上。这些云处于火星大气中的不同高度,具有特有的颜色,它们在照片上的模样因所采用的照相底片的分光灵敏度的不同而不同。在其底层大气中,可看到黄色的云飘浮在高于地面 5 千米的地方。在 25 千米的高度以上的上层大气中,可以看到可能是由冰晶组成的白色的云;在这以下,可以看到蓝色的云。

火星较小的逃逸速度意味着火星的大气必定比地球大气稀薄。像氢和氦那样的轻元素显然容易逃逸,应预料到的是,只有诸如氧和二氧化碳之类比较重的气体才可能存在。然而,要用地球基地上的光谱仪有把握地辨认火星大气的成分是很困难的,因为光在进入分析仪器之前先通过地球大气。我们自身的大气强加一种强吸收特征谱线,而火星大气所产生的附加效应是比较小的。由水手号宇宙飞船携带的光谱仪揭示出在火星大气中存在着氮、氧、一氧化碳和二氧化碳。它们也显示出缺少在地球大气中占很高比例的氧分子。看来火星表面上的大气压不过几个毫巴。

火星大气特有的现象就是经常发生尘暴。由于火星大气稀薄而干燥,使得气候变化十分剧烈。每当火星位于近日点附近,南半球正值夏季,烈日形成的强大气流卷起沙尘时,就要发生一次大的尘暴。尘暴始起于南半球,然后迅速蔓延,进而席卷整个火星。特别强烈的尘暴所形成的尘埃云有时可持续数月之久,其风速之大,超过地球上的 12 级台风 6 倍,火星上空都被滚滚黄尘所笼罩,弄得整个火星表面都模糊不清。

在 19 世纪记录到火星表面上有某些颜色变化的标志,火星的夏季,有些区域褪去它们的绿色,转变为蓝色,这种颜色的变化使人想起地球上的植物。在春季,冰冠缩小的同时,这些区域再次转变为绿色。于是有人推测,火星表面的有些区域可能覆盖着某些植物的原始形式。1877 年火星大冲,当时意大利天文学家斯基帕雷利绘制了一张火星地图,上面有一些暗线连着一些较大的暗区。这些暗线后来被误认为是一些运河,引起了人们巨大兴趣,并猜测在火星上可能存在有理智的生命。著名天文学家洛韦尔则特别提出一种假说:火星人为弥补水的供应不足而修建运河,以便把水从两极区域的白色冰冠那儿引过来。包括《星球大战》

在内的许多科学幻想小说，都是从这种使人发生兴趣的想法中受到启发。可惜，随着望远镜的改进，说看见"运河"变得越来越困难了。其实，它们的呈现是一种生理效应，天文学家的眼睛和头脑都倾向于把火星上微弱的标志中接近线状的条块连接在一起。当一系列水手号宇宙飞船把火星照片传送回来时，"运河"最终消失，证明"运河"并不存在。

图 3.4.4　火星表面风光

　　水手 9 号的探测揭示出火星是一个比月球更为复杂的世界。它有一个巨大的区域由被撞击而成的环形山所覆盖，其余的区域由一些大大小小的火山所组成，甚至还有一些区域呈现出巨大的裂缝。如图 3.4.4 所示，火星的有些区域看来是一种散布着许多怪石和尘埃的荒漠风光。海盗 1 号和海盗 2 号拍摄的照片为我们增添了如此有特色的知识。火星表面干燥而荒凉，其表面物质含有较多的铁的氧化物，在阳光的照射下它们会把阳光中的红色和黄色光反射出来，所以用肉眼看来火星是橘红色的。

　　在火星上呈现出由撞击而成的环形山的那些区域使人想到火星的历史与月球和水星的历史都有过类似这样的阶段。当初巨大的陨石撞击火星的表面，在火星上造成了数以千计的陨石坑，即使火星的两颗卫星德莫斯和福波斯也未逃过这场撞击。它们也被陨石坑所覆盖，其广泛程度比呈现出风化迹象的火星本体还大，但是火山活动又使部分受过撞击的证据归于毁灭。在火星的塔西斯地区发现有最引人注目的四座大火山：奥林匹斯山、阿斯科拉山、帕沃尼斯山和阿

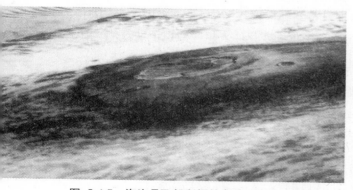

图 3.4.5　海盗号飞船所摄的奥林匹斯山的照片

西亚山。在能见度最好的情况下,有时用地球上的望远镜也可看到像一个亮点似的奥林匹斯山。奥林匹斯山是太阳系中最高大的火山,底宽 600 千米,形状如盾,其锥高为 23 千米,约为地球最高峰珠穆朗玛峰高度的 3 倍。所发现的其余火山的特征表明,火星上可能已不止一个时期有火山活动。

如图 3.4.6 所示,在火星过去的地质年代里可能有流水的河谷,河谷的"流向"朝北,从左下方到右上方。河谷的这一部分长 75 千米,位于赤道之北的亚马逊地区和门诺尼亚地区之间。火星上最

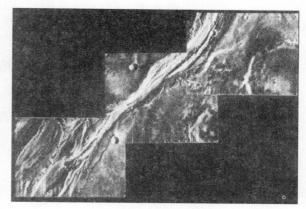

图 3.4.6　火星的河谷

大的峡谷"水手谷"位于赤道之南,长约 4000 千米。在有些地段,这条巨大的峡谷有 200 千米宽,6 千米深;大量支谷通向这条大峡谷,除非把峡谷归因于水的冲击侵蚀,很难有别的解释。

二、火星的卫星

火星的两颗卫星,火卫一德莫斯和火卫二福波斯是很小的天体,它们很近地围绕火星公转。当火星接近冲时比较容易看到它们,但一架大望远镜还是必需的。它们的大小是通过测量它们的亮度并采用其反照率的一个值而计算得出的。

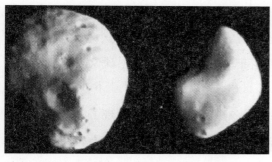

图3.4.7　(左)火卫一的照片(右)火卫二的照片

这些计算得出火卫一和火卫二的半径分别约为 8 千米和 4 千米。

靠里的那颗卫星,火卫一以 7 小时 38 分绕火星转一周,这个周期比母行星火星的自转周期的 1／3 还短。因此,一个火星上

的观测者在一个火星日中会有三次机会在天空同一部分看到火卫一。火卫一向东的轨道运动比由火星自转造成的向西的视运动所起的作用更大。火卫一是所看到的唯一的西升东落的卫星。较远的那颗卫星,火卫二的公转周期是 30 小时 18 分。

由水手 9 号探测器发回地球的这两颗卫星的照片表明,这两个天体呈不规则形状,其表面有陨石坑。就这两个天体的物质结构强度来说,它们小得足以在其自身的弱引力场背景上保持如此不规则的形状。火星的这两颗卫星是地月系之外最易被人登陆的天体。它们将是宇航员下次着陆的地方。估计在最近几十年内,人类的足迹将踏上它们的表面。

三、探测火星的新进展

在太阳系中,火星的地表环境与地球最为相似,探测地外生命,火星首当其冲。即使现在没有生命出现,科学家也希望能找到在过去有生命诞生的证据或生命活动的痕迹。水是生命之源。液态水更是生命能够存在的最重要的条件。所以,在火星上寻找存在水的证据至关紧要。

分别于 2004 年 1 月 4 日与 25 日着陆在火星上的美国"勇气号"火星车和"机遇号"火星车,对火星进行了实地探测,"机遇"号及其孪生兄弟"勇气"号的项目首席科学家斯奎尔斯说,已找到了以下 4 个证据,证明曾有液态水从其着陆区域的岩石上流过:

(1)火星车拍到的照片发现岩石上嵌有小球,小球并非集中在岩石特定岩层中。这显示它们有可能是被水浸泡过的多孔岩石中所溶解矿物的凝结产物。

(2)火星车相机和显微成像仪还发现岩石上有很多奇怪的小孔。矿物盐晶体在位于咸水中的岩石内部成长,然后由于腐蚀或溶解而消失,通常会形成类似特征。

(3)火星车上的阿尔法粒子 X 射线分光计还在岩床中发现了大量的硫。其他仪器的观测显示,这些硫以硫酸盐形式存在。这进一步证明岩石曾经浸泡在水中。

（4）火星车的穆斯鲍尔分光计还在岩石中发现了名为黄钾铁矾的水合硫酸铁矿物质，岩石处于酸性湖泊或酸性温泉环境下有可能会形成这种矿物质。

欧洲空间局研制的"火星快车"号探测器于2003年12月进入火星轨道。2005年7月28日欧洲空间局公布了"火星快车"号探测器传输回地球的高清晰度照片，照片显示火星的北极附近有一块直径达八英里（12.8千米）的巨大积冰。科学家经分析认为，这块积冰是一种常年不化的水冰。

图 3.4.8. 火星上的一块巨大积冰

2008年7月31日，美国国家航空和航天局科学家宣布，凤凰号火星探测器在火星上加热土壤样本时鉴别出有水蒸气产生，从而最终确认火星上有水存在。

在此之前，安装在夏威夷群岛的红外线天文望远镜和安装在智利的欧洲南部天文观测台通过观测证实火星大气中含有甲烷气体。欧洲空间局的"火星快车"号火星轨道探测器也再次证实这一发现，这将是火星有可能存在生命的又一个有力证据。

由于火星大气成分比较独特，甲烷不会长期停留在火星大气中。然而，火星上的确存在甲烷的事实让科学家们不得不慎重思考。因为产生甲烷气体的可能有两种，一种是火星上有活火山（然而科学家们至今没有在火星上发现活火山），另一种就是微生物活动。火星大气中的甲烷分子是不稳定的。如果其储量不能得到经常性补充的话，它在火星上的存在时间将最多不超过数百年。正如上面提到的，甲烷产生的另一种可能就是火山活动。在火山活动中它会与熔岩一道喷发出来或者直接从火星地表溢出。然而，要证实这一点却并不那么容易：到目前为止，在众多的火星轨道探测器中还没有一个能纪录下火星表面火山活动的痕迹。在地球上，微生物能够利用氢气和二氧化碳气体制造出甲烷。地球上制造甲烷的微生物不需要氧气，有些科学家们表示，像这种类型的微生物完全可能在火星存在。

据2009年12月22日新浪科技的报道，1996年科学家对一块在南极洲发

图.3.4.9　火星陨石 ALH84001（上图）及陨石放大部分上的"微生物"痕迹（下图）

现的火星陨石进行研究，对其中包含疑似火星远古生命形式的微化石感到困惑不解。13 年后，借助新的显微技术，美国国家航空和航天局科学家发现有进一步的证据证明，这块火星陨石中包含的物质和结构很可能就是火星曾存在远古生命的迹象，并不是非有机过程作用的结果。

这个报道所提到的陨石就是 1984 年美国科学家在南极爱伦丘陵发现的一块名叫"ANH84001"的陨石。通过多年的研究，科学家认为：它大约是 45 亿年前在火星表面形成的，是太阳系内已知的最古老物体之一。 因为这块陨石内包含微小的碳酸盐结构，大约有 40 亿年的年龄。大约 1500 万年前，火星遭到一块较大的天体的撞击，把它抛向太空。这块火星陨石在太空中飞行了约 1500 万年之后，距今约 1.3 万年前降落到地球上。这块陨石的化学构成与在 20 世纪 70 年代采集到的火星大气样本分析相符合。由此推断，它来自火星。

但自 1996 年宣布这块名为"ANH84001"的火星陨石中可能有生命的遗迹后，科学界关于这项研究的争论就一直没停止过。而今，来自美国国家航空和航天局约翰逊航天中心的戴维·麦凯及其同事用先进显微技术对这块火星陨石进行观测研究。他们对其中的碳酸盐结构，重点是磁铁矿微晶体进行了研究。依靠高分辨率电子显微镜做出的新分析则显示，该陨石晶体结构中约有 25% 确实是由细菌形成的。此外，科学家们还从这块陨石中发现了火星上存在液态水的证据，证明这颗红色星球在过去也许曾经有着适合生命生存的条件。戴维·麦凯说："这是火星上有生命的非常强有力的证据。"

§3.5 巨行星

一、最大的行星：木星

按由近及远的顺序，木星是第五颗围绕太阳运动的行星。我国古代称它为岁星，西方人称它为朱庇特，它是罗马神话中的主神，即希腊神话中统治整个宇宙的天神宙斯。在太阳系的八大行星中，木星的亮度仅次于金星，通常比火星、天狼星还亮，最亮时达 –2.4 等。在木星的 63 颗卫星中，有一颗名叫欧罗巴（木卫二）的卫星尤其受人关注，因为它有可能存在生命。

图 3.5.1 木星照片　　　图 3.5.2 象征木星的主神宙斯和木星符号

1. 木星概况

就质量和直径而论，木星这颗行星是太阳系中最大的行星。它的质量为地球的 318 倍；它的赤道半径是 71370 千米，体积为地球的 1320 倍。用一架小望远镜就可看到，这个行星的圆面呈现出很高的扁率。它在 5.2 个天文单位的平均距离上以 11.86 年为周期围绕太阳公转。

这颗行星覆盖着一层浓密的大气，这层大气排列成平行于赤道的不同形状和不同颜色的条带。正如太阳的大气那样，木星的大气随纬度的不同而有不同的自转周期，纬度越高周期越长，周期的变化幅度在赤道附近的 9 小时 50 分至高纬度处的 9 小时 56 分之间,在太阳系的八大行星中木星的自转是最快的。

在木星上,相邻条带之间的速率变化实际上是间断的。在这些条带中看得到通常很好找到的暗斑点和亮斑点。有些斑点存在数月乃至数百年之久。自 1831 年以来,人们就已确切看到了一个像大红斑那样的斑点。这个大红斑可能在 1644 年就为霍克所观测到。大红斑是淡红色的,呈卵形,长 40000 千米,宽 13000 千米,它围绕木星公转的周期是有变化的,比它所在条带的周期稍长一点,大红斑和另一些斑点实质上是一种半稳定的旋风状态的大气扰动,

木星大气的光谱揭示出木星上有大量的甲烷和氨的存在。氢也存在。甲烷呈气态,但许多氨必定以结晶的形态存在,因为在阴暗的云层处温度约为 – 130℃,而氨的冰点为 – 78℃。木星辐射射电波。短而不热的辐射来自它的电离层。其余的射电波可能来自与地球的范爱仑带类似的、围绕这颗行星的辐射带。木星拥有一个强大的磁场,这颗行星的磁轴与自转轴之间的夹角为 15°。其磁极性与地球的相反。

人们建立起各种不同的木星内部结构模型。这一些模型必须符合诸如质量、半径、木星的特定的扁率以及由它的内部结构所引起的轨道变化之类的观测资料。

早期的模型（约在 1934 年或 1934 年前）认为,木星有一个重核（密度 = 5.5×1000 千克／立方米）,它被一层冰（密度 = 1000 千克／立方米）所围绕,这层冰被一个固态的氢和氦（密度 = 350 千克／立方米）的外壳所覆盖。大气就在这一层的上面。

后来的见解有了发展,认为木星的内部结构与类地行星不同,它没有固体外壳,在木星稠密的大气层之下是由液态氢组成的海洋。这个海洋分上下两层,上层是温度相对较低的液态氢分子层,下层是温度相对较高的液态金属氢层,这两层合称木星幔。固态氢物理学理论表明,如果一个氢行星的质量超过地球 80 倍,就应存在一个金属核。木星的质量是地球的 318 倍。所以,在木星幔之下有一个金属核,可能是由铁和硅组成的固体核。

来自这颗行星的全部热辐射约为从太阳那儿接收到的热量的 2.5 倍, 对这种热源的一种解释是,木星仍在进行引力收缩,把位能转变为热能。实际上,天文

学家确信的这一过程是恒星一生的早期阶段。在这方面耐人寻味的是,木星作为一颗行星是太重了,但它仍然是一颗行星。

2.木星的卫星系统与光环

木星有63颗已知的卫星。它们离木星中心的平均距离在18.1万～2400万千米之间。木星的四个大月亮,木卫一、木卫二、木卫三和木卫四,为伽利略所发现,通常作为伽利略卫星而被提到。它们在非常接近木星赤道面的近似圆的轨道上运行,其余的卫星要小得多。远望木星及其众多的卫星,宛如一个小型太阳系。

用一架小望远镜就能看到伽利略卫星的食、掩星和阴影凌日。它们围绕木星公转的周期是如此之短,其轨道平面与木星围绕太阳公转的平面是如此接近,以致上述现象时常发生,天文历书刊载了对这些现象发生的预报。在图3.5.3中,正如从地球上所看到的那样,这些卫星显示出下列现象:木卫一产生的影子扫过木星的圆面;木卫二正从掩星后显露出来;

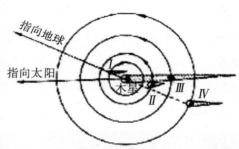

图3.5.3 伽利略卫星围绕木星的运动

木卫三正在被食;木卫四正被掩星。科学家正是通过对这些事件所观测到的时间与预报的时间进行比较,推断出光速是有限的。虽然与伽利略卫星有关的精确的轨道资料,在旅行者号宇宙飞船飞临之前就已获得,但与这些卫星的物质组成有关的资料却是很粗略。现在情况已有显著的变化。

木卫一是最靠里面的卫星,其公转周期是1.76914天,轨道半径为422000千米,它的直径为3530千米,平均密度为3500千克／立方米,这些数值与地球的卫星月亮的相应数值3476千米和3330千克／立方米无多大差别。但相似之处仅此而已。月球是一个没有生机的死寂的世界,而木卫一是一个有持续活动的火山的世界,它那变化着的表面为硫和二氧化硫的多层矿石所覆盖。其内部大概是溶化的硅酸盐。有些火山生成物逃逸到宇宙空间,形成一个围绕木星并与木卫一的轨道大致重合的环状物。

图 3.5.4　木卫一(左)及其火山爆发(右)的照片

在四颗伽利略卫星中,最受关注的是木卫二,因为它已被视为太阳系内最有可能存在地外生命的地方。木卫二的直径约为 3120 千米,略小于月球。木卫二的平均密度为 3000 千克／立方米。它离木星中心的距离为 761000 千米,公转周期为 3.55118 天,恰好是木卫一的二倍。它那明亮的球面就像玻璃球那样光滑,反照率高达 64%。这是因为其表面被一层厚厚的冰覆盖着。最让人关注的是其表面有许多褐色的宽窄不一、纵横交错的裂缝,可能里面含有有机分子,因为有机聚合物都是褐色的。

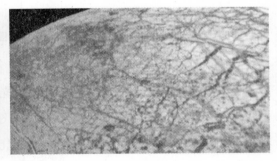

图 3.5.5　木卫二的照片与显示木卫二局部细节的照片

根据美国伽利略号探测器于 1996 年 6 月所拍摄的照片,估计这颗卫星上面有一层厚为 8 至 16 千米的冰层,冰层下面是一片汪洋,蕴藏的水有可能比地球上的水还多,而汪洋中可能存在生命物质。科学家还猜想,木卫二的海底像地球的海底一样存在活火山口,火山喷发的热量足以使某些不需要阳光和空气的微生物或类鱼生命在那里存活。当然,这一切推测是否属实,还有待于今后的进一步考察。

木卫三是伽利略卫星中最大的一颗,直径为 5220 千米,它的体积不仅在太阳系所有的卫星中是最大的，并且比水星和冥王星还大。它的平均密度只有1900千克／立方米。其公转轨道半径和周期分别为1071000千米和7.15455天。这颗卫星呈黄色，夹杂着一些褐色的亮区和暗区，可能是冰和岩石的混合物。它的表面上有环形山、山脊和峡谷，说明它过去有过强烈的地质活动。尤其惊人的是在它上空835千米处发现有行星一般的磁场。大多数科学家认为，这颗卫星的内部可能有一个巨大的熔化的金属核，磁场就是由它产生的。

 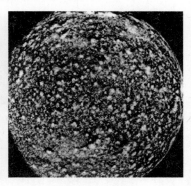

图 3.5.6 木卫三的照片　　　　　图 3.5.7 木卫四的照片

最靠外面的伽利略卫星木卫四在组成方面类似于木卫三，而不同于里面的两颗卫星木卫一和木卫二。它的平均密度为1800千克／立方米，直径为4900千米。其表面在这些卫星中最黑，并且陨石坑也最稠密，它被描写为类似于一团很脏的千疮百孔的烂稀泥。木卫四的轨道处于离木星中心1884000千米远的地方，其公转周期是16.68901天。

这四颗卫星的自转周期都等于它们的公转周期，所以它们正如我们的月球那样，总是以同一个半球面朝向它们的行星。除去卫星系统之外，木星还拥有一个轨道环绕木星的环，环宽约6500千米，其外边缘处在木星云层顶部最外边界的上方，距离只有5700千米，它可能只有几千米厚，并部分是由直径不大于几厘米的颗粒所组成。

3.令人惊心动魄的彗木相撞与木星对地球的保护作用

1992年7月8日有颗名叫苏梅克—列维9号彗星由于受到木星引力产生的潮汐力的作用，被撕裂瓦解成6个大块、15个中块和一些小碎片。最大的直径约4千米，平均直径约2千米。这颗彗星的21颗彗核不像通常那样分裂后就四散开去,而是排列成一列,如同一串巨大的糖葫芦。

图 3.5.8　分裂成 21 块的苏梅克——列维 9 号彗星

1994 年 7 月 17 日 4 时 15 分,它的第 21 号(A)碎块以每秒 60 千米的速度

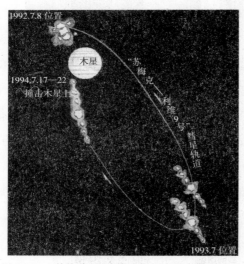

图 3.5.9　苏梅克—列维彗星与木星相撞示意图

落入木星大气层。最后一块碎块(W)在 7 月 22 日 16 时过后不久撞击木星。在 6 天的时间内,绵延 500 万千米的 21 块碎块,相继飞过木星南极,撞击南纬 44 度地区。估计,第一块碎片撞击木星时产生的能量有 2000 亿吨 TNT 当量,相当于 1945 年扔在日本广岛原子弹爆炸产生的能量的 1 千万倍。这次彗木相撞释放的总能量相当于 40 万亿吨 TNT 爆炸的能量,相当于 20 亿颗日本广岛原子弹爆炸产生的能量,结果把木星撞出一个又一个黑斑状窟窿,其中最大一个面积是地球面积的 80%,弄得木星伤痕累累,真是太令人震惊不已了。

木星每世纪有两三次俘获彗星的可能。苏梅克—列维彗星是木星几十年前俘获的一颗彗星。但像 1994 年这样的碰撞需要几千年才出现一次。自 1610 年使用望远镜以来,这还是第一观察到如此令人惊心动魄的大规模天体碰撞。由于木星的巨大引力对一些彗星、小行星的俘获作用,这类天体与地球发生碰撞的几率就大大减少了。地球有木星这个保护神保护着,把许多偶发的大大小小陨石吸过去,使地球在一亿年中才有一次毁灭性的陨石撞击。如果没有巨大的木星,地球在10万年中就可能性遭受一次剧烈的陨石碰撞,可供生物演化的时间就不够长了。

二、美丽的土星

按由近及远的顺序,土星是第六颗围绕太阳转动的行星,是人们用肉眼所能见到的最远的一颗行星。它拥有雄伟、美丽的光环。在土星众多的卫星中有一颗名叫提靼(木卫六)的卫星,是太阳系中唯一拥有浓厚大气的卫星,它与火星、木卫二同为太阳系内有可能存在生命的星球。我国古称土星为"填星"或"镇星",罗马神话中用农神萨图恩称呼它,希腊神话中称它为克洛诺斯,是第二代统治整个宇宙的天神,后被他的儿子宙斯所推翻。土星是科学家和天文爱好者最喜欢观赏的星球之一。

图 3.5.10　土星照片

图 3.5.11　象征土星的农神和土星符号

1.土星概况

就体积和质量而论,土星仅次于木星,是太阳系中第二颗大行星。用肉眼看来,它呈现为一个明亮的淡黄色的天体。它的亮度虽不及木星,但它冲日时的亮度为 0.4 等,足以同天空中最亮的那些恒星媲美。

它的赤道半径 60400 千米,它的极半径为 54600 千米。在八大行星中土星是最扁的一颗行星。土星离太阳的平均距离为 9.54 个天文单位, 其公转周期为

29.46 年。通过对土星的观测,确定土星的质量为地球的 95.2 倍。计算得到土星的平均密度为 700 千克／立方米。在所有的大行星中,土星的密度最小,比水的密度还小。如果把土星放到一个足够大的水域中,那么它就会飘浮在水面上。

对土星的望远镜观测显示出它有类似木星的斑点,但斑点不清晰,不能用来测定精确的自转周期。尽管如此,土星的自转周期已通过测量来自这个行星边缘的光的多普勒效应而完成了。这种测量表明,土星在赤道处的自转周期是 10 小时 14 分,这个自转周期越趋近两极越长,在两极处的自转周期为 10 小时 38 分。

与木星相仿,土星被一层又浓又厚的大气所包围,也是一颗气态行星。可以看到它也有一些平行于它的赤道的亮暗条纹,有时还会出现明亮的大白斑。土星的条纹不如木星的条纹鲜明,它们是因土星快速自转把大气中的云拉长所成的云带。土星的大白斑则被认为可能是土星大气下部的氨上升到空中所形成的云。土星大白斑的出现不甚稳定,通常寿命不过几个月。最著名的大白斑于 1933 年 8 月由英国天文爱好者用小型天文望远镜所发现。此大白斑最初位于赤道区,呈卵形,长度达土星直径的 1/5,以后不断扩大,几乎蔓延整个赤道带。

对射电热效应的测量与考虑土星接收来自太阳的热所产生的温度很好地相一致。土星的温度约为 – 150℃。在土星光谱中,氨的出现不如在木星光谱中那样强。这可能是土星的一种低温效应,在 – 150℃ 的情况下,实际上所有氨的状态应是被冻结的。

土星的内部结构与木星类似,在土星的大气之下,也有一个液态氢海洋,其上层由分子氢组成,下层由金属氢组成。旅行者号宇宙飞船用红外扫描测量出土星的氢和氦的丰度比为 9∶1,恰好与木星的相应的值相同。此外,正如木星那样,土星辐射到宇宙空间中的能量比从太阳处接收到的能量更多。

2. 土星的光环系统

土星是太阳系中观测到第一个在其赤道面上有光环的天体。这个现象首先为伽利略所观测到,但直到 1655 年这个光环的真实性质才被惠更斯说明。而后不久,卡西尼在 1675 年指出:这个环有一条缝隙。这个缝隙后被称为卡西尼缝隙。外环就是现在所谓的 A 环,内环就是 B 环。1850 年邦德发现了光环的更精细的结构,当时在 B 环的内侧里发现了第三个薄雾状的或称丝绸状的光环,即现在的 C 环。1969 年格林发现，这个丝绸状的光环也有结构，它的里面部分现在标记为 D 环。从那时起旅行者号宇宙飞船把其余的光环与这个分层光环里的大量精细结构一一揭示出来。各个土环的半径如下表所示：

环	千米	环	千米
外 A 环	136000	D 环	不确知
内 A 环	119800	外 E 环	294600
外 B 环	117100	内 E 环	210000
内 B 环	90500	F 环	139200
内 C 环	74600	G 环	168000

注：A 环、B 环和 C 环都是由数以百计的、大致为椭圆的小环所组成

土星的赤道与其轨道平面的交角为 26°44'，因为这个光环恰好在这颗行星的赤道面上，所以光环呈现在我们面前的模样极大地取决于土星在其轨道上的位置。图 3.5.12 中标出了四个加上标记的位置。从地球观测者看来，在标记为 1 和 3 的位置时，恰好看到土星光环以边缘对外，土星光环几乎消失；在标志为 2 和 4 位置时，看到了土星光环的全貌。由于土星的公转周期约为 30 年，所以土星从标记为 1 的位置走到标记为 3 的位置约需 15 年，也就说土星光环在我们面前每隔 15 年消失一次。土星光环模样的周期变化使土星视亮度变化大约达到 70%。土环在其边缘向外延伸的方向上的实际消失表明，土环很薄，其厚度可能不到 20 千米。到某些时候，有可能透过土环看到亮星，因此证明它们的视厚度很小。

1895 年基勒用分光镜证明，通过把分光镜的裂缝调

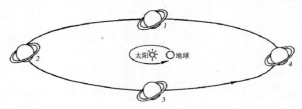

图 3.5.12 土星光环的周期变化示意图

置成与连接土星两极的直线相垂直，就获得一条光谱，其中心部分来自土星圆面，比较小的两端部分对应于土环系统的横截面（见图 3.5.13）。

对来自圆面中心的光束来说，多普勒效应等于零。在此图中，下边缘远离观测者（谱线红移），而上边缘趋近观测者（谱线紫移）。从圆面中心到边缘的多普勒位移的连续变化表明，这个天体是固体。来自土环的上部的光谱表明，光环各部分具有不同的相对速度，而内部比外部紫移，因而具有更大的趋近速度。在下部的

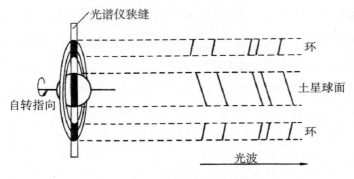

图3.5.13 土星光谱的多普勒效应

光谱中，环的内部具有较大的退行速度。于是环的内部比外部具有更高的围绕土星转动的速度，所以这个土环系统不可能是刚体。

1850 年洛希研究了一颗行星的起潮力对一颗大小有限的卫星的作用规律。他证明，如果这颗卫星离行星中心超过某一极限距离，那这颗行星仅仅是被瓦解；但若在这个极限距离，即所谓的洛希极限之内围绕行星运动，那么起潮力将克服这颗卫星各部分之间的引力作用，将它扯碎。这个极限距离 R 由公式

$$R = 2.44(\rho_s / \rho_p)^{1/3} R_p$$

得出，这里 ρ_s 和 ρ_p 分别是卫星和行星的平均距离，R_p 是行星的半径。

图 3.5.14 显示土环精细结构的照片

我们发现，土星的最里面的卫星处在 2.8 个行星半径的距离上，正好处于那个行星的洛希极限之外，土星光环系统的外半径是土星半径的 2.3 倍，所以整个光环处于洛希极限之内。土星的起潮力能使它们避免结合成比较大的天体。较大的 A 环、B 环和 C 环中的任何一个都是由数以百计的大致为椭圆的小环与包含小环的有层次的空隙所组成；卡西尼缝至少有 5 个小环。从光临土星的探测器所拍摄的照片可看出，土星环是由无数精细的环带组成，整个大环看起来就像一张巨大的高密纹唱片。

3.土星的卫星系统

现已知道，土星有 64 颗卫星，其中最大的卫星土卫六于 1655 年为惠更斯所发现。接下来的四颗卫星，土卫三、土卫四、土卫五和土卫八是由卡西尼在1671

年至 1678 年之间发现的,而发现天王星的威廉·赫歇尔在 1789 年发现了两颗卫星:土卫一和土卫二。波德在 1848 年发现了第八颗卫星土卫七。皮克林在1898用照相术发现了第九颗卫星土卫九。旅行者号之前发现的卫星,除土卫六之外,都没有大气,并且呈现出太阳系生存史的早期暴力所造成的、特有的、杂乱分布着陨石坑的特征,在那时与大块残骸或其余较小的物体的碰撞是频繁发生的。这些卫星也呈现出弯曲的山谷和侵入地表的裂缝。其余新发现的土星卫星都很小,并且在许多情况下甚至比土卫七更形状不规则。

图 3.5.15 "惠更斯"号探测器登陆土卫六及其所拍的土卫六照片

土星最大的卫星提妲(土卫六)是太阳系中第二大卫星,仅略小于木卫三,比水星和冥王星都大,是太阳系中唯一具有厚厚大气层的卫星。由于这颗卫星被一层厚厚的橘红色大气所围绕,所以行星探测器无法对其地表的景象直接进行观察。但是通过使用电磁波观测,就能窥测其地表的状况。目前已经了解到它的地表大气压约为地球表面大气压力的 1.5 倍,表层的温度为零下 180℃。大气的成分以氮为主,其次为甲烷,此外还有少量的乙烷、乙烯、乙炔和氢,并确认还有水蒸气存在。像甲烷一样的碳化合物与水会成为形成生命的原料,这两种物质的存在使我们对这颗卫星能否有生命产生兴趣。

1997 年 10 月,欧洲空间局的"惠更斯"号探测器由美国"卡西尼"号飞船携带发射升空。在经过 7 年、约 35 亿千米的太空飞行后,"惠更斯"号于 2004 年12 月下旬与其搭乘的美国"卡西尼"号飞船脱离,只身飞往土卫六。在距离土卫六表面 160 千米处时,"惠更斯"号开始拍摄土卫六山川地貌,并将数据传回在土星附近飞行的"卡西尼"号飞船。在距离土卫六表面 125 千米时,直径 3 米的着陆伞打开,并最终引导"惠更斯"号降落到指定地点。尽管"惠更斯"号探测器在土卫六上只工作了 3 小时,但它通过"卡西尼"号飞船向地球传回的珍贵资料却足够科学家忙好多年。科学家们认为,"卡西尼"号飞船和"惠更斯"号探测器的探测结果有可能显示,土卫六很像早期的地球。"惠更斯"号登陆土卫六,虽然不能直接进行生命探测,但由"惠更斯"号探测器所作的土卫六的环境调查,也许可以对我们寄予极大关心的生命存在问题提供某种答案。

§3.6 远日行星与矮行星

过去的教科书曾把离太阳较远的天王星、海王星和冥王星都称为远日行星。而今冥王星已被开除出行星的行列,它与另一些天体同被列入矮行星的行列。

一、躺着旋转的天王星

按由近及远的顺序,天王星是第七颗围绕太阳运转的行星。它的最大特征是自转轴相对于公转面有 98 度的倾斜,被称为是一颗躺着旋转的行星。它拥有 27 颗卫星,是太阳系八大行星中拥有卫星较多的一颗行星。

图 3.6.1 天王星的照片

图 3.6.2 天神乌剌诺斯和天王星符号

1.天王星的发现及其概况

作为对天空的系统搜索的一种结果,第七颗行星于 1781 年为威廉·赫歇尔首先发现。这颗行星在乔治三世死后曾被命名为乔治·西达斯,后来按西方人的传统习惯以古代希腊、罗马神话中第一代天神乌刺诺斯的名字来命名,翻译成中文便是天王星。后来在检查以前的观测记录中发现,实际上天王星曾被看到过,但在大约20次机会中都未被弄清身份。这些观测所延伸的时间要比这颗行星的一个会合周期更长,因此能把它的轨道测定得非常精确。其轨道半径约为19个天文单位,比土星的轨道半径差不多大了一倍。自古以来,人们都是以土星作为太阳系的边界,天王星的发现打破了这个界限,大大扩展了太阳系的范围。

天王星所呈现的圆面很小(3.75角秒),但换算成实际大小,它的赤道半径为23530千米,接近地球的4倍。它呈现为绿色,没有能用来测量其自转的明显的斑点,但它显示出有一个比较高的扁率,有比较高的自转速度。

分光测量得出的天王星的自转周期为10小时49分,还表明其自转轴接近于黄道面。实际上,自转轴与其轨道平面的交角为98度,其自转方向与除金星之外的所有行星的自转方向都相反。在其84年的公转周期中,从一极到赤道再到另一极要经历很长时间,与此同时它要改变对太阳的指向。天王星的磁轴不仅从这个倾倒的自转轴再倾倒60度,而且还偏离中心。是什么原因造成天王星自转轴的倾倒,使它就像躺在黄道面上一边滚动一边前进? 有些天文学家认为,可能是在天王星形成初期被一颗较大的天体撞翻所致。但这种假说能否被证实,还有待于今后进一步探索。

天王星的光谱特征表明,它的大气好像与木星或土星的大气大致相同,但温度更低。甲烷波段仍很明显。因为天王星离太阳的距离是19.18个天文单位,所以非常有趣的是在这个距离上看来,地球偏离太阳绝不多于3°。

2.天王星的卫星

在这颗行星发现后不久,赫歇尔认为,他已经发现了6颗卫星。但只有两颗卫星天卫三和天卫四被确认。1851年拉塞尔又发现了两颗卫星即天卫一和天卫二。1948年柯伊伯发现了第五颗卫星天卫五(见图3.6.3)。这五颗卫星全都在这颗行星的赤道平面上运行,并以与这颗行星自转方向一样的方向运转。测量它们的轨道能为天王星确定出精确的质量。天王星的平均密度与木星的平均密度相仿。后来,旅行者号的观测又发现天王星的22颗新的卫星,而使天王星的卫星总数达到27颗。

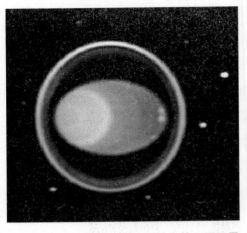

图 3.6.3　天王星及其光环与较大的几颗卫星

3.天王星的光环

1977 年 4 月 10 日天王星遮掩一颗卫星，由此导致在这颗卫星周围发现一个光环系统。就在天王星掩星前后一段时间内，这颗星的亮度有规律地减小证明了这个光环的存在。

根据由光环系统反射的太阳光，人们已在红外波段实现了对它的精密观测。有 9 个光环处于离天王星中心 42000 到 51000 千米之间的距离上。每个环的厚度可能不到 10 千米。目前已确认天王星总共有 13 条光环。

天王星光环的一个特征是它们只能反射入射太阳光的 4% 至 5%，比土星环暗得多。其原因是：土星环是由纯粹水的冰粒子所形成，而天王星的环是由水冰及甲烷冰的混合物所形成，也就是说由于放射线的反应使甲烷高分子化，并使黑色墨状的物体覆盖住表面，所以变得非常黑。另一个特征是环的宽度很窄，或者说环相当细，以至不易发觉。

通常，细环难以稳定存在。那么，天王星的细环为何能保持其稳定性呢？原因是在这个细环的两侧各有一颗"守护卫星"。在环外侧环绕的那颗名叫欧非里亚的卫星将环的粒子压向内侧，而在环的内侧环绕的名叫柯地里亚的卫星将环的粒子往外侧推。这就造成了天王星的细环能稳定存在。

天王星光环的发现要早于木星光环的发现。所以，天王星光环的发现打破了只有土星独具光环的垄断局面，成为天文学在近代的一项重要发现。

二、用计算发现的海王星

按由近及远的顺序，海王星是第八颗围绕太阳运转的行星。它于 1846 年被德国的伽勒所发现。由于在大望远镜中这颗行星呈现出浅蓝色，不免使人联想到蔚蓝色的大海，于是人们用罗马神话中大海之神涅普顿的名字称呼它，译成中文便是海王星。海王星的大气中存在着云和旋涡,它的周围有 13 颗卫星、4 个光环和 1 个尘埃壳。

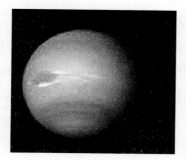

图 3.6.4　海王星的照片

图 3.6.5　海神涅普顿和海王星符号

1.海王星的发现及其概况

人们计算出天王星的轨道,但通过定期的观测,发现它的轨道在不久之后明显地偏离它的预报路线。天王星反常运动的原因在好多年中令人迷惑不解。有人曾设想,引力与距离平方成反比规律并不是很确切。但研究所得的最后结论是,认为天王星的轨道偏离它的预报路线是因为它被一颗更远离太阳的行星摄动所致。

1845 年 10 月 21 日英国的亚当斯首先完成了对这颗行星视位置的预报工作,并写信给英国格林尼治天文台台长埃里,请他在指定的时间和天区进行观测并寻找这颗新行星。但他的工作报告为埃里所忽视。当时埃里属于怀疑引力与距离平方成反比定律的学派。亚当斯的工作虽不为公众所知,但在 1846 年这个问题也为法国天文学家勒威耶所解决。勒威耶在考虑木星和土星的摄动之后也断定,在天王星的轨道之外必定有另一颗行星,他算出了这颗行星在天空上的位置,并写信通知了柏林的天文学家伽勒。他在信中写道:“请你把望远镜对准黄道上的宝瓶座,即经度 326 度的地方,那么你将在这个地方一度范围内,见到一颗九等星。”这封信 9 月 23 日到达伽勒手中,当天夜里伽勒就把望远镜指向勒威耶所指的天区,发现了一颗星图上没有的星。第二天,这颗星图上没有的星在群星中位置移动了。这正是勒威耶指出的那颗新的行星,也就是现在大家所知的海王星。

勒威耶的推算和预报是以哥白尼的太阳系学说和牛顿的万有引力定律为依据的。海王星的发现证实了哥白尼的太阳系学说和牛顿的经典力学的正确性,说明了科学的推算与精密的观测同等重要,是天文学研究中不可或缺、常需结合使用的两大手段。如果说天王星的发现应主要归功于赫歇尔辛勤的精密观测，那么海王星的发现无疑应主要归功于依据科学理论所进行的正确推算，因而在天文学史上海王星的发现曾被称为是"在笔头尖端上的发现"。

用望远镜看来，海王星呈现为一个浅蓝色的圆面，其角直径恰好为 2 角秒，赤道半径为 24600 千米，接近于天王星的赤道半径。在它的可见圆面上无标志可见。这个圆面小得不能以某种精度测量出它的扁率。但由分光测量确定它的自转周期为 15 小时 40 分。由于它的自转比较快，因此可以断定其扁率相对说来是比较大的。

海王星离太阳很远，它的公转轨道半径约为 30 个天文单位，也就是日地距离的 30 倍。它从太阳上所得的热量只有地球所得太阳热量的千分之一。其表面温度很低，有效温度只有 46K。它的公转周期约为 165 年。自转轴向公转面倾斜 29 度。虽然它从 1979 年开始成为位于冥王星外侧的最远行星，但在 1999 年 2 月后又再次将自己置于比冥王星更近的位置上。海王星的平均密度为 1.66 克/立方厘米，在类木行星中是最大的。因此，虽然它的体积与天王星差不多，但其质量则要大不少。目前认为海王星内部有一个质量与地球相似的核，核由岩石构成，核的温度为 2000 至 3000K。核外是质量较大的冰的包层，再外面覆盖大气。

海王星的大气主要是由氢及氦所形成，外带少量的甲烷。海王星之所以看起来成蓝色就是因为甲烷将橙红色的光吸收掉了。大气层分成到高度 80 千米为止的对流层，以及比它更上方的平流层。平流层里有像被扫把扫过似的绢状云。1989 年旅行者号探测器观测到海王星大气中有一个与地球直径差不多大的"大暗斑"，与木星的大红斑相类似，被认为是向西以秒速 300 米进行移动的高气压旋涡。但到 1994 年，在哈勃太空望远镜进行的海王星观测中，大暗斑却消失了。在经过几个月的观测后，在北半球发现了新的暗斑，于是知道了海王星的上层大气会在短时期内产生大幅度的变化。

2.海王星的卫星

有 13 颗已知的卫星在围绕海王星运行。海卫一于 1846 年被拉塞尔发现，而海卫二则在 1949 年被柯伊柏发现。其余的卫星中有 6 颗均在 1989 年由旅行者号所发现。旅行者号发现的 6 颗卫星的半径都在 200 千米以下，且表面的反射率约为 5%,既小又黑。处在最外面的是新卫星 1989N1,它环绕海王星的转动周期是 27 小时,半径为 200 千米。往里数,下一颗卫星是 1989N2,它是一个不规则天体,面积为 210×190 平方千米,环绕海王星的转动周期是 13.3 小时。1989N3 和 1989N4 这两颗新卫星的半径分别为 80 千米和 70 千米,

图 3.6.6 海卫一的照片

它们分别伴随一个海王星环。1989N5 和 1989N6 这两颗新卫星更小,其半径分别为 45 千米和 25 千米。

海卫一是海王星的所有卫星中最大的一颗卫星,其半径为 1750 千米,比月球略小,其体积和质量在太阳系卫星中均是比较大的。海卫一的表面主要被氮的冰覆盖,并夹杂着一氧化碳或甲烷的冰。表面地形在北半球和南半球极为不同。在北半球有和哈密瓜模样相似的网目状地形,并且可看到直径超过 200 千米、与火山口地形相似的同心圆结构,其地形富有起伏,高差达数千米。在南半球广布着高差在数百米以下的平缓地形。南极有被认为是由氮和甲烷的冰所形成的极冠。海卫一的上空存在着一层相当稀薄的大气,表面压力仅为地球的 10 万分之一,由氮和少量甲烷气体所组成。

海卫一在离海王星 355000 千米的圆轨道上运行。海卫一的轨道平面与海王星的赤道平面的交角为 160°,以每秒 4.4 千米的速度环绕海王星逆向运行,周期为 5.877 天。和月球一样,它的自转周期与公转周期一致,因此总是以同一面向着海王星。由于它逆向运行,并受到海王星的巨大潮汐力,所以它的公转半径会逐渐变小,被认为最终会撞向海王星。

3.海王星的光环与尘埃壳

在海王星的赤道半径 1.5 至 2.5 倍的上空有四条光环。外侧的两个环 1989N1A 和 1989N2A 是完整环,最靠外的环 1989N1A 内有一段弧特别明亮,其中的粒子高度密集。靠里的两个环是弥散环。在海王星可见环的外侧有一个约 10000 千米厚的尘埃圆面。它被包围在一个稀薄的尘埃晕中。这个尘埃晕在环平

面上下至少延续了一个海王星半径。

三、降格为矮行星的冥王星

由于这颗矮行星离太阳十分遥远,在那里是一个阴暗寒冷的世界,使人们想

图3.6.7　地狱之王普路同
及冥王星的符号

起阴森森的地狱。因此,西方人用地狱之王普路同的名字称呼它,译为中文就是冥王星。虽然,它比太阳系八个行星小得多,最近从行星降级为矮行星,但它的发现大大拓展了太阳系的疆界,在科学上具有重要意义。

1.冥王星的发现及其概况

在发现海王星一段时间后,人们发现海王星的存在并不足以解释天王星轨道的摄动,并再次对存在一颗更远的未知行星的可能性抱有希望。这个理论分析主要是由洛韦尔完成的,并

且正是他开始了这种搜寻。问题在于这种微弱天体必然运动缓慢,想找到它是非常困难的。即便如此,在许多年之后,汤博于 1930 年发现了这颗随后被叫做冥王星的天体。具有讽刺意义的是,在发现冥王星之后,作为这种搜寻工作的一部分,查阅大约 50 年前拍摄的照片时发现,冥王星已被记录下来过,却没有引起人们的注意。

冥王星离太阳的平均距离为 39.4 天文单位,它的轨道偏心率很大,在近日

图 3.6.8.　1938年拍摄的两张显示冥王星运动的照片

点时它处于海王星轨道之内约几千万千米的地方。在此期间，它比海王星更靠近太阳。冥王星的公转周期为247.7年，自转周期为6.39天。其自转方向与公转方向相反，是从东向西转。冥王星是如此遥远，以至它很难呈现出用望远镜才看得见的圆面。但在1950年柯伊伯设法用200英寸（5.08米）望远镜看到了这个圆面，量得它的角直径为0.23角秒，直径为2320千米，体积为地球的

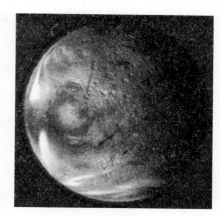

图3.6.9　冥王星

1%，质量为地球的0.24%，比水星、月球还要小。1988年的一次掩星观测发现冥王星存在大气层，其大气层分内外两层，外层透明，内层不透明。它的表面温度在零下230℃至210℃之间。大气的主要成分是氮，一般认为在其表面有由氮、甲烷、氨、一氧化碳等形成的固体以霜的形式堆积着。从哈勃太空望远镜所作的观测知道，冥王星的表面的反射率因地点不同而异。其南北极地区的反射率很高，估计在极区附近可能存在和火星一样的极冠。冥王星可能像彗星一样，是由星际物质包裹起来而形成的。冥王星的密度平均为1.95克/立方厘米左右。一般认为它们的内部均是由岩石与冰所构成。

2.冥王星的卫星

1978年发现冥王星有一颗较大的卫星，取名为卡戎。在希腊罗马神话中卡戎是冥王的役卒，负责用渡船把亡灵送过冥河到地狱那边去，所以有"冥河艄公"之称。卡戎的直径为1200千米，它在围绕冥王星的轨道上运行，其轨道半径为20000千米，其公转周期与自转周期都是6.39天，与冥王星自转周期相等。

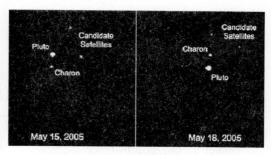

图3.6.10　冥王星及其卫星系统

因为卡戎的公转周期与冥王星的自转周期相等，所以它总是以同一半球面朝向冥王星，又由于卡戎的自转周期与冥王星的自转周期相等，所以它又是冥王

星的天然同步卫星,始终处于冥王星某处的上方。从远处看来,它们好像一对跳贴面舞的舞伴,尽管都在旋转,但始终保持面对面,堪称宇宙中的一大奇观。

因为卡戎的直径相当于冥王星的一半,所以就大小而言,卡戎与其中央星冥王星的比率是太阳系中最大的。这使它看上去更像是冥王星的姐妹星,或者可以把它们更确切地说成是冥王星—卡戎双星系统。如前所说,按照国际天文协会现在对太阳系天体的重新定义,现已将冥王星降格为矮行星,而卡戎将有可能被升格为与冥王星并起并坐的矮行星。

2005年5月15日,冥王星的两颗疑似卫星首先被哈勃望远镜的 ACS 高级巡天照相仪拍摄到,两天体的亮度大约只有冥王星的 1/5000。三天后,即 5 月 18 日,哈勃望远镜重新观测冥王星附近区域时,这两颗疑似卫星的天体仍然出现在冥王星附近,后期经过图像数据分析显示,两个新发现天体正在冥王星附近各自的圆形轨道中绕着中央星冥王星运转着。

新发现的这两颗疑似冥王星卫星先暂定名为 S/2005P1 和 S/2005P2,直径分别只有 32 千米和 70 千米。根据哈勃望远镜的观测,新发现的卫星分别在距离冥王星约 4.4 万千米和 5.3 万千米的圆形轨道上飞行。在获得完全确认后,S/2005P1 和 S/2005P2 被呈送至国际天文协会进行最终命名。国际天文协会现已将这两颗新发现的卫星 S/2005P1 和 S/2005P2 正式命名为冥卫三(HYDRA)和冥卫二(NIX),NIX 是西方神话中的黑暗和夜晚女神,HYDRA 则是长九个头的妖怪。现在,冥王星已成为迄今为止柯伊伯带区域内唯一被发现拥有一个以上天然卫星的天体。

§3.7 太阳系的小天体

除了太阳、行星、矮行星及其卫星外,太阳系还有众多的小天体,包括小行星、彗星、流星、陨星等。它们中有些成员不时光顾我们的地球。开展对它们的观测与研究,不论是对研究太阳系的起源问题,还是对于关注我们地球的自身安全,都具有重大意义。

一、小行星

它们是一大群如同大行星一样围绕太阳公转的天体,不过质量要小得多,因而被称为小行星。大多数小行星的轨道介于火星轨道和木星轨道之间,它们轨道的平均半径接近 2.8 个天文单位。少数小行星通常具有偏心率很高的轨道,它们可以进入到水星轨道之内或到达土星轨道那么远的地方。还有两组小行星,即所谓的脱罗央群在木星轨道上运行。有的小行星有可能成为太空"杀手",而有的则是人类未来的矿藏宝库,真是令人亦喜亦忧。

1.小行星带的发现及其概况

1772 年柏林天文台台长波德宣称,数年前提丢斯对于行星离太阳的距离的排列次序,曾发现一个规律。这个规律是,以 4 为基数,分别加上一个数列 0,3,6,12,24,48,96,192……中的任何一个数,再分别除以 10,便得到一个与此数相近的各个行星的距离。现将由这个所谓的提丢斯定则所得的各行星离太阳的距离与其实际观测值列表如下:

行 星	提丢斯定则	观测值
水星	0.4	0.39
金星	0.7	0.72
地球	1.0	1.00
火星	1.6	1.52
	2.8	
木星	5.2	5.20
土星	10.0	9.54
*天王星	19.6	19.18
*注:在波德提出提丢斯定则时天王星还未发现。		

从此表可以看出,用提丢斯定则所得的值确能很好地与当时所知行星的距离值相符合。1781 年赫歇耳发现了天王星,其距离的观测值也与用提丢斯定则所得的值相符合。而在表中 2.8 天文单位处还缺少一颗对应的行星。于是引发天文学家试图寻找这个区域的未知行星。

1801 年 1 月 1 日之夜，皮亚西发现了一个围绕太阳运行的新天体，其后算得它的轨道半径为 2.77 天文单位，与由提丢斯定则所确定的值很接近。最初大家以为这就是要找的那颗填补空缺的行星，并将它取名为谷神星。但是此后没过多久又在这个范围内发现三个围绕太阳运行的新天体，被命名为智神星、婚神星、灶神星。在这四个新发现的天体中，只有谷神星的直径刚过 1000 千米，智神星、婚神星、灶神星这三个天体的直径依次为 560 千米、230 千米、520 千米。由于这些新发现的天体都比较小，所以它们就被称为小行星。

随着时间的推移，在这个区域发现的小行星的数目变得越来越多。大约在 1891 年沃尔夫首次应用照相术观测之前，已用目视的方法找到了 322 颗小行星。起初是把指定天区中的星星与同一天区的星图相对照，所希望的是通过寻找这两者差异揭示出一颗或多颗星星是小行星。现代的方法是对所选取的天区采取定时曝光照相。如果望远镜对准恒星，那么它将产生点像，而对准任何一颗小行星，其像则呈现为一个条纹（如图 3.7.1 所示）。若要

图 3.7.1 三颗位于恒星之间的小行星的形迹

找到最微弱的小行星，那么望远镜选定的转速要与计算出来的一个小行星的角位移相等，以致它的光亮形成一个具有恒星状的点像，在底片上呈现出痕迹。到 1998 年为止，由世界各国天文台发现的、获得国际正式编号和命名的小行星已超过 8000 颗。据统计，冲日亮于 19 等、直径为数百米以上的小行星约有 4 万多颗。如果算到 21.2 等，那么小行星的总数可达 50 万颗，至于更小的小行星更是多得不可胜数。这些小行星绝大多数都分布在火星轨道和木星轨道之间，形成了所谓的小行星带。

在这小行星带中，只有一颗小行星，灶神星有时能用肉眼看到。其余的小行星通常只是在望远镜中才能看到的微弱天体。在大小方面，大部分小行星的直径不到 80 千米，许多小行星的直径小于 10 千米。对于那些比较大的小行星来说，

根据其反射光的偏振性质来测量它们的大小。通过研究偏振—位相曲线，可以确定小行星的对应值，根据这些对应值及视星等和距离定出它们的大小。其他的大小估算是应用辐射技术和空间干涉技术完成的。原来被称为最大的小行星的谷神星现已升格为矮行星，尽管它比灶神星更大，但因其反照率过低，肉眼看不到，也只能通过望远镜才能观测到它。

小行星是固体，其密度和地壳的密度差不多，不可能拥有任何一点大气。精确的照相测量表明，许多小行星的形状很不规则，通常不到 12 小时就自转一周。它们的总质量远远小于月球的质量。研究小行星的轨道表明，大多数小行星的轨道几乎是个圆，与黄道面的交角很小，少数小行星的偏心率比那些大行星的轨道的偏心率高得多，它们的交角比较大，例如，希达尔戈的轨道偏心率为 0.66，交角为 43°。有的小行星还拥有自己的卫星。

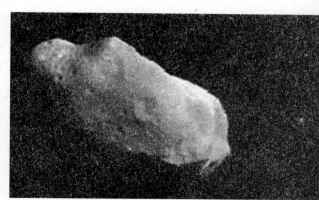

图 3.7.2　小行星艾达右边是其卫星艾卫

小行星轨道的平均距离的分布呈现出一种由柯克伍德首先发现的特征——某些区域有明显的空隙，在这些区域之中，小行星的公转周期是木星公转周期的简约分数，如 1/2、1/3、2/5 等等。小行星灶神星就在木星的轨道上运行，以致它的公转周期等于木星的公转周期。

关于小行星带的成因，在天文学家中有不同的解释。其一是"爆炸说"或"碰撞分裂说"，其二是"半成品说"。"爆炸说"或"碰撞分裂说"认为，在火星和木星之间原来有一颗质量和火星差不多的行星，后来因发生爆炸或碰撞，分裂瓦解成小行星带。"半成品说"则认为，在早期小行星的形成与其他行星没有什么本质不同，只是到了后来，大行星的"行星胎"顺利发育长大成为行星，而在火星、木星之间的"胎儿"却中途夭折，于是形成了小行星带。

我国已故著名天文学家戴文赛在 1977 年指出，那里所以形不成大行星，是因为该区域内原始物质缺少。他解释道，火星之内的地方温度高，冰物质易蒸发而跑掉,所以火星及其里面的三颗行星都是以土物质为主的类地行星。木星与土星之间的区域温度低,冰物质凝聚起来参加了木星、土星等巨型行星的形成,所以巨型行星体积大而密度小。小行星区域介于两者之间,这里的冰物质蒸发较慢,而外侧的木星胎迅速长大,引力增强,很快俘获小行星区内的物质,使小行星区的行星胎不能形成,遗留下来的小块物质没有一个足够大的凝聚中心吸引它们,只好各自运行,形成散布于火星与木星轨道之间的小行星带。

2.作为太空"杀手"的小行星与人类的对策

尽管大多数小行星处在火星轨道与木星轨道之间,但在火星轨道的内侧,以及再往地球轨道内侧深入的范围内也有小行星存在,这些小行星被称为近地小行星。其中有的处于力学上不稳定的轨道上,因此被认为从过去到现在,一直有和地球等内行星互相撞击的事件发生。据统计分析,就小行星撞击地球的几率来说,直径10千米的大约是1亿年1次,1千米的大约10万年1次,100米的大约是1000年1次,100米至10米的大约是300年1次,10米左右的则数年会有1次。小行星越小就越容易受到大气层的影响。直径如果是10米左右的话,就几乎在大气层内燃烧殆尽。直径10千米的小行星以秒速20千米撞击地球时的能量,相当于30亿个广岛型原子弹。许多科学家认为发生在大约6500万年前的恐龙灭绝的原因,就是直径10千米左右的小行星撞击了地球。

有可能作为太空"杀手"威胁我们地球和人类的不仅有近地小行星,而且还有近地彗星。在天文学中,我们常把近地小行星与近地彗星统称为近地小天体。

1993年4月,有10多个国家的60多位科学家在意大利的埃里斯召开专门的国际会议。他们抱着关注地球和人类前途命运的崇高信念,共同探讨和研究近地小天体撞击地球的可能性,以及人类应有的思想准备和采取的措施。这个会议作出的一个宣言,也就是著名的《埃里斯宣言》。宣言指出,近地小天体的碰撞,对于地球的生态环境和生命演化至关重要。从长远的观点看,地球有可能发生一次足以毁灭人类文明的近地小天体碰撞,不过这种威胁近期不算严重。但它绝不亚于其他自然灾害。这种威胁是现实的,国际社会要进一步协调努力,唤起公众注意。

据美国"近地小行星追踪计划"的天文学家估计,近地小行星的数量在1000到2000颗之间,有可能撞击地球并带来灾害的近地天体总数大约700颗。其中令天文专家最为关注的是一颗叫做"阿波菲斯"的近地小行星,它属于重点监控目标。据科学家计算,到 2029 年,直径约 300 米的"阿波菲斯"与地球的距离将不到 4 万千米。尽管这颗小行星 2029 年撞上地球的危险已被排除,但在 2036 年仍然存在着与地球发生碰撞的可能性。根据最新的计算方法和数值,发生相撞的概率只有二十五万分之一。虽然发生这种情况的概率较小,并且还存在着变数,但万一发生碰撞,其后果不堪设想,所以必须认真应对,防患于未然。

为了避免近地小天体撞击地球,目前一些国家的有关部门和机构正在拟定计划,制定措施,并逐步付诸实施。其要点有二:一是要对近地小天体建立空间警戒网,进行严密的空间搜索和实行有效的监视;二是系统研究和掌握拦截、爆破、击毁及将其推离原来轨道等高新技术,以便化险为夷,万无一失。就 2036 年有可能撞地球的这颗小行星而言,有的科学家提出了一种"引力拖车"方案,让一艘飞船在小行星附近飞行,利用两者之间的引力使小行星轨道发生变化,最终偏离撞击地球的路线。据计算,一艘 20 吨重的飞船就可在 1 年内将一颗直径 200 米的小行星牵引到安全轨道上去。

3.作为人类未来矿藏宝库的小行星与人类的开发计划

小行星有很多类型,主要分为石质型、碳质型和金属型。金属型和石质型小行星含有极其丰富的铁、镍、铜等金属,有的还含有铂那样的贵金属和宝贵的稀土元素。于 1986 年发现的"1986DA"近地小行星就已被确认为是一颗含有丰富的铁和镍,以及含有微量的如金和铂等贵重金属的金属型小行星。此外,科学家还发现了一些小行星中含有丰富的金刚石和黄金。例如,科学家已发现一颗绕近地轨道运行的固体小行星上蕴藏着大约 10 万吨的白金、1 万吨的黄金和数十亿吨的铁和镍,总价值达上万亿美元,且小行星距离地球仅为 1000 万千米左右。

目前一些掌握先进技术的国家正争先恐后地着手开展开发小行星这个矿藏宝库的工作。例如,美国国家航空和航天局已成立星际资源开发利用中心,专门进行太空资源勘察,以确定和利用含有丰富矿藏的小行星。在未来的数十年中美国还准备发射载人的太空船到达容易着陆的小行星,着陆后对小行星的物质结构和矿产成分进行探测研究,以确定是否可进行太空开采,或在其上安装发动机,把它带入某地等待开采。欧洲空间局和法俄等国已准备发射航天器,以用于探测多个小行星和彗星。

此外，科学家还设想人为将小行星引落到地球某一区域，从而形成一个富矿。这并非异想天开，而是有事实根据的。例如，俄罗斯有一个金刚石矿就是陨星撞击形成的。我国的多伦陨石坑也是一个巨型矿藏，含有极其丰富的铁、镍等矿产。由此可见，开发小行星造福人类已不是遥不可及的幻想，是人类在不久的将来完全可以实现的事情。

二、彗星

彗星是一种环绕太阳或行经太阳附近的云雾状天体，我国古称为"孛星"、"蓬星"或"妖星"，俗称为"扫帚星"。任何时候在天空上都可能有一颗或两颗彗星，但往往比较暗，肉眼看不见，需要用望远镜或通过长时间曝光的拍照才能观测到。偶尔，一颗彗星有可能特别的亮，用肉眼就能看到，甚至有时它的外观可能非常壮观，以致引起非天文工作者的注意。

1.彗星的外貌和亮度的变化

彗星的外貌和亮度会随着它距离太阳的远近而发生明显的变化。如图3.7.3所示：当它离太阳很远的时候，它像一颗很暗的星星。当它逐渐运动到太阳附近时变得越来越亮，而且由于太阳风和太阳辐射压力使它产生一条拖在身后的尾巴。当它离太阳更近时尾巴显著地变长变大，在近日点处它的尾巴最长最大。彗星过近日点后它的尾巴逐渐缩小，最后又像一颗暗暗的星星，慢慢地消失在人们的视野中，甚至连大望远镜也看不到它了。

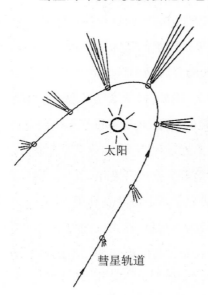

图3.7.3　彗星外形的变化

2.彗星的结构

彗星的结构比较奇特。它那较亮的中心部分叫做彗核，形状近似球形，集中了彗星绝大部分质量,是彗星的主体。在彗核的外面有一层云雾包裹着,这层云雾就是彗发。它是由彗核中蒸发出来的气体和微小的尘粒所组成,形状类似球茎,体积随彗星与太阳距离而变化,在接近太阳时会比太阳还大,但其质量很小。彗核和彗发合称彗头。当彗星运动到太阳附近时,强大的太阳风和太阳辐射压力使它产生一条拖在身后的尾巴,这条尾巴称为彗尾。

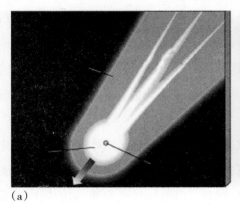

(a) (b)

图 3.7.4 (a)彗星结构示意图(b)彗星照片

彗尾实际上就是在太阳风和辐射压力的作用下从彗头抛出的尘埃和气体流。彗尾最长可达 2 至 3 天文单位,但其物质密度极低。1910 年 5 月 18 日哈雷彗星的彗尾扫过地球时地球上没有发生任何异常现象就是一个证明。在用人造卫星观测彗星时发现,在彗发的外面还包围着由氢原子构成的云,即所谓的"彗云"或"氢云"。具有包括彗头、彗云、彗尾的彗星是最典型的彗星形状,但具有这样的典型结构的是少数。大多数彗星往往看不到彗云,有的甚至没有彗尾或彗发。

彗尾主要分两类:第一类彗尾产生一种光谱,这种光谱显示出有离子化的分子和离子根,如碳分子、氢氧根和氰化物。这种彗尾通常是比较直的。由于它由离子气体所组成,所以称为"离子彗尾"或"气体彗尾",又称"I

(a) (b)

图 3.7.5 (a)I 型彗尾(b)II 型彗尾

型彗尾"。第二类彗尾通常比上述气体彗尾更宽更弯曲。它产生一种类似太阳的光谱,揭示出它们的光实质上是由尘埃微粒所散射的太阳辐射。它主要由微小的尘埃所组成,因而称为"尘埃彗尾"或"II 型彗尾"。根据一系列的照片,有时有可能确定这种彗尾的各部分的加速度。

在第一类彗尾内部有代表性的运动表明,那里存在一种作用于彗尾气体的推斥力,它比太阳的引力作用大一百倍。这种推斥力主要来自太阳风。第二类彗尾的曲率表明,这种向外推斥彗尾的推斥力只比太阳的引力稍大一些。看来,这种推斥力似乎主要是太阳辐射压力,在这种情况下尘埃颗粒必定很小,其直径的量级为微米。除了以上两大类彗尾外,还有弯曲度更大的"III 型彗尾"以及与前三种彗尾朝向相反的"反常彗尾"。

早在 20 世纪 40 年代末就有科学家认识到,彗核并不是固体,而是由冰或冻结的气体黏合而成的微粒和尘埃的混合物,就像一团脏雪球。有些彗星在紧靠太阳滑过时,太阳的引力使其彗头分裂成几部分。以比拉彗星为例,它的周期约为 7 年,曾在 1772 年、1806 年、1826 年和 1832 年被观测到,它在结构方面没有发生任何较大的变化。然而,在 1846 年彗头变为鳞茎形,而后分离成两个部分。这两部分在 1872 年再度被看到,它们分离得更明显,但自此之后再也没有看到过它们。与木星相撞的苏维克彗星则在相撞前就已被分裂成 21 个小块。由此可见,彗星被分裂解体并非个别事件。

3.彗星的轨道和周期

有的彗星具有围绕太阳的轨道并被哈雷首先确定它们具有周期性。哈雷指出,在 1531 年、1607 年和 1682 年出现的彗星是同一颗彗星,他预言这颗彗星将在 1758 年再现。由于哈雷预言被以后的观测所证实,于是这颗最著名的彗星便以哈雷的名字来命名。实际上,哈雷彗星在 2000 年来一再回归,几乎每一次回归都被我国的观测者见到并记载到文献中。

周期短于 100 年的彗星约有 40 颗,它们在接近近日点时很可能变得特别明亮而易于被发现。几乎所有这些彗星都以与行星相同的方向围绕太阳运动,一个值得注意的例外就是哈雷彗星,这颗彗星是逆向运动的。与哈雷彗星相似,所有其余的周期性彗星都有一个向它们的发现者或第一个计算出它们的轨道的人致以敬意的名字。如果在一个短时间内不同的观测者独立地发现彗星,那么就可能采用两个或三个名字。

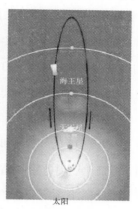

图 3.7.6 哈雷彗星及其运行轨道

这里引用北京天文馆前馆长崔振华研究员所介绍的一个实例来做一说明:2002 年 2 月 1 日,河南省开封市的一位天文爱好者张大庆观测到了一颗彗星,就赶快向北京天文馆的馆长朱进博士报告。朱进博士向国联天文学联合会管理部门报告,说中国某人发现了一颗彗星,在什么地方,什么方位。在他报告的一小时之前,一位日本的、已经发现过好几颗彗星的老牌天文爱好者池谷熏也观测到这颗彗星,他很有经验,也赶快报告,比中国的张大庆早了一个多小时。管理部门分析认证,最后得出结论:第一,他们两人观测的是同一颗彗星;第二,他们两个人是各自独立发现的。那么,这颗彗星以什么名字命名呢? 是"池谷—张"彗星,"池谷"就是池谷熏,"张"就是张大庆。这样,中国天文爱好者的名字便首次出现在彗星命名的队伍之中了。

早在数十年前,已有人想到并不是所有的彗星都是周期性彗星,并确信,有些彗星具有双曲线或抛物线轨道。换言之,它们必定是来自太阳系的外层空间,从太阳旁边经过,然后继续运行,重新返回到太阳系外层空间。

要判定一个彗星的轨道是抛物线、双曲线或是具有很高偏心率的椭圆,这是一个很困难的问题。当一颗彗星被最新发现时,所算得的轨道只是以太阳的引力作为依据的。由于彗星的质量很小,所以其轨道可能恰好在彗星被发现时受到摄动,主要是因受到木星和土星的作用力而摄动。除非彗星的摄动被计算过和被考虑过,否则它们原先测定的轨道仍将难以被肯定下来。确实,已被观测到的许多彗星的摄动使人想到,这些天体的质量没有一个比地球的百万分之一更大。

4.对彗星的近距观测、深度撞击与样品采集

哈雷彗星的回归周期是76年。它的回归是人们十分关注的一种天文现象。1986年2月9日是哈雷彗星在20世纪第二次也是最后一次回归地球,这是一个难得的探测机会。因此世界上一些国家纷纷研制并发射探测器,在哈雷彗星与地球距离最小的1985年11月27日和1986年4月11日前后窥探它的真实面貌。

苏联于1984年12月15日和21日先后发射维加1号和2号探测器。1986年3月6日,维加1号到达距哈雷彗核8900千米处,首次拍摄到彗核照片,显示出彗核是由冰雪和尘埃粒子组成的。维加2号于3月9日从距彗核8200千米处飞过,拍摄到了更清晰的彗核照片。经过比较分析,科学家认为哈雷彗核的形状如同花生壳模样,长约11千米,宽4千米。维加号探测器还首次发现彗核中存在二氧化碳,并找到了简单的有机分子,因此科学家认为从彗核中可寻找到生命的起源。欧洲空间局和日本也向哈雷彗星发射了探测器,美国则启用还在太空运行但已完成探测任务的国际日地探测卫星3号来担负探测哈雷彗星的使命。这次对哈雷彗星回归的探测,使人们得到了一幅比较完整的哈雷彗星图像。

2005年1月12日美国的深度撞击探测器发射升空。6个月后探测器接近坦普尔1号彗星。探测器在飞越彗星前24小时放出撞击器,然后改变航线,在安全距离内观测撞击过程。撞击器在7月4日穿越彗星的彗尾、彗发,以每小时3.7万千米的速度直接命中彗核。最后,探测器靠近弹坑,收集彗星内部物质进行研究。通过这次深度撞击发现:"坦普尔1号"的彗核是分层的,多孔而渗水。在撞击时该彗星释放的尘埃要比水蒸气多,说明彗核大部分是岩石和尘埃,由水冰将它们结合在一起。深度撞击之后彗核中喷发的物质中含有氢氰酸(HCN)、乙腈、冰和二氧化碳,这还表明,在彗星和小行星撞击频繁的地球早期阶段,彗星有可能把最早的有机物带到地球上。

更值得称道的是"星尘号"宇宙飞船对彗星物质样品进行了成功采集。星尘号是在1999年2月7日在美国佛罗里达州发射升空,并于2004年1月追上"维尔特2号"彗星,随后进入彗发,成功完成了对彗星尘埃的取样。2006年1月16

日星尘号返回地球安全着陆。尽管,采集到的彗星埃粒子不到 100 个,但极有研究价值。目前科学家们正在对这些来之不易的彗星物质样品逐一进行化验并进行潜心的研究,以便进一步揭开彗星的奥秘。

5.彗星的起源

关于彗星的起源,天文学家的解释不一。最流行的一种解释就是荷兰天文学家奥尔特提出的原云假说。奥尔特认为,在太阳系外围 15 万个天文单位处有一个近于均匀球层的原云,分布着大量的原始彗星,成为一个巨大的彗星储存库。由于太阳邻近区域走过的恒星对原始彗星的引力摄动,使它们进入太阳系内层,成为被发现的彗星。后人将奥尔特所说的原云称作奥尔特云或彗星云。估计这个彗星云中至少有 1000 亿颗彗星,其总质量与地球质量属同一数量级。

三、流星体

所谓流星体就是沿着椭圆轨道环绕太阳运行的行星间尘粒和固体物。它们可以是小至微米的尘粒,也可以是重达千吨的小行星。我们在地球上观测到的流星、陨石和流星雨都来源于此。

1.流星

所谓流星就是当流星体闯入地球大气层时同空气分子剧烈碰撞燃烧而产生的光迹。我们所看到的流星痕迹可用相机记录下来。同时,因为它们产生电离,所以也可用雷达探测,这特别方便用于记录白天的流星。

探测到的流星的数量可以有很大的变化, 这取决于地球的轨道是否穿过流星群。在不穿过流星群时所看到流星被称为偶发流星。通常,这种偶发流星的出现是随机的,但在黎明时看到的会比傍晚时看到的多好几倍。

其原因何在?这与地球与流星两者运动速度的合成情况的变化有关。我们知道,地球自西向东绕日公转,其公转速度为每秒 30 千米,其自转也是自西向东,速度约为每秒 0.5 千米。流星体也在绕日运动,其速度为每秒 42 千米,但相对地球而言,它们来自四面八方。显然,当流星体迎着地球飞驰而来时,其合成速度为 72.5 千米,而从后面赶上来时合成速度只有 11.5 千米。速度高的流星与地球大

图 3.7.7 特大火流星

气摩擦产生的光比速度低的强，更容易看到。而黎明前的一段时间恰恰是天空的最黑部分正处于地球公转运动的方向上，自然比傍晚时能看到更多的流星。就估算流星在燃烧时所释放的总能量来说，这可能与流星的动能有关。通过测定流星的速度就能计算出流星的质量。一颗典型的流星的质量很可能只有几毫克。

像金星般明亮的流星称为火流星。一般的流星出现在离地面 80 至 120 千米处，但火流星可深入到地球大气层低处。对明亮的流星余迹来说，有时可以记录到它的光谱并进行化学分析。业已对随机的流星的速度进行专门的研究。有时，占相当大百分比的流星的速度比太阳系的逃逸速度还大。于是有人猜测，有些流星是因太阳的摄动而从星际空间疾驰而来的。但目前最新研究成果表明，情况并非如此，似乎所有的流星都隶属于太阳系。

2.陨石

对有些大个儿的流星来说，它们没有全部烧尽，落到了地球表面，可以对其进行精密的化学分析。这些落地的块体就是所谓的陨石，亦称作陨星。根据陨石本身所含的化学成分的不同，大致可分为以下三种类型：

（1）铁陨石，也叫陨铁。它的主要成分是铁和镍。最大的铁陨石是 1920 年发

图 3.7.8 新疆大陨铁（左）与吉林一号石陨石（右）

现的非洲戈巴陨铁,重约 60 吨。我国新疆大陨铁重约 30 吨,为世界第三大陨铁。

(2)石陨石,也叫陨石,主要成分是硅酸盐,这种陨石的数目最多。1976 年 3 月 8 日上午,我国吉林市北郊下了一场罕见的陨石雨,共收到百余块陨石,最大的一号陨石重达 1770 千克,是迄今为止所见到的最大石陨石。

(3)石铁陨石,也叫陨铁石,这类陨石较少,其中铁镍与硅酸盐大致各占一半。

陨石包含着大量丰富的太阳系天体形成演化的信息,对它们的实验分析将有助于探求太阳系演化的奥秘。陨石是由地球上已知的化学元素组成的,在一些陨石中找到了水和多种有机物。这成为"地球上的生命是陨石将生命的种子传播到地球的"这一生命起源假说的一个依据。通过对陨石中各种元素的同位素含量测定,可以推算出陨石的年龄,从而推算太阳系开始形成的时期。陨石可能是小行星、行星、大的卫星或彗星分裂后产生的碎块,它能携带来这些天体的原始信息。除了宇航员从月球取回的样品以外,陨石是人类能够得到的唯一的地球以外的宇宙固体物质,而且它们可能来自比月球遥远得多的宇宙深处。通过陨石,可以揭开宇宙演变的秘密,其价值非黄金可比。1998 年在美国纽约的菲利普斯,一块重 0.28 克的火星陨石卖到 7333 美元,价钱是同样重量金子的 1000 倍。

科学家对南极陨石情有独钟,这同南极独特的地理环境不无关系。一般陨石落地后最多保存几千年,但南极的冰天雪地抑制了陨石风化,南极陨石大多至今已是几十万岁"高龄",是其他大陆陨石地球年龄的 100 多倍。长期冰冻、无菌的自然环境使南极陨石"毫发无损",其原始状态最有利于研究太阳系内外星体的历史演变过程。距离我国南极中山站直线距离约 400 千米的格罗夫山位于南极伊丽莎白公主地区的内陆冰盖腹地,介于中国南极中山站与冰穹 A 之间,被誉为南极大陆最壮美的地方。它由 60 多座冰原岛峰构成,是地球上已知陨石最富集的区域。在 1998 年至 2006 年间,我国曾对格罗夫山进行过 4 次科学考察,共收集到 9843 块陨石,其中包括 2 块火星陨石和多块特殊类型的陨石,使我国成为继日本和美国之后,陨石存有量最多的国家。

3.流星雨

在各种流星现象中,最美丽、最壮观的要属流星雨现象。当它出现时,千万颗流星像一条条闪光的丝带,从天空中某一点(辐射点)辐射出来。流星雨以辐射点所在的星座命名。

图 3.7.9　1833 年狮子座流星雨　　图 3.7.10　1998 年狮子座流星雨

例如,每年的 11 月份都发生一次特定的流星雨,它的辐射点位于狮子座,此流星雨就是所谓的狮子座流星雨。历史上出现过许多次著名的流星雨:天琴座流星雨、宝瓶座流星雨、狮子座流星雨、仙女座流星雨……中国在公元前 687 年就

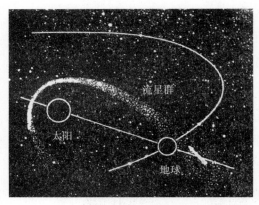

图 3.7.11　地球与流星群相遇

记录到天琴座流星雨,"夜中星陨如雨",这是世界上最早的关于流星雨的记载。流星雨的出现是有规律的,它们往往在每年大致相同的日子里重复出现,因此它们又被称为"周期流星雨"。

通常我们把沿着同一轨道环绕太阳运动的大群流星体称作流星群。而流星雨就是在流星群闯入地球大气层时产生的。任何一年中记录到的流星数量都取决于这些流星群的分布。在有些年份,某一特定的流星雨可能会很壮观,每秒计数到数千颗流星。看来流星雨可能是由有些具有相同轨道的、原先的彗星瓦解而形成的流星群所产生。例如,英仙座流星雨的轨道与彗星 1861I 的轨道就很接近一致。

§3.8 日食和月食

日食是指射向地球的太阳光被月球遮挡的天文现象，月食则是指照亮月球的太阳光被地球遮挡的天文现象。在天文学中，日食和月食统称交食。广义上说，凌日、掩星、卫星食、双星互掩等也都属于交食。

一、日食和月食的成因和类型

作为地球的卫星，月球围绕地球转动。作为太阳系的行星，地球又带着月球一起围绕太阳转动。日食和月食正是这两种运动所产生的结果。当月球运行到太阳和地球之间时，如果日、地、月三者恰好或几乎成一直线，那么月球的影子投射到地球表面上来。这时，在月影区域内就看不见或看不全太阳。这样的事件叫做日食。发生日食必在朔。如图 3.8.1 所示，月影有三个区域：A 为本影区，B1 和 B2 是半影区，C 是伪本影区。

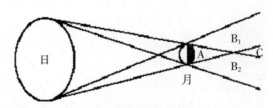

图 3.8.1 月球的本影、半影和伪本影

如图 3.8.3 所示，当月球运行到和太阳相反的一方时，如果日、地、月三者恰好或几乎成一直线，那么月球的全部或一部分就会进入地球的本影或半影内。这时，在地球夜半球的人们就看不见或看不全月球。这样的事件叫做月食。发生月食必在望。

地球本影长约为 1370000 千米，远远大于月地距离，所以不会有人处于地球的

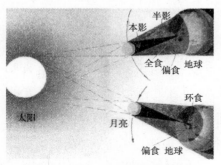

图 3.8.2 日全食、日偏食和日环食

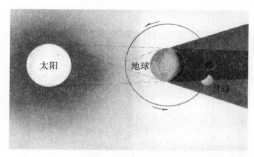

图 3.8.3　月全食和月偏食

伪本影中,也就是说,地球上的人只可能看到月全食和月偏食,不可能看到月环食。

显然,当月球是新月时只可能发生一次日食。另一方面,在接近满月时只可能发生一次月食。然而,月食和日食并不每月发生。如图 3.8.4 所示,因为作为月球轨道平面的白道面和作为地球轨道平面的黄道面的交角约为 5°(月球角半径的 20 倍),所以只有当月球为新月或满月并靠近黄道面和白道面的交点时日食和月食才会发生。这个更进一步的必要条件使可能发生的食的次数剧减。每年发生食的次数最多为 7 次。在这 7 次食中,有 4 次日食和 3 次月食,或者 5 次日食和 2 次月食。在有些年份可能少到只发生 2 次食。

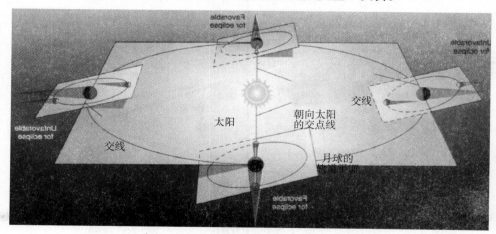

图 3.8.4　月球轨道平面和作为地球轨道平面的黄道面

月食可能是月全食或月偏食。在月食时,如果整个月轮在某一时间内处于地球的本影或阴影锥中,那就发生一次月全食,否则就是发生一次月偏食。日食可以是全食,偏食或环食。要发生一次日全食,月轮必须完全遮住日轮。如果月轮的角半径大于日轮的角半径,这种情况就会发生。从观测者看来,月球的阴影锥必须扫到地球的表面,如果观测者看到一次日全食,那他就必须处于被阴影锥扫到的环带之中。

日全食刚开始和刚结束前，有时可以在月球边缘周围看到被破坏的光弧的亮光。这种现象就是众所周知的贝利珠。贝利珠是由于月球表面不平坦并且不是一个严格的圆球所造成的，它与月球边缘轮廓上所看到的凹地和环形山有关。

在地球表面上能看到日全食的宽度总是小于 300 千米。在这条窄带的周围有一月球半影扫到的条带，其宽度可达 5000 千米，在这个条带内的任何一个人将看到月球遮掩日轮的一部分，于是能观测到一次日偏食。不仅月球在与黄道相倾斜的一条椭圆轨道上公转，而且地球也在围绕不与地球轨道

图 3.8.5　日全食带

平面垂直的自转轴旋转。因此，月球本影锥扫到地球表面的小圆扫描出一个条带即日全食带。对某一次日全食来说，它严格地取决于地球—月球—太阳系统的几何关系。

图 3.8.5 表示出由月球本影锥扫过地球表面所产生的日全食带。随着阴影沿着地球表面移动，其从一地到另一地速度是有变化的。它可能有时每小时移动 1800 千米那么慢，或者有时每小时移动 8000 千米那么快。因此，对某一地方而言，日全食持续时间永不超过 7 分钟。现在如协和式飞机那样的高速飞机被用于沿着日全食的路线飞行，对坐在飞机上的观测者来说，日全食的持续时间将增加到一小时左右。

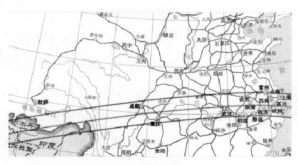

图 3.8.6　发生于 2009 年 7 月 22 日的日全食带

就 2009 年 7 月 22 日这次日全食来说，月球本影锥扫过地球表面所产生的日全食带如图 3.8.6 所示。图中有三条线，中间一条就是日全食带的中心线，日全食带就在靠外的两条线之间。在 7 月 22 日

发生的日全食中,月球的黑色阴影首先经过阿拉伯海,然后穿过印度中部和东北部、尼泊尔东南部、不丹的大部分地区、孟加拉国北部、印度最东部和南部,然后进入我国境内。在我国境内,日全食带先后穿过西藏东南部、云南西北部、四川、重庆、湖北、湖南北部、安徽、江西北部、江苏南部和浙江北部,在上海入海。

尽管就整个地球而言,日食发生的次数要比月食来得多,但一旦月食发生,近半个地球上的人都可以看到,而发生日食时只有月球影锥扫过的区域(称为食带)中的人才能看到。因此,对某个具体的地点来说,日全食是非常罕见的,平均隔 200 至 300 年(或更长时间)才能看到一次。根据科学测算,上海上一次见到日全食是 1575 年 5 月 10 日。上海下一次见到日全食的日期是 2309 年 6 月 9 日。所以,对上海来说日全食是 300 年一遇或 400 年一遇的事。

二、日食和月食的过程

月球公转的方向和地球公转的方向都是反时针方向,即自西向东的。但两者公转的速度不同,前者每日约 $13.2°$,后者不足 $1°$,也就是说月球公转速度比地球快得多。因此,日食与月食的过程既有相同之处又有不同之处。

如图 3.8.7 所示,一次日全食过程包括五个时期(或者说有五种食象):

(1)初亏:由于月亮自西向东绕地球运转,所以日食总是在太阳圆面的西边缘开始的。当月亮的东边缘刚接触到太阳圆面的瞬间(即月面的东边缘与日面的西边缘相外切的时刻),称为初亏。初亏也就是日食过程开始的时刻。

(2)食既:从初亏开始,就是偏食阶段了。月亮继续往东运行,太阳圆面被月亮遮掩的部分逐渐增大,阳光的强度与热度显著下降。当月面的西边缘与日面的西边缘相内切时,称为食既。此时整个太阳圆面被遮住,因此,食既也就是日全食开始的时刻。

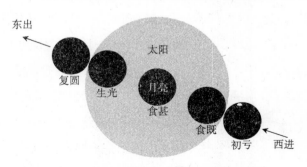

图 3.8.7　一次日全食的过程示意图

（3）食甚：食既以后，月轮继续东移，当月轮中心和日面中心相距最近时，就达到食甚。

（4）生光：月亮继续往东移动，当月面的东边缘和日面的东边缘相内切的瞬间，称为生光，它是日全食结束的时刻。

（5）复圆：生光之后，月面继续移离日面，太阳被遮蔽的部分逐渐减少，当月面的西边缘与日面的东边缘相切的刹那，称为复圆。这时太阳又呈现出圆盘形状，整个日食过程就宣告结束了。

日偏食的过程和日全食过程大致相同，由于它只发生偏食，因此就只有初亏、食甚和复圆，而没有食既和生光这两个阶段。日环食则同样有初亏、食既、食甚、生光和复圆等阶段。

月食的过程也是包括五个时期：初亏、食既、食甚、生光、复圆。不过，需要指出以下两点：（1）日食是月轮遮日轮，从月轮遮日轮西缘开始到离开日轮东边缘结束，而月食是地球遮月球，从遮月球东缘开始到离开月球西边缘结束。（2）月食的过程只要把日食过程中的遮挡物月轮改为地球。被遮挡物太阳改为月轮即可。

通常在预报日食与月食时，除了要预报它们初亏、食既、食甚、生光、复圆时刻外，还要预报食分。所谓食分是指食甚时日面或月面被掩食的程度。日偏食的食分是日面直径被掩部分与日面直径的比值，食分都小于1。日全食的食分大于1或等于1，日环食的食分小于1。月偏食的食分是指月面被地球本影遮住部分与月面直径的比值，此比值小于1。月全食时月面恰好被地球本影遮住，食分等于1；如果月面更深入地球本影，其食分大于1。食分有两点含义：一是表明太阳或月球被掩食的程度，食分越大，被掩盖的面积越大；二是表明交食（日食和月食的总称）过程所经历过的时间长短，食分越大，交食过程的时间越长。

那么，食分的大小又取决于什么呢？应当说，还是取决日、地、月三者的位置关系。拿日食来说，被遮挡的太阳离地球愈远则其视直径愈小，而遮挡太阳的月球离地球愈近则其本影愈大，所以当太阳处于远地点而月球处于近地点时食分就最大，日食的时间就最长。为什么有的日全食时间只有2、3分钟，而2009年7月22日发生的日全食时间能长达6分多钟？原因很简单，7月22日这一天太阳在远地点附近，而月球恰又在近地点附近。懂得这个道理，就自然也能明白月全食应是在什么情况下才会食分最大、时间会最长。

三、发生日食和月食的条件——食限

我们看到,由于月球的轨道平面实际上与黄道面相倾斜,所以如果发生一次食,那么太阳和月球都必须接近这两个轨道平面的交点。如果发生一次月食,那么当月球到达交点时,这个月食的界限就是太阳(或地球阴影中心)离这个交点的最大角距。食限的实际数值是地球和太阳及月球的距离的函数。因而就是月球的角直径和阴影锥在地月距离上的半径的函数。计算表明,月偏食的最大限角为11.9度,月偏食的最小限角为10.0度;月全食的最大限角为6.0度,月全食的最小限角为4.1度。如果发生一次日偏食,那么这个日食限就是月球到达交点时太阳离交点的角距。日偏食的最大限角为17.9度,日偏食的最小限角为15.9度;日全食的最大限角为11.5度,日全食的最小限角为10.1度。

四、沙罗周期

巴比伦人从他们对许多世纪的食的记录中发现,有个特定的时间间隔不仅对于预言月食的发生时间很有用,而且对于预言月食的详细情形也很有用。这个时间间隔就是所谓的沙罗周期。计算表明,19个月球升交点会合周期等于6585.78日,而223个太阴月等于6585.32日。另外还发现,239个近点月等于6585.54日。因此,用闰年时间间隔表示的沙罗周期为18年零10日到11日,它几乎恰好是使太阳、月球和地球的几何结构再次重现的时间间隔。因此,一个沙罗周期之后,也就是经过19个食年、223个太阴月和239个近点月之后,所见的现象又将重现。因为这三个时间间隔并不严格一致,所以第二次食并不是第一次食的所有情况的再现,而是大致相似。第二个沙罗周期过去之后,第三次食就与第一次食不很相似,但很像第二次食,如此等等。显然,在至今为止的许多世纪中,必定存在一系列的沙罗周期,它们从某一特定的偏食开始,在出现越来越多的偏食之后,发展到再出现一些全食,最后以另一次特定的偏食结束。因此,任何

一次月偏食都隶属于某一沙罗周期。

沙罗周期也预报日食的发生，换言之，日食的发生也隶属于某沙罗周期系列。然而，由于地球每日旋转一圈这个事实，情形被复杂化了。因此，在一个沙罗周期中，相接连的日食按照它们的类型（全食、偏食和环食）彼此接近相似，而为地球表面的不同区域的人所看到。例如，1973年7月3日的日全食在圭亚那、中非和印度洋可以看见，而下一次日全食，1991年6月11日的日全食则在马绍尔群岛、墨西哥中部和巴西可以看到。

五、研究日食和月食的意义

历史上的记载通常包括对日食和月食的记述，特别是在这些日食和月食发生在诸如一次战争或一位国王去世这类重大事件前后，更是如此。

现代的天文方法能够确定在某个时期中的任一次日食和月食的准确情况。应用这种方法可以明确地断定包含食的记载的年代所延伸的历史，例如亚述人的编年史。也可以用对食的记载来检验记事细节的准确性。在埋葬圣埃德蒙兹的记载中，记述了具有发生日期的一次日食和十一次月食，这些食发生于公元1258至1297年期间。所记日食、月食发生日期的一致性和记述的准确性都很好地提升了手稿的可靠性，从而增强了我们对这段历史的可信程度。

又如，我国有确切纪年之始，一般认为是从西周共和元年发端，而之前的夏、商以及西周大部分纪年是不大清楚的。为此，国家综合了自然科学与社会科学研究，开始了"夏商周断代工程"。其中有一个惹人注目的课题就是西周"懿王元年丙春正月，王即位。天再旦，于郑"。懿王要早于共和四世，弄清懿王元年的时间对"夏商周断代工程"、寻找失落的年代具有重要意义。这里所谓"天再旦"指的是日出前的一次日全食。日出前，天已发亮，这时日全食发生，天黑下来；几分钟后日全食结束，天又一次放明。而现代天文学完全有把握计算出西周时期的日食，这就为确定懿王元年天再旦的时间提供了科学依据。

日全食在科学上也有一定意义。借助于月球遮掩光华夺目的光球，人们能观测到色球层和日冕。这一点现在并不重要，因为已有方法能在任何时候遮掩日轮。日全食的开始和结束是十分突然发生的,可以用日全食的开始和结束对太阳和月球的预报位置同真实位置的一致程度进行检验。一次日全食也可以用来检验爱因斯坦相对论的一个预言:光线在经过一个强引力场时应发偏转。在日全食时,通过测量靠近太阳边缘的恒星的位置并同它正常位置进行比较,就可以进行这种检验。1919 年的日全食就是第一次机会,当时就做到了这一点。月食也具有科学价值。在把整套仪器安放到月球之前的时代,可以用一个温差电偶测量突然进入地球阴影之中的月球表面的任一区域的变冷速率来得到月球表面结构知识。

六、对日食和月食的预报与观测

如前所述,通常对日食与月食的预报都要说明可看到地区的初亏、食既、食甚、生光、复圆的时刻和食分情况。为更直观地了解日食的全过程,有人将一次日食过程中不同时刻拍摄的许多照片合成一张展示日食全过程的照片(见图 3.8.8)。看一看这张图可以更好地理解以上这几个概念,以便更好地观测日食与月食。

图 3.8.8　日食过程合成照片

日、月食的成因只与日、地、月三个天体的几何位置有关。只要精确掌握了这三个天体的运动规律,日、月食是可以准确加以计算和预报的。在有关日、月食预报问题的科学著作中,最著名的经典著作当数由奥地利天文学家奥伯尔泽所著、1887 年出版的《日月食典》。该书内容有以下四个部分:(1)介绍计算公式及用法说明;(2)给出了公元前 1208 年至公元 2161 年共 8000 次日食要素;(3)给出了自公元前 1207 年至公元 2163 年间共 5200 次月食的日期、食甚时刻、食分、偏食和食甚时月球天顶的地点的经纬度;(4)提供了日食路线图 160 幅,绘出全食、环食和全环食所经过的路线等。

当代我国有关日、月食的预报数据,由中国科学院紫金山天文台负责计算与发布,该台用电子计算机算出了新的日月食典,其预报精度之高,可以说是分秒不差。广大群众从已经历过的几次日全食的观测中深切感受到,现在的科学预报与实际观测是完全相符合的。所以说,今天对日、月食的观测是根据科学的预报,在指定的时间、地点,对指定的天区中的天象所进行的观测,是在预知将要发生的整个进程的基础上所进行的观测。

日食与月食,特别是日全食,是一种很壮观的天象活动。古人曾因不了解其中的道理,误以为是不祥之兆,曾为之引起恐慌。而懂得日、月食道理的现代人则将它视为观赏的对象。由于日全食难得一见,地球上各地平均大约二、三百年才能见到一次。所以,一旦日全食来临某个地方,总会有许多天文学家和业余爱好者不远万里赶赴此处进行观测。在最近数十年中,前几次在我国发生的日全食都发生在相对偏远、人口较少的地区。而 2009 年这次日全食发生在我国人口稠密的长江流域,经过不少大城市,观看人数之多大大超过前几次。那么,何处是最佳观测点呢?只要是在日全食带内,可能你家阳台就是一个很好的观测点。应当指出:气象的条件非常重要。如果有条件选择外出,还是以选择到当天天气晴朗的地方进行观测为好。

对日、月食的观测,有目视观测与照相观测之分。特别要注意的是,不能用肉眼直接观测日食,一定要采取减光措施方能观测,否则会被强烈的阳光灼伤眼睛。有些商家懂得抓住日食这个商机,为观测者提供简易廉价适用的太阳镜。观测者也可买现成产品一用。

对业余的天文爱好者来说,在观测日全食时应注意有以下几点:(1)要注意对贝利珠的观测。在日全食刚开始时,也就是在"食既"这个瞬间,月轮刚好与日轮相切,从月球环形山的缝隙中漏出来的日光,像一串闪光的珍珠,十分美丽壮观。因为英国业余天文学家贝利于 1836 年最早对此现象作出科学解释,故以贝利珠命名之。在日全食刚结束时,也就是在"生光"这个瞬间,月轮又刚好与日轮相切,贝利珠又会再次出现。在这两个瞬间天都很暗,可直接用肉眼观测.(2)要注意对色球层、日珥和日冕的观测。日全食时,在被遮掩的光球四周有一圈红色,这就是色球层,从色球层有的地方喷吐着火焰状的日珥。在色球层外围有一白色光芒,扩展到太阳直径几倍远的地方,这就是太阳的高层大气日冕。色球层、日珥和日冕,平时都看不到,也只有在日全食时才清晰可见。(3)要注意对日全食时天空显露的星空背景的观测。此时可以看到平时难得一见的、总是处于太阳附近的水星,顺便再看金星、火星,如用望远镜看土星,还可看到它那美丽的光环。

链接知识:如何计算一次月全食的持续时间

对日食与月食的预报必须包括对日食与月食的持续时间的预报,为此必须做的工作之一就是计算月全食的持续时间。英国天文学家 E.ROY 和 DC.LARKE 在其所著的天文教科书 *ASTRONOMY:Structure of the Universe* 中介绍了这一计算方法,现将其概要编译如下:

作为一次近似,我们不妨假设,地球围绕太阳的轨道和月球围绕地球的轨道是圆的和共面的,分两步计算月全食的持续时间:首先求出地球本影在月球距离上的角半径,然后求出月球移过这个角半径所需的时间。

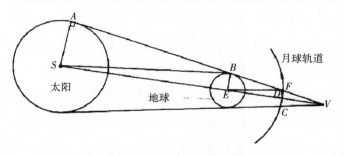

图 3.8.9　地球本影在月球上的角半径 FED

(Ⅰ)令 P 和 P_1 分别是太阳和月球的地平视差(注:天体的地平视差是指当天体处于观测者的地平面时天体对观测者与地心的张角),由此可知:$\angle BFE = P_1$,$\angle BSE = P$。令 S 为太阳的角半径。在图 3.8.9 中,地球阴影锥的顶点 V 位于月球轨道 CF 之外侧,因而这个阴影锥在月球距离上的角半径由 $\angle FED = s$ 来表示。

对 △FEV 来说,$\angle FEV + \angle FVE = \angle BFE$(注:外角等于不相邻二内角之和)

又 $\angle BFE = P_1$ 和 $\angle FEV = \angle FED = s$,

所以,$s = P_1 - \angle FVE$ 或者 $s = P_1 - \angle BVS$　(1)

对 △SBV 来说,$\angle BSV + \angle BVS = \angle ABS$　(2)

因为 $\angle BSV = \angle BSE = $ 太阳的地平视差 P,

又 $\angle ABS = $ 太阳的角半径 S,因此由(2)式得:$P + \angle BVS = S$

在(1)式中代换∠BVS，我们得到：

$$s = P + P_1 - S$$

（Ⅱ）在图 3.8.10 中所看到的是这个本影的圆形截面。当月球中心处于 M 处时，月球开始从 C 处进入这个本影。当月球中心位于 M 处时，月全食就开始，而当它到 K 处时月全食就结束。所以，在全食期间月球中心全部移过的角距 LK = FC − 2S₁，这时 S₁ 是月球的角半径。

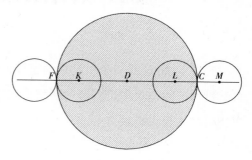

图 3.8.10　月轮与地球相切

由于 FC = 2s，这里 s 由（Ⅰ）步计算得出，所以 LK = 2(P + P₁ − S − S₁)

P、P₁、S、S₁ 的平均值分别为 9″、57′、16′和 16′。如果把它们代入上式，那就得到 LK ≈ 50′。

必须记住的是，当太阳在其视地心轨道上移动时，地球的阴影锥是以相同的速率随地球运动的。所以与此有关的是月球的 29.53 日的会合周期，而不是它的恒星周期。月全食的时间就是月球在这个移动的阴影锥中所经历的时间 T，所以

T =（50/360×60）×29.53×24 小时，即 T = 1.64 小时

我们已经谈到，从地球的一个半球上可以看到月全食。实际上由于地球的自转和月全食的连续性，所以看得见月全食的地方要比地球表面的一半大得多。

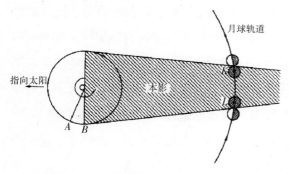

图 3.8.11　地球自转对月全食过程的影响

因此，在图 3.8.11 中，月全食开始（月球在 L 处）时，站在 A 处的人将随着月球前进到 K 而转到 B 处。这个角 AOB 显然由（360／24）×1.64 而得到。因此，赤道的追加率为:(360×1.64)／(24×360) = 1／15。

§3.9 太阳系的起源和演化

三百年来,这是一个引起科学家和哲学家兴趣的问题。对这一问题的研究与自然科学三大基本理论问题——物质结构、生命起源和天体演化有密切关系,是当代科学的重大课题之一。

一、必须解释的观测事实

太阳系起源和演化理论,不是凭空想象就可以建立起来的。任何一种有可能成立的理论必须与观测事实相符。太阳系起源和演化理论必须能解释我们现在太阳系主要的观测事实,包括太阳系的组成及其动力学性质与属于太阳系内的元素和丰度等方面的事实。所以,在介绍太阳系起源和演化理论之前有必要先回顾一下目前所知的太阳系主要的观测事实。

我们业已了解,整个太阳系是由一个炽热的气体球太阳、行星、矮行星、一百多颗已知的卫星、数以万计的小行星、数不清的彗星和流星以及稀薄的星际尘埃所组成的。这些大行星在近似圆的共面的轨道上围绕太阳运动,所有大行星的公转运动都是顺行的。除了金星和天王星之外,这些大行星的自转如同太阳那样也是顺行的,它们赤道平面偏离太阳系的平面不太远。太阳系中比较大的卫星在围绕其自转轴自转和围绕其中心天体的公转方面也都服从这个规律。大多数较小的卫星、大多数小行星、彗星和流星体的公转也都是顺行的,但有些是例外。

行星离太阳的距离和卫星离其行星的距离分布显示出另一种特征。这一点被归结为提丢斯—波德定则。它通常表示为

$$r = 0.4 + 0.3 \times 2^n$$

这里,行星离太阳的距离 r 是 $-\infty$ 、0 、1 、2 、3 等顺序数的函数。如我们给出 n 的这些数值,那么我们就可以求出以下表中的第二栏的值。在第三栏中给出

了行星离太阳的真实距离,这里地球的距离定为一个天文单位。业已看到,除了海王星之外,一致性都是很好的。值得指出的是,当这个定则第一次发表时,小行星带、天王星、海王星都未发现。当天王星在 1781 年被发现时,它与提丢斯—波德定则正好相符。根据提丢斯—波德定则,在火星和木星之间有一个太阳系的空缺区,它引起了一些天文学家的关注,于是对丢失的行星进行寻找。发现小行星带的平均距离与提丢斯—波德定则算得的距离相符很好。

表 3.4   行星离太阳的距离(天文单位)

行　　星	提丢斯—波德定则算出的值	真　　值
水星	0.4	0.39
金星	0.7	0.72
地球	1.0	1.0
火星	1.6	1.52
小行星	2.8	2.8
木星	5.2	5.2
土星	10.2	9.54
天王星	19.6	19.2
海王星	38.8	30.06

现在我们来考虑形成太阳系中的天体的化学元素。在太阳系中最普通的元素是氢和氧。它们大概占太阳质量的 98%,仅氢约占 80.5%。木星、土星和程度上稍差的天王星与海王星在化学成分方面是类似的。相对来说地球的重元素的比例是很高的,硅、氧、铁、镍、钠很丰富,这使人相信,地球的化学成分作为一个整体来说是与小行星和月球的化学成分相类似的。行星火星、金星和水星的化学成分多半类似于地球。

就地球、月亮、太阳和小行星的年龄来说,它们大体上是一致的。研究地壳中岩石的放射性使人想到,最古老的岩石的年龄约为 40 亿年。从月球上得到的岩石样品的年龄约为 45 亿年,所发现的陨石的年龄恰好同样古老。应用太阳结构和演化理论,测量太阳的化学成分和电磁辐射得出形成时间也是在 45 亿年到 50 亿年之间。

太阳系的角动量分布也必须予以考虑。令太阳中的一个质点离太阳中心的距离为 R,速度为 v,质量为 m,那么它的角动量就是 L,这里,

$$L = m\,vR$$

太阳的总角动量通过对太阳中的每一个质点的角动量 L 求和而得到。类似地,太阳系中的行星和别的天体也具有由于它们自转而产生的角动量,但如果是行星,它们另外还具有由它们围绕其中心天体太阳公转而产生了很大的角动量。当这个总和求出来时发现太阳的自转只占太阳系总角动量的 2%,而木星的角动量却占了 60%,其余大部分角动量分配给了土星、天王星和海王星。

太阳系起源的任何一种理论都必须说明所有这些特性。当然,这个问题的早期研究者并不了解所有这些特性。

二、几种不同的太阳系起源理论

1644 年笛卡儿曾设想过一种太阳系起源的旋涡理论。1745 年巴丰想到,一颗彗星斜撞太阳可以拉出足够多物质形成行星,这种斜碰撞不仅使行星置于围绕太阳的轨道上,而且还造成行星的自转和太阳的自转。他认为,行星有可能自转得如此之快,以致它们依次抛出的物质形成卫星系统。在巴丰的时代,许多人推测彗星几乎有太阳那么重。他这种具有前瞻性的思想为张伯伦和摩尔所发展,一颗恒星取代了这颗彗星,一次近距离的相遇取代了这种碰撞的发生。在 20 世纪前半叶,金斯进一步修改了这个理论。后来,这个理论又作出更大的修改。例如,在这两颗恒星近距离相遇时,从这两颗恒星吸出来的潮汐丝由气体所组成,其温度高得使它在宇宙空间中弥散开来而没有形成固体物质。此外,大部分气体落回到原先从中出来的恒星上。

另一条重要的研究线索是直接从笛卡儿的旋涡理论得来的。1755 年康德发表了他的太阳系起源理论,他假定起初宇宙充满了气体。稠密的区域要比稀薄的区域吸引了更多的物质,特别是当它们在其自身引力的作用下进行收缩时,这些区域彼此发生分离。当每个区域或星云收缩时,它就愈来愈快地自转并将角动量保存下来。于是,它将变扁成为一个垂直于它的自转轴的圆盘,并按照康德的说法,它将被撕裂成一些碎块。在这个星云演化为太阳系时,中心最重的一块变为太阳,其余的小块结合成一些行星。

拉普拉斯于 1796 年发表了一种形式不同的星云假说。他设想，当星云盘冷却并收缩时，处于星云盘中心的原始太阳变得不能控制这个星云的外部，此时离心力超过了引力。于是赤道上的气体环离开正在收缩的星云盘。这个过程将不断重复，产生一系列类似的气体环，每个后随的环的半径都比前面的环小。每个环随后都合成行星。事实上，拉普拉斯提出的这种形式的星云假说虽然说明了从太阳系中发现的许多规律性现象，但却包含一些尚未解决的重要问题，其中包括气体趋于分散和太阳应拥有太阳系总动量的绝大部分。它的理论要求这个角动量应比今天在太阳系中发现的总角动量大得多。

为了寻找角动量的出路，灾变说便兴盛起来。随着对银河系结构和恒星情况了解的增加，以及动力学上分析和计算工作的进展，灾变说又遇到更多的困难。于是俘获说便抛弃灾变说而又吸收星云说的成分，取代灾变说而产生。但是，俘获说仍然没有摆脱偶然性因素，也就不得不面临同样的问题。在现代天体物理学发展起来后，特别是由于恒星演化理论的建立以及解决角动量困难的可能性的出现，星云说又回到主导地位。

人们又回到了星云说，但这不是简单的重复。它扬弃了康德、拉普拉斯星云说中不合理的成分，吸收了它正确的东西，并在更高水平上予以发展和完善。这个现代星云说已经不是只有几条简单的设想，而是建立在现代科学基础上的一个假说。它的论证不仅有定性分析，还有定量计算。虽说它还并非无可挑剔，还有争议，但它必将在争议中得到发展，至少到目前为止还没有其他假说可以取代它的主导地位。

三、现代星云说简介

（1）根据太阳和行星组成物质相似、年龄差别不大，可以断定整个太阳系是由同一原始星云演化而成的。观测表明，银河系中有许多低温星际云，它们是含有1%的尘埃的气体云，是恒星形成的主要场所。理论分析表明，只有总质量约为太阳几千倍的大星云才能收缩，出现湍涡流，逐渐瓦解成许多较小的星云。因此，可以认为太阳原始星云就是某个质量约为太阳几千倍的气体——尘埃星云瓦解出来的一个质量较小的星云,由于它在湍涡流中形成,一开始就有自转。比它质量更大的星云快速演化,成为新星或超新星而爆发,抛出重元素,注入太阳原始星云,爆炸激波的压缩作用促使太阳原始星云收缩。所以可以说,太阳系的起源始于一个大而暗的气体—尘埃星云出现不稳定并且开始在它自身的引力作用下坍缩的时刻。这个大星云碎裂成许多较小的星云,其中之一最终形成太阳系。

(2)与周围气体的磁摩擦使这个太阳原始星云失去它的大部分角动量,促使它塌缩到大约是现在的太阳系那么大小。

(3)在太阳原始星云进行收缩的过程中,根据角动量守恒原理,自转就会加快,于是它逐渐变扁,形成星云盘。由于惯性离心力的作用,其外部与中心部分逐渐分离并继续围绕其中心部分转动。其中心部分因收缩增温以致进行热核反应,开始发光发热,形成太阳。而其外部中的质点通过一系列的引力吸积,逐步发展形成行星系。这就解释了行星运动具有同向性和共面性的原因。

(4)行星系的形成直接与太阳的作用有关。离太阳较近部分,氢元素和其他挥发性元素因受到太阳的辐射压力和太阳风的驱逐而跑掉,剩下的主要是硅、氧、镁和铁等较重的元素,因而所形成的四颗类地行星(水星、金星、地球和火星)质量小,密度大。处于星云中部的巨行星(木星和土星)由于温度较低,原有的气体物质得以保留,所以组成物质和太阳一样以氢氦为主,质量大而密度小。更远的行星(天王星、海王星)原来的组成物质较少,质量较小,氢元素易跑掉,氮、氧、碳较多。由于巨行星木星引力大,夺取了处于木星和火星之间区域中较多物质,使这一区域中的物质不形成一颗行星,而只形成一大群为数众多的小行星。

(5)行星离太阳的平均距离有个规律,即提丢斯—波德定则。它表明,行星愈远,间距愈大。这可以用引力作用范围来解释。因为理论可以证明,行星的引力范围与太阳的距离成正相关,行星愈远间距愈大。规则卫星离行星的距离也服从这一规律。

(6)一般地说,卫星系统及其所从属的行星是由同一团物质按照行星系统的形成方式在次一级的规模上重复发生,即卫星系统是由行星胚周围的残余物质集聚而成。

(7)行星和卫星形成后,太阳风吹掉多余的气体与尘埃,形成我们今天所见的太阳系。

四、太阳系今后将如何演化

恒星演化理论告诉我们,50亿年前诞生的太阳作为一颗主序星已经度过了它生命期的一半,现在留下的燃料还能稳定地维持50亿年的核心氢燃烧。这对我们人类来说无疑是一个福音。

但再过50亿年后,太阳中心的氢将全部燃烧完,变为一个氦球。在氦球的温度还没有达到能使氦成为新的核燃料之前,它就无力产生强大的辐射压力。于是在重力的作用下,氦球收缩增温,导致周围壳层的温度上升,引燃壳层的氢燃烧。在太阳内部,氦球因收缩增温,导致氦燃料点火燃烧。此时的太阳,核心燃烧着氦,其外围壳层燃烧着氢,所产生的能量把太阳外层物质往外推。于是太阳的体积膨胀,表面温度下降。当表面温度降至4000度以下时,发出的主要是带红色的光,整个太阳表面又大又红,成为一颗不断膨胀的红巨星。它将吞没水星,然后吞没金星。膨胀着的太阳还将烤沸地球的海洋,毁灭没有逃避到其他行星上去的所有生命,然后再将地球吞没。

再过20亿年,氦燃料全部烧完之后,剩下的由碳和氧组成的核心又会产生收缩,但因其总质量不够,温度达不到产生碳氧核反应的程度,只能停留在围绕碳、氧核心,维持双壳层氢、氦燃烧的阶段。此时的太阳已是风烛残年,离死亡不远了。太阳的最后结局是,其外壳离开太阳的中心部分,形成一个美妙的行星状星云,然后被吹散;而太阳的中心部分则形成一颗白矮星,凄凉地被残存的、烧焦的行星所环绕。再经过若干亿年的冷却,这颗白矮星变为暗淡无光的黑矮星,便默默游荡在茫茫的宇宙中。

恒星演化理论还告诉我们,我们的太阳并不是第一代恒星,它是在50亿年前从上代恒星临终时抛洒的物质所组成的星云演化而来的。所以,太阳临终时抛洒的物质有可能成为下一代恒星的物质来源。说不定,若干亿年后,就在离我们这个已面目全非的太阳不很远的地方,再度形成一个新的太阳,重现一部新的演化史。

第四章　恒星、星云与星系

§4.1 恒星概说

在晴朗的夜晚,我们看到的满天繁星,除了几颗靠反射太阳光而显得明亮的行星之外,其他都是恒星。每一颗恒星都和太阳一样,是巨大、炽热、能发光发热的气体火球,只是由于距离我们太远,看上去只是一个发光的亮点。尽管恒星实际上也在运动,但因其距离太远,它们位置的改变在短时间内不易觉察,以致看上去它们之间的相对位置是固定的。古人受科学水平的限制,一直认为恒星的相对位置是不变的,为了和运动比较明显的行星相区别,把它们称为恒星。

我们人类肉眼可见的恒星总数只有6000多颗,但如用望远镜来观测恒星,情况就大不相同。哪怕只用一架最小的望远镜,也可看到5万颗以上的星,而现代最大的天文望远镜,可看到的星多达10亿颗以上。它们与我们之间的距离差别很大,但我们却分辨不出来,似乎都是一样远近,都镶在天球上。起初,我们对恒星了解很少,但随着对恒星的观测和研究的不断深入,使我们对恒星的了解逐渐由少到多,由浅入深。这里仅就以下几个方面作简要的介绍。

一、恒星的距离

恒星距离我们非常遥远。离我们最近的是太阳,其距离是一个天文单位,约为1.5亿千米。其次是比邻星,它离我们约40万亿千米。其他恒星的距离要远得多。恒星的距离,若用千米表示,数字实在太大,为方便起见,通常采用光年作为单位。1光年是光在一年中走过的距离。真空中的光速是每秒30万千米,乘一年的秒数,得到1光年约等于9.46万亿千米。另一个表示恒星距离的单位叫秒差距,即从恒星上看地球公转轨道半径所张角为1角秒时恒星与地球的距离。秒差距、光年、天文单位和千米的关系可用以下公式换算:

$$1 秒差距 = 206265 天文单位 = 3.259 光年$$

1 光年 =9.46 万亿千米 =63240 天文单位

例如,比邻星的距离换算为光年为 4.2 光年。全天最亮的天狼星的距离为 8.6 光年,织女星的距离为 24.5 光年,牛郎星的距离为 16.1 光年。天蝎星(心宿二)的距离为 136 光年,织女星与牛郎星之间的距离为 16.3 光年,即使双方通一个电话,一方把话传过去以后,要隔 30 多年才能听到对方回话的声音。

那么,如此遥远的恒星距离是如何测量出来的呢?

较近恒星离开我们的距离可以用三角视差方法来测量。

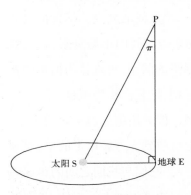

图 4.1.1　恒星的周年视差

如图 4.1.1 所示,当恒星与地球的连线垂直于地球轨道半径时,恒星对日地平均距离 a 所张的角 π 叫恒星的周年视差。周年视差 π 与太阳到恒星距离 r 之间的关系为:$\mathrm{Sin}\,\pi = a/r$,或者说 $r = a/\mathrm{Sin}\,\pi$。所谓用三角视差法测恒星的距离,就是通过拍摄两张相距半年的待测恒星及其背景星的照片,测量出恒星的周年视差 π,然后再代入公式 $r = a/\mathrm{Sin}\,\pi$,即可算得恒星的距离。较远恒星离开我们的距离则可以用测分光视差等方法而求得。

照相术在天文学中的应用使恒星距离的观测方法变得简便,而且精度大大提高。自 20 世纪 20 年代以后,许多天文学家开展这方面的工作,到 20 世纪90 年代初,已有 8000 多颗恒星的距离通过照相方法测定。在 20 世纪 90 年代中期,依靠"依巴谷"卫星进行的空间天体测量获得成功,在大约 3 年的时间里,以非常高的准确度测定了 10 万颗恒星的距离。

二、恒星的亮度和光度

我们通常把肉眼所看到的恒星的明暗程度称为视亮度,或简称为亮度。恒星的亮度通常用视星等来表示。如前所说,古代把最亮的星称为一等星,次之为二等星、三等星……直到肉眼刚能看到的为六等星。一等星亮度是六等星的100

倍。星等相邻的星的亮度之比为 2.51。如一等星亮度是二等星的 2.51 倍,二等星亮度是三等星的 2.51 倍,以此类推。比一等星更亮的为零等星,再亮为负一等星,负二等星……星愈暗,星等数愈大。如牛郎星为 0.8 等星,织女星为0.04 等星,太阳为 – 26.8 等星。

恒星的视亮度与距离有关。倘若有远近不同的恒星,它们的发光本领完全一样,近的一颗看起来就会亮些,远的看起来就会暗些。因此,视亮度不能代表恒星真正的发光本领。恒星真正的发光本领称为光度。为了比较恒星的光度,国际规定,把恒星移到离地球 10 秒差距(32.6 光年)处所具有的视星等,称为绝对星等。设恒星的视星等为 m,绝对星等为 M,实际距离为 r,则三者的关系为:$M = m + 5 - 5\lg r$。知道其中的两个,就很容易求出另一个。这在天体测量中十分有用。

三、恒星的大小、质量和密度

现代测量表明,恒星的大小相差很大,有的恒星的直径比太阳大几百倍,甚至一、二千倍,如天蝎星(心宿二)的直径约为太阳的 600 倍,参宿四的直径约为太阳的 900 倍。但有的恒星的直径却比太阳小得多,只有太阳的几分之一到几百分之一,甚至更小。天狼星伴星的直径约为太阳的

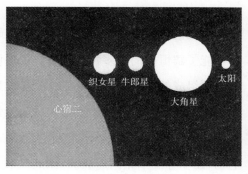

图 4.1.2 太阳与其他恒星的大小比较

1/30,中子星的直径只有10 千米。太阳的大小在恒星中处于中等地位。从图 4.1.2 中,我们可更直观地看出恒星在大小上的悬殊差别。

恒星的质量,除太阳外,只能对双星进行测量。其他恒星的质量都是用间接方法推算出来的。恒星质量愈大,其光度也愈强。如 B 型星的质量约为太阳的 16 倍,A 型星约为太阳的 4 倍,F 型星约为太阳的 1.5 倍,G 型星约等于太阳,K 型星约为太阳的 0.8 倍,M 型星约为太阳的 1/2。可见,恒星的大小虽然差异悬殊,但质量却相差不大,为太阳的百分之几到 120 倍之间,大多数恒星的质量在

0.1～10 个太阳质量之间。

质量是决定恒星性质的基本因素。如质量小于太阳的 0.7%，由收缩产生的温度不足以发生热核反应，不能发光，也就不能成为一颗恒星，只能成为像行星那样不能产生可见光的天体。达到 120 个太阳质量的恒星，在这个转折点上，由于温度过高，中心产生过于激烈的核反应，过强的辐射就会导致爆炸，使恒星解体。

由于恒星的质量差别不大，而体积却相差悬殊，所以其密度就相差极大。有的恒星密度很小，约为水的千分之六。仙王座 VV 星的密度只有地球上空气的 25 万分之一。有的恒星密度很大，如白矮星为 10^5～10^7 克／立方厘米。中子星的密度更大得惊人，达到 10^{14}～10^{15} 克／立方厘米。我们太阳的密度为 1.41 克／立方厘米，在恒星中处于中等地位。

四、恒星的光谱、颜色、表面温度及化学组成

用摄谱仪拍摄恒星的光谱，再进行光谱分析，不但能了解恒星的化学组成，而且能了解恒星的许多物理性质。用摄谱仪拍摄到的太阳光谱是由连续光谱和吸收线组成的吸收光谱。恒星的光谱和太阳一样，也是吸收光谱。但不同的恒星具有不同的光谱，有的红光强，有的蓝光强；有的吸收线多，有的吸收线少。为什么恒星的光谱不相同呢？研究表明，这是由于恒星的温度、压力、密度、化学成分、电场、磁场等互不相同造成的。因此，通过对恒星光谱的研究，可以获得大量有关恒星的知识。

尽管恒星的光谱千差万别，但仍具有一定的规律性。根据对大量恒星光谱的研究，可以把它们划分成 O 型、B 型、A 型、F 型、G 型、K 型、M 型七种主要类型，每一个类型又按温度高低分为 0 至 9 共 10 个次型，其主要特点如下：

（1）O 型星：平均温度在 30000 K 左右（注：这里用 K 表示的是绝对温度）。吸收线具有元素高度电离的特征。这些元素包括氦、氮和氧，也存在着中性氢和中性氦。其典型星是猎户座 τ 。

（2）B 型星：稍低于 O 型星的温度，其范围约在 13000 K 至 20000 K 之间，

它们的颜色是蓝白色的，引人注目的例子是猎户星座中的参宿七。氢线的强度要比 O 型星强，并且从 B_0 型到 B_9 型强度连续的增加。在 B_2 型中中性氦处于最强，当达到 B_7 型时强度才衰减。电离的硅、氧和镁经常可见。

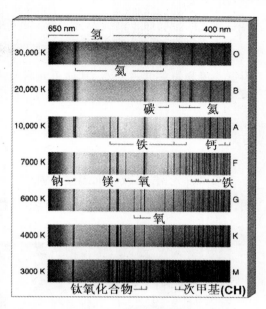

图 4.1.3　恒星的光谱型

（3）A 型星：这些恒星的温度接近 10000 K，典型的恒星有天狼星、织女一和河鼓二。氦线不再存在。同时那些应电离的元素比较弱。在 A_0 型时，氢的巴尔末系最强，它支配了整个光谱。在此整个类型中，钙的 K 线增加了。

（4）F 型星：这是一些温度在 7000 K 至 9000 K 范围内颜色微黄的恒星，南河三是一个典型例子。应有的氢线强度下降遍及整整十个次型，而 K 线却增加了。像铁、钠那样的金属既可以作为中性的原子又可作为电离的原子存其中。

（5）G 型星：这类恒星的颜色是黄色，其平均温度为 5000K 至 6000K。这类恒星中最著名的就是太阳，它属于 G_2 型。整个类型中氢线持续减弱，而金属线则增强。K 线非常强。

（6）K 型星：这类恒星稍有点红，它们的温度为 4000K 量级。大角和毕宿五就属于此类型。氢线衰弱得微不足道，而钙的 H 线、K 线占据了整个光谱。这类恒星的光谱中出现了分子谱线。

（7）M 型星：这类恒星的温度在 3000K 左右，其中比较著名的恒星有心宿二和参宿四。分子带比较强，金属线仍然存在。

综上所述可知，高温的 O、B、A 型星，质量大，发光本领强，呈蓝白色，电离氢、氦谱线较强；温度中等的 F、G 型星，质量和发光本领皆居中，呈黄色，除氢线外还有钙的谱线；K、M 型星，质量小，发光本领弱，呈红色，光谱中主要是一些最容易激发的金属原子谱线及分子带。我们的太阳就是一颗 G 型的黄色星。

研究证明,恒星在化学组成上和太阳差不多,氢元素占的百分比最大,次之为氦。氢和氦一共占 98%,其他重元素共占 2%。

五、恒星的赫罗图

如果以光谱型(或表面温度)为横坐标,以绝对星等(或光度)为纵坐标来作图,每颗星在图上就有相应的一个点。这样的图,首先由赫茨普龙和罗素两人绘

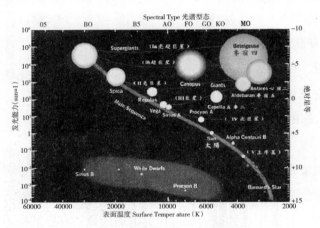

图 4.1.4　恒星光谱——光度图

制,因而称为赫罗图,或称恒星光谱—光度图。由图 4.1.4 可见,绝大多数恒星都分布在左上角至右下角的星带上。这条星带叫做"主星序"。位于主星序上的恒星称为主序星。在图的右上方的光度很大的恒星,称为"巨星"和"超巨星"。在图左下方的光度很小的恒星,称为"白矮星"。

由图可知,我们的太阳位于主星序的中部。温度高的恒星的光度也大,顺着对角线下来,温度低的恒星的光度就小。这个赫罗图在天文学上有非常重要的意义,它不仅能用来说明恒星的演化,而且还可用来测定恒星的距离。

链接知识:奇妙的脉冲星

20 世纪 60 年代天文学有四大发现,它们分别是:1963 年发现的类星体和星际分子、1965 年发现的微波背景辐射、1967 年发现的脉冲星。其中脉冲星是一种具有奇妙性质的特殊天体,尤为引人关注。

自 1932 年发现中子后不久,苏联科学家朗道大胆提出一个设想,认为有可能存在主要是由中子组成的物质,例如由中子组成的星体——中子星。1939 年,奥本海默和沃尔科夫计算出第一个中子星模型。后来,巴德和兹威基提出超密星可以产生毁灭性坍缩使普通恒星爆发成超新星。他们把这种超密星称为中子星,并从理论上提出,它们的半径可能只有 10 千米上下。但由于缺少相应的观测手段,在很长一个阶段里一直找不到中子星。

1967 年英国剑桥大学制成一架射电望远镜,原本是用来观测射电源因太阳风而产生的闪烁现象。天文学家休伊什及其助手女研究生贝尔通过观测发现在狐狸座有一个射电源,每隔 1.33 秒发射一次射电脉冲信号。由于这个新天体的射电脉冲像人的脉搏那样又稳定又均匀,因而将它取名为脉冲星。

脉冲星的最大特点,是它不停地发射着极其规则、十分稳定的射电脉冲信号。脉冲信号的周期在 0.002 秒至 4.3 秒之间。如果普通的恒星处在如此高速自转的状态中早就分崩离析了,那么脉冲星为什么能这样高速自转呢?现在大家比较一致的看法是:脉冲星是年老的、质量在 1.4 至 3.0 太阳质量之间的恒星坍缩后形成的。当坍缩发生时,压力变得十分巨大,以至于使基本粒子挤进同一空间聚合起来。电子与质子结合后,所带的电荷中和了,变为密度极大的中子星。因此,脉冲星与那些直径 25 千米左右、典型质量为太阳质量 2 倍的中子星是完全同义的。正因为脉冲星就是朗道早已预言过的密度惊人的中子星,所以它的自引力极强,就不致因高速自转而瓦解。

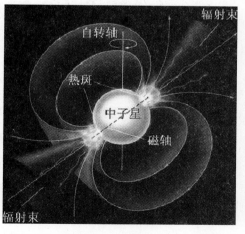

图 4.1.5 说明脉冲星辐射机制的灯塔模型

计算表明,一颗具有一般磁场(100 高斯)的恒星,在它坍缩成只有 10 千米大小的中子星时,半径缩小 10 万倍,磁场就要增强万亿倍,表面磁场强度将达万亿高斯。这样强的偶极磁场在高速自转时,就要沿着磁轴向相反的两个方向发出极强的射电波束。如图 4.1.5 所示,通常中子星的磁轴与自转轴并不重合,而是有一个交角。因此，当中子星高速自转时，射电波束就不断围绕自转轴扫射。如果中子星的磁轴恰好朝向地球，那么随着中子星的高速自转，它所发出的射电波束就会像一座旋转的灯塔发出的闪光那样一次次扫过地球，于是就形成被观测到的射电脉冲。

因为提供辐射能量的就是自转能，随着自转能的损失，自转速度就要减慢。1968 年 10 月至 1969 年 2 月，测得蟹状星云脉冲星的自转果真在减慢，而且减慢的变化率同脉冲星辐射能量所损失的自转能的计算结果一致。由此，还推算出这颗脉冲星应在约 1000 年前形成。那么按照脉冲星就是中子星、而中子星是由超新星爆发形成的理论，约在 1000 年前应有过一次超新星爆发。经查对我国史书，在宋朝至和元年，也就是 950 年前就在十分靠近蟹状星云的地方发生过一次超新星爆发。于是，脉冲星就是高速自转的中子星这一论断得到了证明。

§4.2 恒星的一生

当我们观看天穹上的恒星时，我们会得到恒星很少变化的印象。确实，我们今天所看到的星空与我们的古人在 5000 年前所看到的并无明显区别。但是，恒星在变化。它们就像人类那样，有它们的诞生、成长和死亡。与我们人类的几百万年历史相比，恒星的寿命太漫长了，所以我们只是偶尔看到恒星在我们眼前变化。然而，天文学家却能通过辨认处于不同时期的恒星推断恒星一生的经历。

设想有一个火星人来到地球上，只在一群买东西的人中间停留片刻，所以看不出有什么人在他面前变老，但他看到了许多处于不同时期的人：婴儿、老人、中年人、妇女。根据这些情况，火星人可以推断出人们是如何诞生、成长和最终进入他们生命的终点的。

类似地，天文学家能够辨认出正在诞生的恒星、处于中年的恒星和垂死的恒星。那么，天文学家是如何知道一颗恒星正处于它一生的哪个时期的呢？这个问题的答案来用物理定律详述恒星一生的理论。这个"恒星演化"理论是 20 世纪自然科学的伟大成就之一。

一、恒星的诞生

恒星是从弥漫在整个宇宙中的稀薄气体中诞生的。这种气体主要是由氢原子所组成,此外还含有少量的氦。在有些地方,这种气体一块儿聚集在十分浓厚的星际气体云之中。根据引力理论,这种气体云自身的引力会把气体云往自身内部拉,把它压缩得具有更高的密度。气体云的中心应是最浓密的区域。天文学家料想到,在那里有些气体凝缩为单独的一个个"气团"。每个气团都依靠它的引力保持在一起。当气体被压缩时,它就变得更热,以致在每个气团的中心处温度上升到 1000 万 K,热得足以进行恒星的热核反应。这种核反应把氢聚变为氦并产生出巨大的能量。其结果使气团开始发光:一颗恒星就诞生了。

遗憾的是普通望远镜不能真切地向我们展示恒星在星际气体中的诞生。原因在于那些与气体一起分布在宇宙空间中像烟灰微粒大小的尘埃微粒。在尘埃比较集中的浓厚的气体云中,尘埃微粒吸收通过气体云的光。其结果是,我们能在遥远的恒星背景上看到如一个暗斑似的星云。最著名的暗星云就是烟袋星云,它在南半球用肉眼就看得见。尘埃也妨碍我们看出在诞生恒星的暗星云中正在发生什么事情。

而今天文学家已经解决了这个问题。他们制成了能辨认红外辐射的望远镜,用以代替光学望远镜。在宇宙空间中,尘埃微粒并不吸收红外辐射,所以红外望远镜能辨认出来自浓厚气体云中的红外辐射,可以"看到"恒星在那里诞生。在红外望远镜中,最有成效的是安装在 1983 年射入轨道的一颗人造卫星上的那架红外天文望远镜,发现数以千计的年轻的恒星隐藏在星云深处。

天文学家发现,气团以其独特的方式瓦解。气团的中心部分很快地往里收缩,而其外部则以较慢的速度随之收缩。气团也在缓慢地自转,但随着气团外部往里收缩,它如同慢速旋转的滑冰者将手臂收拢时开始加快旋转。其结果是,这个内部迅速旋转的气团形成一个圆盘,在其中心处气体被压缩得足以通过核反应而形成恒星。分布在这个圆盘中心之外的气体和尘埃最终形成一系列环绕新生恒星的行星。

一旦恒星发光,它就会产生一股强烈的热气体"风",沿着不同的方向从圆盘的上下左右向外涌流,远离那些从观察者看来是隐藏着恒星的大部分原始气体云。于是,我们就能用一架普通望远镜看到这些年轻的恒星。它们照亮了来自原始星云的各块气体,使它们像一个亮星云那样发光。每个围绕着年轻恒星的星云在天穹上都形成美妙的图形。最著名的是猎户座星云,冬季时在欧洲可以用肉眼看到它,就像一个模糊的斑痕处于巨大的猎户星座的星带之下。当一颗恒星诞生时,它成为一个主要由氢组成的炽热的气体球。它之所以发光是因为在其中心处进行着把氢聚变为氦的核反应。从这个意义上说,所有的新生恒星是相同的。

二、恒星一生的主要时期:主序星阶段

从恒星内核中的氢点火燃烧到全部变成氦的整个过程,恒星都处在赫罗图的主星序上。主序星的能源主要来自恒星核中的氢聚变。由于恒星中氢的含量很大,并且氢聚变为氦的反应比较平缓,所以恒星在主星序上可以停留很长时间。事实上,主序星阶段正是恒星一生中最长的一个阶段。这就是为什么在各类恒星中主序星占了大多数的原因。标志一颗恒星的最重要的东西是它的质量,即它所包含的物质数量。一颗恒星的质量在它诞生时就被确定,它决定着恒星的寿命和最终结局。

我们的太阳是一颗十分典型的恒星,现在正处于中年,所以它成为测量别的恒星的一把方便的尺子。例如,一颗恒星重20000亿亿亿吨,我们也可以把它说成有 10 个太阳那样重。按照这个标准,新生的恒星包括一个很宽的范围:从 0.07 个太阳重量到 100 个太阳重量。

在最重的恒星中,核反应进行得最快,因为它的核心最重、压缩得最紧密。较重的恒星就是较亮的恒星,具有较热的表面。我们可以把这些恒星依照一个明确的次序进行排列。大多数恒星属于主序星这种类型。其末端是比太阳轻的恒星,表面温度只有 3000 K。处于主星序顶端的是重恒星,发光有 10 个太阳那样亮,表面温度为 30000 K 或 30000 K 以上。一颗恒星在把氢聚变为氦的过程中度过

它一生的绝大部分时间。因此,主序星阶段确实是恒星的主要时期。恒星的一生在很大的程度上取决于它有多重。重的恒星消耗核材料快,不多久就耗尽它的氢燃料。轻的恒星尽管它提供的核材料较少,但它消耗得很缓慢,反而能生存更长时间。

恒星的寿命对我们来说是太长了,所以为了便于比较,我们可以再次把太阳作为参照物。根据理论推测,太阳作为一颗主序星总共要经历 100 亿年时间。最重的恒星的寿命为这个时间的千分之一。那些很轻的恒星的寿命大概至少要比太阳长 100 倍。

三、恒星的晚年和结局

一旦恒星内核中的氢全部聚变成氦,这个内核就成为一个氦球。在氦球的温度还没有达到能使氦成为新的核燃料之前,它就无力产生强大的辐射压力。于是在引力的作用下,氦球收缩增温,导致周围壳层的温度上升,引燃壳层的氢燃烧。在恒星内部,氦球因收缩增温,导致氦燃料点火燃烧。此时的恒星,核心燃烧着氦,其外围壳层燃烧着氢,所产生的能量把恒星外层物质往外推。于是恒星的体积膨胀,表面温度下降。当表面温度降至 4000 K 以下时,发出的主要是带红色的光,整个恒星表面又大又红,成为一颗不断膨胀的红巨星。如果我们可以把整个红巨星切开,那么我们就会发现,它有一个很小很密的核和一个很大的稀薄气体外壳。

与主序星相比,红巨星是不寻常的,因为它们非常巨大,所以它们看起来很明亮,并在我们的视野里显得很引人注目。最著名的是猎户座中的参宿四;另一个是天蝎座中的大火,其希腊名称的意思是"火星的竞争者",因为它具有灿烂的红色。所有恒星都会变成红巨星,但不同质量的恒星在红巨星阶段的演化过程与最终结局却有所不同。

质量较小的恒星变成红巨星后,不久便难以维持它的巨大的外壳,会变得不稳定起来。氦燃料全部烧完之后,剩下的由碳和氧组成的核心又会产生收缩,但因其总质量不够,温度达不到产生碳氧核反应的程度,只能停留在围绕碳、氧核心,维持双壳层氢、氦燃烧的阶段。最后结局是,其外壳离开恒星中心部分,而中心部分则形成一颗白矮星,凄凉地被残存的、烧焦的行星所环绕。再经过若干亿年的冷却,这颗白矮星变为暗淡无光的黑矮星,便默默游荡在茫茫的宇宙中。外壳的气体最终进入宇宙空间。这些气体在完全消失之前形成一个环绕垂死恒星的气泡,其情景犹如一个在宇宙中发光的烟环。天文学家把这种气泡叫做"行星状星云",因为当你用一架小望远镜观察时,它们看起来很像一颗行星。

在这种恒星的外壳消失之后,我们能看到一个很小很热的核。其直径只有太阳的百分之一,与地球差不多大,它热得发白光。天文学家把它叫做"白矮星"。因为白矮星非常小,呈现为天穹上一种相当暗淡的天体,因而很难发现。虽然白矮星的体积与地球差不多大,只有太阳体积的百万分之一,但是它们的质量却与太阳差不多,因此其密度为太阳的 100 万倍。

当白矮星成为另一颗恒星的伴星时,天文学家在追踪白矮星方面是相当成功的。首先发现的是大犬座 α 的伴星,大犬座 α 是全天最亮的星,因为它就是众所周知的"天狼星",所以它的小伴星通常被称为"酒店"。一颗白矮星产生任何一种能量的时间都比较短。它发光仅仅是因为它开始形成时是如此之热。随着时间的推移,它逐渐冷下来,褪为黄色、橘黄色和红色,直至像一团火苗将要熄灭的烟灰那样,从视野中逐渐全部消失。

正如 1987 年天文学家在南半球所看到的那样,大质量恒星具有一种非常戏剧性的结局。一颗以前只有用强威力望远镜才看得见的恒星突然爆发,所发出的光亮得用肉眼就很容易看到。这颗恒星变为一颗超新星而死亡。

一颗大质量恒星在度过了它的主序星阶段之后,会变成一颗红巨星并开始往一颗超新星发展。一颗大质量恒星用完它核心中的氢之后,先是膨胀成为核心完全是氦的红巨星。但这并非是这个故事的结局。在这样一颗重恒星里面,温度和压力持续上升,直至氦元素聚变为碳元素。这种核反应产生格外多的能量以维持恒星发光。随着温度和压力的增加,致使碳变为更重的元素,如氖、硅,直到聚变成最稳定的铁为止。在这一点上,恒星的核好像一个洋葱头,从里到外具有铁、硅、氖、氦和氢的同心圈层。铁是非常稳定的元素。如果你企图继续溶化铁核,那么这个反应并不产生能量,实际是带走能量。所以,恒星的中心这时是不稳定的。

在不过几秒钟内,它完全坍塌。由核坍塌产生的巨大能量在超新星爆发时摧毁了这颗恒星。

那么,一颗超新星的核坍塌将会发生怎样的情况呢?在本世纪30年代,两位在美国工作的天文学家佛里茨·兹维基和沃尔特·贝特猜想到,它会收缩成一个比白矮星还小的球体,完全由比原子还小的、叫做中子的粒子所组成。数十年来,这一直是一种理论上的设想。直到1967年秋季的一天,坎布里奇的两位天文学家托尼·休伊特和乔斯林·贝尔获得了来自天空的有规律的信号。他们打消了可能是"小绿人"企图与地球取得联系的想法,转而现实地认为,他们发现了宇宙中某种天然的光时灯。这种光时灯射出来的光束如同一只旋转灯所发出的闪光。坎布里奇的天文学家认出来的这种信号来自一个每秒自转一圈、发射着一束束射电波的宇宙光时灯。根据我们现有知识,只有一种恒星能小得足以如此迅速地旋转,这就是中子星。

现在,天文学家已找到几千颗旋转着的中子星(也就是所谓的脉冲星,因为它们有规律地发射射电波"脉冲"),前面提到过位于蟹状星云的中子星就是其中之一。一颗中子星的直径只有25千米,其中的物质紧紧地挤压在一起,以至于从中子星里取一块针头那么大的物质就会有100万吨质量。它的引力是如此之强,足以使企图在中子星上着陆的宇航员被压扁,摊开成只有一个原子那么薄的一层。

白矮星和中子星可能看起来已极其异乎寻常,但理论却预言会有一种更奇异的"恒星死尸":即黑洞。如果一颗超新星坍塌而成的核太重(比三个太阳还重),那么它就不能以中子星作为结局。它自身的引力是如此之强,以致它的核继续坍塌,直至成为一个没有大小却密度极大的、数学上的点。围绕这个点有一个直径只有几千米的区域,这里引力强得使任何东西、甚至于连光都不能逃逸出去,这就是黑洞。它之所以"黑",是因为这里连光也不能逃逸出去,即使你企图照亮它,这个黑洞也会吞咽来自你的火炬的光束。它之所以是一个"洞",是因为你投入任何东西都再也出不来了,即使你将它紧紧捆在一个强大的正在发动的火箭上也是如此。

天文学家在20世纪30年代同时预言了中子星和黑洞,但只是在前些年天文学家才发现黑洞的某些证据。在天鹅座有一个强大的 X 射线射电源，叫做天鹅 X-1。天文学家在天穹的这一点上发现有一颗恒星。这颗恒星本身很平常，并不能产生 X 射线。但问题并不在于这颗恒星本身。它在围绕一颗用普通望远镜看不见的伴星摆动。通过仔细观察这颗可见的恒星，天文学家发现，它那颗看不见的伴星正起着一颗有 10 个太阳重量的天体的吸引作用。对中子星来说，这个天体是太重了，所以唯一的可能是，它就是一个黑洞。

超新星的爆发并不象征着死亡和毁灭。由于超新星的爆发，把气体驱散到宇宙空间中去，再凝聚成星云。引力可以在这里起作用，使气体星云收缩并凝聚成为一颗恒星。所以一颗恒星就像一只长生鸟，一颗成为超新星的恒星的死亡，可以促使新一代恒星的诞生。

中小质量的恒星死亡时成为一个行星状星云。而超新星的爆发则把新元素播撒到宇宙中去。诸如碳、铁、金以及铀和别的放射性元素之类的新元素是在恒星生存时期或是垂死挣扎时增添的。所以，这些新生恒星将包含较少的氢和较多的新增元素。

现在天文学家确信，当宇宙在大爆炸中开始时，这些气体几乎全是氢和氦。垂死的恒星形成所有别的元素，包括形成地球的硅、氧、铁和构成我们身体的碳及其他元素。所以，我们应把我们不寻常的存在归功于过去若干代恒星的产生与死亡。

§ 4.3 星云

用肉眼或用望远镜看星空，可以看到一些相对于恒星背景保持着固定位置的、朦胧发亮的光斑或暗斑，一般把它们称为星云。通过研究发现，有些所谓星云实际上是处于银河系之外的星系，例如著名的仙女座大星云就是比我们银河系更大的河外星系。这里只讨论处于银河系之内的星云——银河星云。银河星云，也称作河内星云，简称星云。星云是由存在于银河系内星际空间中的气体和尘埃所组成的云雾状天体,其形态不一,发光情况也不同,是天文爱好者最喜欢观赏和拍摄的天体之一。星云按其形态不同分为弥漫星云、行星状星云和超新星遗迹。

一、弥漫星云

弥漫星云的形状很不规则,常常没有明显的边界。其质量相差很大,大的超过几千个太阳质量,小的只有太阳的几分之一。它们在银河系中的分布也不均匀,但都在银道面附近。弥漫星云按其发光性质可分为发射星云、反射星云和暗星云三类。其中发射星云与反射星云都是亮星云。现在,我们依次对它们予以介绍。

1.发射星云

所谓发射星云是指光谱具有明亮的发射线的星云。这些星云经常与炽热的、具有 B_1 型光谱或更早一些光谱型的恒星联系在一起,恒星发射的紫外光线电离了星云中的氢原子。除氢外,其他的元素,例如氦、氧和氮也可能存在。单个 O 型星能将半径为 100 秒差距左右的范围内的所有氢电离,B_0 型恒星电离效应的半径达 25 秒差距,这个球半径(称作斯特龙根球,是在丹麦天文学家斯特龙研究了它们的性质后命名的)依赖于星云的密度,这种星云和呈现的恒星光谱一样,在它的光谱中也出现了发射线。

图 4.3.1　猎户大星云

猎户座大星云是已知发射星云中最好的一个例子(参看图 4.3.1)。对猎户星座腰间处的恒星周围区域进行长时期的曝光,得到的照片上显示出浅绿色的星云状物质,在天空中足足延伸了 1°。这个星云本身能够分解成一群非常热的 O 型恒星群。所以它的光谱是一个含有氢、电离氦、氧和其他元素的发射光谱。

图 4.3.2　昴星团，显示出存在反射星云的物质状态

2.反射星云

反射星云与发射星云同属亮星云，但发光机制不同，光谱不同。发射星云是受激发光，反射星云则仅仅是简单地反射和散射近旁照亮星的光而变得明亮可见，由此而得名反射星云。观测表明，反射星云的光谱都晚于 B_1 型，而发射星云都早于 B_1 型。反射星云所展现的光谱是由暗线交织成的连续光谱。如图4.3.2所示，金牛座昴星团的照片显示出在这群恒星中最明亮的六个恒星周围展现出反射星云物质。

星云中散射的原因可以推断出来。原子散射可以不予考虑，因为在这些星云中为了产生有效的散射，需要非常高的气体云密度，又因为反射星云的颜色和它的恒星是如此相似，这就表明散射并非由产生强散射波段类型的分子所造成。因此，引起这种可被观测的散射的粒子必然比分子大，这种粒子一般称作尘埃。甚至尘埃粒子的成分和形状也可以推断出来。因为包含它们的星云具有高反照率，而在宇宙中氢又是最丰富的元素，所以可以认为这些粒子可能是由氢的固态化合物所组成。关于偏振的研究进一步表明，尘埃微粒的形状是不规则的。它们因受到微弱的星际磁场作用而被拉长并呈现出线状排列。

3.暗星云

众所周知，星际物质吸收光，会使恒星显得比按照它们实际距离的亮度要暗一些。但是，在某些方向上，这种吸收是如此的强烈，以至把恒星发出的光完全消除了。因此，在这个

图 4.3.3　猎户星座中的马头星云

特殊的方向上几乎看不到什么恒星。这些厚厚的尘埃气体云就是暗星云。另外，如果在尘埃气体云的附近不存在足够明亮的恒星，那么这样的星云也将是暗的。猎户星座中的马头星云（参看图 4.3.3）、天鹅星座中的北美星云和盾牌星座中的 M16 都是暗星云的例子。

已经提到，某些亮星云有的部分看上去被暗星云所遮蔽。对处于这种情况下的暗星云作进一步观察，发现具有强烈吸收能力的物质经常是以角直径很小的暗球形式出现。许多天文学家已经提出，这些球状体代表恒星形成前物质坍缩的初始状态。按照他们提出的设想，这种球状体是在来自各个方向的电磁辐射的压缩作用下由气体与尘埃物质收缩形成的。在某个阶段以后，重力变得重要了，因而球状体开始坍缩，温度不断增加，然后开始进行使它发光成为恒星所需要的核反应。相对于恒星整个一生来说，尘埃气体云坍缩的时间是非常短促的。也许短到足以在数年中通过照相记录的方法看到它的变化。已有报道显示，有一种被称作赫比格—阿罗天体的星云状天体，它们的形状在几年时间内就发生了变化，变得更加趋于球形了，也许它们是最早被观测到的恒星诞生的证据。

在这方面，值得一提的是，已经发现猎户座 FU 星在很短的时间内经历了显著的变化，这颗恒星是在离猎户座星云很近的地方发现的。在 1936 年，当它第一次被拍摄下来时，它是一颗非常暗淡的恒星，约为 16 等星，不到 1 年它的亮度增加到 10 等星。自此之后，这颗恒星稳定地保持着它的亮度。根据林忠四郎的理论工作，可以预计，恒星在引力坍缩开始时速度是非常缓慢的，但是在最后阶段会引人注目地加速起来。因此猎户座 FU 有可能是一颗已经观测到的经历了重力坍缩最后阶段的恒星。现在天文学家对于猎户座星云和其他星云中的类似事件，正予以密切的关注。

二、行星状星云

这种星云在望远镜中呈现为中心有亮点而四周有一个圆环状气壳外形的天体，类似于行星与其大气，所以称为行星状星云。这类天体的名字常会使人产生很大的误解，因为行星状星云与行星没有关系，事实上也与太阳系无关。

图 4.3.4　在天琴座中的行星状星云

在行星状星云中心都有一颗很热的恒星，称为星云的核，环状外壳通常是一个透明发光物质构成的球或椭球。但也有一些行星状星云显示出复杂的结构，那儿的壳可能不是严格的球形，而是一系列的壳。中心恒星一般具有 O 型光谱。气体星云壳光谱呈现有氢和氦的发射线以及二次电离氧的禁线。图 4.3.4 是一个行星状星云的例子。

某些较近的行星状星云可以进行三角视差的测量，然后由它们的角直径测定物质壳的直径了，其典型值的量级为 2000 天文单位。但是对于大部分行星状星云，它们的距离是难以测量的。已知的中心恒星的绝对星等一般并不足以使距离模数由视星等精确地计算出来。其他测定距离的方法涉及视差、角直径，角膨胀和视向速度。例如，行星状星云的距离可以通过对角膨胀（由间隔许多年的照片得到）和视向膨胀（由分光测量得到）的比较来得到。

对由气体壳发射的光线照相得到的多普勒谱线位移的测量表明，在某些行星状星云中存在着不规则运动。分光测量表明，大多数行星状星云在向外膨胀，膨胀速度为 10 至 50 千米 / 秒。由于膨胀，外壳密度很快减少，以至于消失不见。由此推论，行星状星云的寿命不过一万年左右。正如恒星演化理论所说，行星状星云实际上是中小质量的恒星演化到晚期所形成的星云，其中心很热的恒星就是白矮星。银河系中多数恒星很可能通过行星状星云这个阶段而走向死亡。所以说，行星状星云应是一种普遍存在的天体，但目前已经知道的行星状星云大约只有 1000 个，估计大部分因为过于暗淡或被暗物质遮挡而看不到。

三、超新星遗迹

在天空中存在着某种非常惊人的星云，它们被认为是由超新星爆发抛出的物质所形成的。最著名的是蟹状星云,它是由我们中国人在公元 1054 年亲眼看见的一颗超新星爆发的结果。其向外蔓延着的云状物质是明亮的,像溅起的水花那样缠结在一起,形成一种复杂的发射光谱(参看图 4.3.5)。来自蟹状星云的其他辐射是由于电子在星云的旋涡状磁盘中作螺旋式的运动所产生。这样的辐射称为同步加速辐射。

这类星云的另外一个著名的星云是幕状星云,在天鹅星座中(参看图4.3.6)可以看到,也被称作天鹅圈。它也是正在膨胀、在无线电波段发射同步辐射的星云,而且它也被认为是一个古代超新星爆发遗迹。

图4.3.5 通过滤色镜拍摄蟹状星云的照片 　图 4.3.6 幕状星云

银河系内有历史记载和被确认的超新星爆发次数只有 7 次。第谷和开普勒分别在 1572 年和 1604 年观测到过超新星爆发。当代人目睹到的一次超新星爆发发生在 1987 年。由于是 1987 年发现的第一颗超新星爆发,故称为1987A。它出现在离我们银河系最近的星系——大麦哲伦星云内。这颗星一开始爆发就被发现了。于是天文学家密切地观测了它的全过程。如今,它形成了两个"呼啦圈"。令人惊叹的是,才过了 20 多年,一颗恒星就为我们绘出了一幅如此壮丽的晚年演化图。

综上所述可知,弥漫星云是产生恒星的地方,而行星状星云和超新星遗迹则是恒星临终爆发后的产物,随后又会形成新的星云,再产生下一代恒星。换言之,星云既是恒星的产房,又是恒星的坟墓。恒星与星云在一定条件下相互转化,不断地进行着生与死的轮回。

链接知识：星际有机分子的发现

在天文学中，常把存在于星际空间中的无机分子与有机分子通称为星际分子，其中多数是有机分子。星际有机分子的发现对探索宇宙生命具有重大而深远的意义，因而被列为 20 世纪 60 年代天文学四大发现之一。

起初，天文学家也认为星际空间是一片真空，后来逐渐发现，在星际空间中存在着各种微小的星际尘埃和稀薄的星际气体。1937 年，天文学家用光学天文望远镜从星际空间中观测到了甲基（CH）、氰（CN）、次甲基离子（CH）的吸收光谱。1957 年，美国物理学家汤斯指出了在星际空间可能存在的 17 种星际分子，并提出探测到它们的方法。1963 年，天文学家首次用射电天文方法在仙后座发现羟基（OH）分子，1968 年在银河系中心区探测到了氨（NH_3）和水，1969 年发现了甲醛（HCHO）。到 20 世纪 80 年代，陆续发现 64 种星际分子，其中 46 种是由碳、氢、氧、氮组成的有机分子，18 种是由硫、硅等组成的无机分子。到 1991 年，科学家已经陆续发现了超过 100 种星际分子，其中多数也是有机分子。

我们知道，构成生命的基础—蛋白质的主要成分是氨基酸。它是一种有机分子。尽管人们目前还没有在星际空间中直接观测到氨基酸，但是科学家在地面实验室里用氢、水、氧、甲烷及甲醛等有机物，模拟太空的自然条件，已合成几种氨基酸。而在已发现的星际有机分子中，有很多正是氨基酸的组成部分。由于星际空间中广泛存在着有机分子，这意味着宇宙中广泛存在着生命的组成物质，只要有适当的环境，它们就有可能转变为氨基酸，进一步发展成为有机生命，既可以成为地球生命的来源，又可以成为地外生命的来源。

由于星际有机分子的发现不仅为探索地外生命和地外文明提供了有利的依据，而且还引发了对地球生命起源不同模式的研讨，所以它的发现就成为20 世纪 60 年代轰动天文学界的一件大事，并对研究宇宙生命产生深远影响。

§4.4 银河系

一、什么是银河系?

要回答这一问题,首先要了解一下什么是银河,什么是星系。原始人就曾意识到,在寒冷、晴朗的夜晚,天空被一条光带分成两部分,这条轻雾似的光带的亮度沿着它的延伸方向有所变化。它横贯天空,并在天空旋转时使它的位置固定于熟识的星座之间。这条光带被称为银河,又名"天河"。从一条地理纬度带观察整个天空中足够宽的部分得知,银河呈现为一个巨大的整圆。用望远镜观测银河,银河被分解成许多弱星和发亮的星云,银河就是这些弱星和发亮的星云的光所形成的光带。所谓星系是指由几十亿至几千亿颗恒星和星际物质构成的庞大天体系统。所谓银河系是指我们太阳系所在的星系,而银河就是银河系主体在天球上的投影,银河系也由此而得名。

二、银河系的结构

对银河系的观测和研究表明,银河系是一个由包括太阳在内的众多恒星、星团、星际气体和尘埃聚集而成的旋涡星系。肉眼所见的天体,除仙女座大星云和大小麦哲伦星云这三个河外天体外,都是银河系中的天体。银河系的恒星估计有数千亿颗,肉眼所见的只有 6000 多颗。银河系

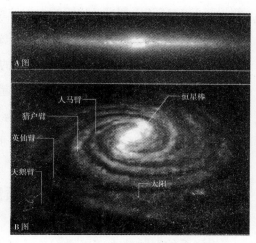

图 4.4.1 银河系的结构示意图

的物质密集区域是一个外形呈扁平、中间稍凸的圆盘。从侧面看,它的外貌像一个中间突起的透镜或体育运动用的铁饼,如图 4.4.1 所示。它由核球、银盘、旋臂、银晕和银冕几个部分所组成。圆盘中心隆起的部分称为银核,外围称为银盘。过去曾经认为银核呈扁球状,通过进一步研究,发现它呈棒状。银盘比银核薄。银心位于银核的中心,位置在人马座方向,银经为 325 度,是强射电、X 射线和红外辐射源。

银盘是银河系的主要组成部分。它中间厚,外面薄。银盘的中心平面叫银道面。太阳附近银盘厚度约为 1000 秒差距。太阳并不正好在银道面上,但离银道面不远,在离银道面以北 8 秒差距的地方。太阳离银心的距离约为 8500 秒差距。由于太阳在银盘内,所以沿银盘平面向各个方向看去,恒星比较密集,形成了天球上的银河形象。

由于太阳不在银河系的中心,而是靠近边缘,所以向银心人马座方向看去,恒星最为密集,银河在人马座那一段显得最亮。反之,朝背向银心方向御夫座看去,就比较黯淡。无论是按顺时针方向或是按逆时针方向,从人马座转向御夫座观测银河,所计数到的恒星是由多变少,反之则由少到多。银河从半人马座到天鹅座的一段分叉成两支,被黑暗的裂缝所隔开,这是由于在太阳邻近的这个方向上有较大的暗星云把后面的星光挡住所造成。

作为旋涡星系,银河系有四条旋臂从银核中伸展出来。它们分别为人马臂、英仙臂、猎户臂和天鹅臂。我们的太阳位于猎户座的内边缘。如果我们从银盘上方俯视银河系,那么所看到的就不像一只铁饼而是像一只海星。

在核球和银盘外面是一个近于球状的物质密度比较稀疏的区域,称为银晕。属于银晕的天体有天琴 RR 型变星、球状星团、某些巨星或矮星。银晕中的星际物质也比银盘中的少得多。银晕的直径约为 3 万秒差距。处在银晕之外的银冕是一个巨大的大致成球形的射电辐射区,它至少延伸到离银心 10 万秒差距的地方。

三、银河系的运动和银河系的质量

银河系的形状使人猜想到 , 它正如土星环环绕土星或行星环绕太阳那样,在围绕银核自转。银河系的自转究竟是每颗星都按照开普勒定律在环绕银核的轨道上运转,还是整个银河系都像一个刚体那样自转? 这只有通过观测才能确定。观测表明,银河系的自转在银心附近接近刚体旋转,距离远些的地方是较差自转。在离银心相当远的地方,自转速度没有明显下降,说明在太阳轨道之外存在着大量的物质。

现已测定,太阳绕银心旋转的速度为每秒220千米。所以,太阳绕银心公转的周期约为2.25亿年。由于地球年龄令至少已有46亿年,这使人猜想到,太阳绕银河系公转已转过20多圈。这个公转周期有时作为一个宇宙年而被提到。太阳除了绕银心公转外,还以每秒211千米的速度朝武仙座方向飞驰。而我们的银河系整体除了作较差自转外,还以每秒211千米的速度朝麒麟座飞驰。

假设恒星环绕银河系中心的运动遵循开普勒定律,那么我们现在就可以对银河系质量进行一种粗略的计算。只要具有中学数学物理知识,就不难理解以下推算过程。作为一次近似,暂且假设处于太阳绕银心的运动轨道之外的质量可以忽略不计,银河系质量为 M,可以作为一个位于银心上的点质量起作用。令太阳的质量为 $M_\odot$,它离银心的距离为 r,它的速度为每秒 V 公里。还有,太阳绕银河系公转的恒星周期为 T,由牛顿修正的开普勒第三定律得知

$$4\pi^2 r^3 / T^2 = G(M + M_\odot)$$

但我们也知道,如果 $T_{(+)}$ 和 a 是地球绕太阳公转的恒星周期和地球轨道的半长轴,那么我们可以写成

$$4\pi^2 a^3 / T^2_{(+)} = G(M_\odot + M_{(+)})$$

这里 $M_{(+)}$ 是地球的质量。用以上两式相除以,并考虑到 $M \gg M_\odot$ 和 $M_\odot \gg M_{(+)}$,我们得到

$$M/M_\odot = (r/a)^3 (T_{(+)}/T)^2$$

既然 $T = 2\pi r/V$,那么 $M/M_\odot = T^2_{(+)} r V^2 / a^3 4\pi^2$

如果距离用天文单位量度,并且时间用年量度,那么 $T = a = 1$,于是上式简化为

$$M/M_\odot = rV^2 / 4\pi^2$$

既然 r = 8500 秒差距 = 8500 × 206265 天文单位,并且

$$V = 220 \text{ 千米/秒} = (220/149.6 \times 106) \times 31.56 \times 106 \text{ 天文单位/秒}$$

所以,把 r 和 V 的值代入后就得到

$$M/M_\odot = 10^{11}$$

由此可见,在太阳运动轨道内部的银河系质量约为一千亿个太阳质量。

过去很长一段时期,人们一直低估太阳轨道之外的银河系质量,认为可忽略不计,所以不少人误认为银河系的质量必在一千亿个太阳质量这个量级。其实,太阳轨道之外的银河系质量不但不比太阳轨道之内的银河系质量小,而是要大得多,所以根本不能忽略不计。

按照开普勒第三定律 $M \approx a^3/P^2$,由于银河系自转周期 P 为 2.25 亿年,银河系半径 a 为 25000 秒差距为,由此可以算得银河系的总质量至少有 1 万亿个太阳质量。这里还没有计算银河系内弥漫的星际物质和被遮住的恒星以及星际暗物质的质量。所以,有些天文学家推测,银河系的总质量可能有 2 万亿个太阳质量。

四、星族

恒星可以归入两大星族类型。我们在这里有必要先说明一下不同星族的区别。星族分类的概念是由巴德在研究了仙女座这个巨大的恒星系中的恒星分布之后于 1944 年提出的。不同的星族在空间上的分布基本上各不相同。在仙女座星系中,这是十分明显的。仙女座星系中富有尘埃和气体的旋臂所包含的最亮的恒星是蓝色的主序星,另一方面,仙女座星系的中心区域(带有一点尘埃和气体)呈现有作为最亮星的超红巨星。此外,这个中心区域的赫罗图并不与球状星团相类似,却与从疏散星团所得的赫罗图相类似。

在我们自身星系中,也存在这些差别。巴德把太阳附近的大多数恒星、经典造父变星、金牛座 T 型变星和沃尔夫射线星命名为星族Ⅰ。所有这些恒星都处于银河系的银盘和旋臂上,在那里也发现有大量的尘埃和气体。那些银晕天体、球状星团、分离的星和Ⅱ型造父变星以及组成银核的恒星命名为星族Ⅱ。由于这些差别,从外面所观测到的银河应在旋臂上呈蓝色,在银核上呈红色。

业已发现,通常隶属星族Ⅰ的恒星呈现出重元素的含量要比星族Ⅱ大得多。例如,银盘上星族Ⅰ的恒星具有重元素质量的丰度为4%,而对银晕上的星族的恒星来说,这个丰度为0.3%到1%。星族Ⅰ包含的恒星比星族Ⅱ中那些恒星年轻得多,这种年龄差别是通过它们的赫罗图的研究而推断的。星族Ⅱ的恒星在形成银核时所具有的速度要比星族Ⅰ的大得多,在银河的盘状结构中已经找到这些恒星。这表明一个恒星所具有的速度在某种程度上取决于它的年龄,愈老的恒星愈可能具有更高的速度。

所有上述事实——两种星族的存在、它们的年龄差别、重元素含量、它们在尘埃和气体比较贫乏或比较富有的区域上的占据以及在它们空间速度上的差别,使一种探索性的银河系形成和演化理论假说得以形成。

五、银河系的形成和演化

科学家已在银河系中的一颗最年老恒星的光谱中检测到了铀。把这一元素的丰度与钍以及其他几种元素的丰度进行比较,估计这颗恒星的年龄为125±3亿年,与其他恒星根据钍得出的年龄估计值相符合。银河系的年龄至少应略高于银河系中的最年老恒星。天文学家根据大量观测事实提出不少银河系形成和演化理论假说,这里介绍一种比较流行的气体星云假说。

大约在120至130亿年前,形成我们银河系的以氢为主的大量物质把自己从星际介质中分离出来。正如一个原始恒星在一个星际物质云中形成时那样,这个原始星系应当收缩,内部形成许多密度较大的球状团块。这些团块在自身引力的作用下又进一步收缩,而且它们比原始星系整体收缩得更快,最终破碎成许多小块,演化成众多的新生恒星并与星际气体形成了众多的球状星团。它们在空间成球状分布,成为银晕中的主体部分。由于银晕中的球状星团产生较早,所以银晕中球状星团恒星在其组成方面只有很少一点重元素。

银核可能是作为一种收缩的自转系统的银河系的下一个层次,其中星族Ⅱ的恒星并不比出现在银晕中的球状星团恒星年轻多少。这些恒星因其在银河系最早期得到比较大的势能而具有最高的空间速度。由于缺乏可补充的气体和尘埃，所以在银晕和银核中大概很早就停止形成恒星了。

　　银盘是由那个旋转的原始星系中银核之外部分收缩和变平所造成的。在这个扁平系统中，星族Ⅰ的恒星通过在这里找到丰富的尘埃和气体而产生过并继续产生着。发现星族Ⅰ某些星团的恒星年龄范围的下限接近两百万年，这意味着，在银河系的一生中，这些恒星是最近才形成的。在这些恒星中重元素的丰度较高的事实也是与这种观念相一致的。围绕银核的旋臂与银河系的年龄相比还是年轻的。从动力学的角度看，我们有理由相信这一观点，因为这里可能有磁场在产生和维持旋臂方面起作用。最近，天文学家开始意识到，目前对星系的中心可能发生的各种过程，包括释放大量能量的机制，还了解很少。一旦能够更好地理解这些过程，这里所描绘的我们银河系形成和演化的简图有可能要作重大修改。

§4.5 河外星系

　　河外星系的发现使人类的视野突破银河系的局限，深入到更加广阔的河外世界。通过对河外星系光谱普遍发生红移现象的研究所确立的哈勃定律，人们认识到，因为我们的宇宙正在膨胀，星系的退行速度与距离成正比。这就动摇了宇宙是静止和永恒不变的观点，为研究宇宙的起源和演化、建立大爆炸宇宙学提供了重要依据。这是20世纪天文学最有深远意义的贡献。

一、河外星系的发现

　　在18世纪和19世纪期间，任何一个张角很小的非太阳系成员的天体都以"星云"这个术语称呼。随着望远镜的改进，这些微弱的发光体和暗天体以暗星云、行星状星云、弥漫星云和旋涡星云这样的名称来分类。罗西用他的72英寸大望远镜首先发现了当时认为是第四类星云的旋涡结构。这类星云的最大的成员后来被充分地分解，揭示出它们是恒星系并有理由假设它们处于我们银河系之外,确实是另一些星系。然而,直到李维特发现造父变星的周光关系之前,人们无法测量它们的距离。

最近的星系是麦哲伦星云。它们不但分解出一些恒星,而且在它们中间还出现了造父变星。在我们银河系中,了解造父变星一些成员的距离使哈勃等天文学家能够利用周光关系将绝对星等替换为视星等。于是,哈勃等天文学家能够测量出银河系中包含造父变星的球状星团的距离,并彻底证实麦哲伦星云和仙女座大星云以及别的一些旋涡星云处于银河系之外。在 1920 年初实行的这项工作已被证实、改进并被延续到今天。旋涡星云和某些别的星云实际上是一些星系,其数量达 1 千亿之多,散布在一个宇宙空间区域之中,与之相比我们银河系所占的空间是微不足道的。在宇宙的殿堂里,我们自身的星系只是一粒微尘。

二、星系的哈勃分类

哈勃在研究河外星系方面做了许多开拓性工作,他把星系分三种类型:椭圆星系、旋涡星系和不规则星系。其中的旋涡星系后来又被划分成两个分支:标准旋涡星系和棒旋星系。现在,我们对各类星系逐一介绍如下:

1.椭圆星系

椭园星系约占全部星系的 60%。在望远镜里,一些较近的星系呈现出椭圆形结构并可从中分辨出恒星。有些椭圆星系呈扁状,另一些椭圆星系呈圆形。椭圆星系用字母 E 后面加上顺序数 0,1……6,7 中的一个数来表示,所加的顺序数越大,就代表椭圆星系越扁。

椭圆星系主要包含星族 II 的恒星。它们呈现有少量的尘埃和气体,至于大多数原始星际物质则被用于形成恒星。在椭圆星系中的恒星基本上都是年老的恒星。椭圆星系约占星系总数的一半以上,在星系的大小和固有光度方面有一个很宽的范围。在椭圆星系中,有巨星系和矮星系。巨椭圆星系的绝对照相星等达 −21 等,矮椭圆星系可能弱至 −14 等。其直径变化范围在 2000 到 26000 秒差距之间。可以说,宇宙中最大的星系和最小的星系都是椭圆星系。

图 4.5.1　（左）E0 型椭圆星系（中）E1 型椭圆星系（右）E7 型椭圆星系

2.旋涡星系

旋涡星系约占全部星系的 30%。一个典型的旋涡星系有一个透镜状的核球和从这个核球的边缘上长出的两条旋臂。这些旋臂环绕这个核球绕圈。旋涡星系的旋臂与核球赤道面位于同一个圆盘上。这个圆盘包含有尘埃和气体，如果我们正对着这个星系的边缘进行观测，那么通常可以看到一条薄而暗的带子。如果这个星系分辨得出恒星，那么星系核中的那些恒星被发现隶属于星族 Ⅱ，而旋臂里的那些恒星则大部分隶属星族 Ⅰ。我们银河系就隶属这一类型。

图 4.5.2　标准旋涡星系的三个次型（左）Sa 型（中）Sb 型（右）Sc 型

图 4.5.3　仙女座大星云——M31 星系和它的伴星系

旋涡星系用字母 S 表示。根据核球的大小和旋臂伸展程度，旋涡星系又可分为 Sa、Sb、Sc 等几个次型。Sa 型的核球相对大小最大，旋臂缠得最紧;Sc 型核球相对大小最小，旋臂伸展得最开;Sb 型的情况则介于以上两者之间。除我们银河系之外，了解最清楚的旋涡星系就是仙女座大星云(NGC224,M31)。

这个星系像麦哲伦星云那样用肉眼就可以看到，看起来像是仙女座中一个微弱的光斑。在大望远镜拍摄的相片上，可以研究它的精细结构。它包括了在银河系中所能看到的所有熟悉的特征——星场、球状星团系统、星系盘中的尘埃和气体的区域、亮星云、巨星、造父变星、新星、明亮的蓝星，有着在我们银河系中发现过的星族Ⅰ和星族Ⅱ的天体，并有着同样的分布。对这个星系的距离和大小的最新精确测定表明，它大约有银河系的两倍那么大。正是这个仙女座大星云——M31星系为我们提供了我们所知的星系结构的所有特征。

上面所说的旋涡星系一般称为标准旋涡星系。还有一类旋涡星系，从正面看，旋臂不从核球伸出来，而是从通过中心的一根棒的两端伸出来，因而称它们为棒旋星系，用字母SB表示。按照与标准旋涡星系相类似的分类原则，将棒旋星系分为三个次型：SBa、SBb、SBc。

NGC 3992　SBa型　　　　NGC 1300　SBb型　　　　NGC 1365　SBc型

图 4.5.4　棒旋星系的三个次型：SBa 型、SBb 型、SBc 型。

3.不规则星系

不规则星系不超过全部星系的 10%，不具有特定的形式。过去我们一直将大小麦哲伦星云归入不规则星系这个类型，但现在看来好像还是把它们归入矮型棒旋涡星系更为正确。这两个星云是我们银河系的附属物。它们的物质约有一半以尘埃和气体的形式存在，并有一个物质桥把它们连接起来。

哈勃在研究河外星系时以特定的顺序对椭圆星系和旋涡

图 4.5.5　(左)大麦哲伦星云(右)小麦哲伦星云

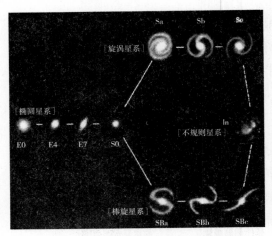

图 4.5.6　哈勃的星系形态分类

星系进行排列,促使人猜想到其中有一种演化趋势。

如图 4.5.6 所示,在从 E0 行进到 E7 时,从几乎是圆的椭圆星系逐渐变为很扁的椭圆星系。就哈勃分类的标准旋涡型分支而言,从具有巨大的核球,很少或没有旋臂痕迹的 Sa 星系开始,经过具有紧紧盘绕的旋臂和较小的核球的 Sb 型旋涡星系,直到我们遇到核球几乎消失、旋臂松开的 Sc 型旋涡星系为止。棒旋型这个分支从具有大质量核球的旋涡星系 SBa 开始,直到那些具有微小的核球和旋臂从棒柱向外蔓延的旋涡星系 SBc 为止。图中的 SO 型星系是一种无旋臂的旋涡星系,它的形态介于椭圆星系与旋涡星系之间,被称作透镜星系。而今,哈勃分类仍然有用,但从这个序列的不同成员中发现的恒星类型并不导致证实这样一种星系起源设想:从椭圆星系开始,逐渐发展成标准的旋涡星系 S 和棒旋星系 SB。

三、星系光谱红移与哈勃定律

在 20 世纪 20 年代,发现了一个与星系的光谱有关的、具有深远意义的现象,这个现象后来叫做红移。当星系的数以千百计的照片按照视亮度和大小依次减小的顺序排列起来时发现,除去少数例外,它们的光谱排列出来的结果是:其谱线越来越多地向光谱的红端移动。如果作出两条假设,即一个星系越暗就离得越远,谱线的位移由多普勒效应所产生,那么我们实质上说,一个星系离得越远,它退离我们的速度就越大。因此,可以用红移来表明一个星系的退离速度 V 严格与它的距离 d 成正比,或者说

$$V=Hd$$

这里 H 是比例常数,被称为哈勃常数,这个关系式被称为哈勃定律。

星系光谱的普遍红移说明星系都在退离我们,天文学家由此认识到:我们的宇宙在膨胀。随着时间向前推移,我们的宇宙将膨胀得越来越大;而反推过去,则因不断收缩越来越小。如果我们应用哈勃常数,所取的值是 55 千米／秒·百万秒差距,那么我们可以计算出所有星系收缩成一个很小的体积所经历的时间。显然,这个时间正是宇宙的"年龄"。当然必须假定,由哈勃常数得出的膨胀速率没有变化。于是,宇宙的这个"年龄"将由哈勃定律得出,所得的这个值为 180 亿年。如果所取的哈勃常数为 72 千米／秒·百万秒差距,则意味着宇宙年龄为 140 亿年。

确实,在过去的数十年中哈勃常数的测量值就有明显的变化。哈勃常数以千米／秒·百万秒差距为量度单位。最近的工作导致天文学家提出一个哈勃常数的范围为 50 至 75 千米／秒·百万秒差距。随着哈勃常数的每一次新的修正,所得的宇宙的大小和年龄不得不随之修改。

链接知识：探索类星体之谜

似星非星的类星体是一种非常奇特的天体。类星体的发现是 20 世纪60 年代天文学四大发现之一。那么,类星体究竟是如何被发现的呢? 1960 年,美国的马修斯和桑德奇用 5 米反射望远镜发现, 射电源 3C48 对应于一颗 16 等的暗星。这颗星的紫外辐射很强,其光谱中有一些莫明其妙的发射线。1962 年,澳大利亚的哈扎德等人利用月掩射电源 3C273 的机会, 定出了它的准确位置和形状, 发现 3C273 是一个双射电源,其中一个和一颗 13 等的恒星状天体相对应。第二年, 美国的施米特拍摄了这个恒星状天体的光谱。当研究射电源 3C273 时, 发现这个类星天体在拍摄得较好的光谱上记录到四条亮的发射

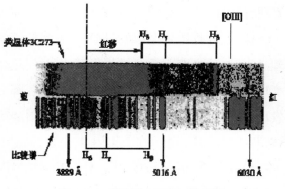

图 4.5.7　类星体 3C273 的光谱

线。施米特意识到,它们与熟悉的巴尔末谱线特征相当,具有强烈的色位移。在此之前,对它们的波长值没有作出任何直接解释。假设波长的位移是多普勒效应引起的,那么3C273显示的退行速度等于光速的16%,这个速度大大地超过我们银河系中运动最快的天体速度。这直接对类星体是银河系成员的起源假设提出了怀疑。

施米特的发现启发了马修斯等人,他们立即重新检查原先认为莫明其妙的3C48的光谱,发现如果认为这一天体具有0.367的红移量,那么所有的谱线之谜都迎刃而解。而0.367的红移量意味着,3C48的退行速度达到光速的27%。至此,正式宣告发现类星体。

观测表明,类星体的光学亮度是起伏波动的,某些类星体的变化是在相当短的时间内发生的。如果亮度变化是由于整个天体发生变化产生的,则所需时间就不能大于光线从一边缘穿过整个天体到达另一边缘所经历的时间。因此,这种亮度的起伏表明类星体相当小,也许只有我们太阳系那么大。虽然类星体的尺度不比太阳系大,但却是一种高光度天体。光度最低的类星体与正常星系的光度相当,而光度高的要比正常星系高出10万倍。类星体的辐射能量极大,辐射的范围包括从射电波到 γ 射线的所有波段。类星体发射的能量同热核反应的核能相比,如同核能与煤油灯的能量相比。一个类星体发出的能量相当于1000个银河系发出的总能量,这就是说类星体的能量产生率远远超过银河系,是银河系的一亿倍。

类星体从本质上说究竟是一种什么样的天体?为什么它的红移那么大?它那惊人的辐射能量从何而来?关于类星体的本质,尽管在天文学界还有一些不同的看法,但多数科学家认为类星体实际上是一种活动性很强的活动星系。

那么,活动星系又是怎么回事?在河外星系中,有些星系经常发生激烈的物理过程,如激波、喷流和恒星爆发等,同时伴随有在各个波段的巨大能量释放,这类星系就叫活动星系。由于所有激烈的过程都主要集中在核心,或者是由核心引发出来的,所以活动星系也称活动星系核。活动星系核有数十种类型,包括类星体、赛弗特星系、蝎虎座BL天体、N星系、强射电星系和星暴星系等。

在各类活动星系核中,类星体是活动性最强的活动星系核。理论研究认为,类星体的核心很可能是一个黑洞,而黑洞的周围被一层一层气体包围着。我们所能观测到的来自类星体的各种辐射可能是从这些气体发出的。类星体的质量绝大部分集中在核心黑洞中。黑洞的质量约为 $10^8 \sim 10^{12}$ 个太阳质量。对于 1 个有 10^8 个太阳质量的类星体，其黑洞半径约为 3×10^8 千米，是太阳半径的 500 多倍。在黑洞周围 3×10^8 至 10^{10} 千米之间的区域，主要辐射高能 X 射线和紫外辐射，再往外大约 10^{14} 千米范围是稀薄的气体，它们发射可见光，我们观测到的发射线是从这里发出的。类星体的外层可达 10^{18} 千米之外，主要发射射电辐射。关于类星体光谱红移大的原因，大多数科学家认为就是多普勒效应，因为它离得非常远，所以退离速度就非常大，所产生的多普勒效应必然是红移非常大。从宇宙学角度看，类星体是最遥远的天体之一，也是宇宙中最早形成的天体之一。

至于类星体的能量产生机制，更是一个令人费解的问题。现代天体物理理论认为，能解释类星体能量产生机制的是黑洞—吸积盘—喷流模型。类星体中央有一个快速旋转的巨型黑洞，它大量吸积周围破碎了的恒星和星际物质，在时空拖曳效应作用下，在能层中快速旋转，在视界外形成一个吸积盘，沿盘面的垂直方向有两股强大的喷流。吸积盘内侧的物质被巨型黑洞吞噬时，引力势能被释放出来转换成强大的辐射能。

应当说，这种解释还有不少值得质疑的地方，究竟是否符合实际，还有待于今后进一步研究。正如一些有识之士所指出的那样，尽管在 20 世纪 60 年代天文学四大发现中其他三项（宇宙背景 3K 微波辐射、脉冲星和星际分子）的发现者均已获诺贝尔奖，唯独发现类星体这一项尚未问鼎诺贝尔奖，而就其发现意义来说，比其他三项只有过之而无不及。类星体的巨大红移和产能机制对人类科学提出了严峻的挑战，它几乎撼动了物理学的基础和根本。毫无疑问，将来无论是谁，一旦能真正揭开类星体之谜，等待他的必然是科学界的最高荣誉——诺贝尔奖。

§4.6 星系的分布

星系在宇宙空间中的分布是均匀的还是不均匀的？从较小的尺度上看，星系的空间分布是不均匀的。星系也如同恒星那样会成群结伙,组成不同等级的天体系统。

在天文学中,由两个彼此靠近、有相互物理联系的星系组成的天体系统称作双重星系。在天球上看来较近,实际上较远,没有什么相互物理联系的两个星系就不能算作双重星系。多重星系是指由 3 到 10 个彼此靠近、相互有物理联系的星系组成的天体系统。更大的由星系组成的天体系统有星系群、星系团、超星系团和总星系。星系群和星系团属同一等级的天体系统,没有本质上的区别,只是在成员数多少上不同。

通常把成员数不到 100 个的天体系统称作星系群, 成员数更多的称作星系团。超星系团是指由星系群和星系团构成的更高一级的天体系统。而总星系则是比超星系团更高一级的天体系统, 我们目前所能观测到的最大范围没有超出总星系,通常教科书上所说的"我们的宇宙"或"可观测的宇宙"指的就是总星系。现在,我们举一些具体例子以便更好地了解由星系组成的不同等级的天体系统,并了解我们的地球、太阳系和银河系在宇宙中的位置。

一、双重星系与三重星系

双重星系的一个典型例子就是大麦哲伦星云和小麦哲伦星云这两个星系。它们的视位置都处于南天星座,我国除海南岛外都看不到,它们为麦哲伦环球航行时所发现,故以麦哲伦的名字命名。它们距离我们银河系大约52 和54 千秒差距,是离我们银河系最近、肉眼可见的星系,并作为我们银河系的两个伴星系,与银河系一起组成三重星系。

二、星系群和星系团

最典型的星系群是由我们银河系及其周围的几十个星系所组成的"本星系群"。这个星系群的主要成员包括银河系、仙女座大星云、大麦哲伦星云和小麦哲伦星云及其他小椭圆星系。在本星系群中,按大小排列,最大的是仙女座大星云,距离银河系 220 万光年，直径约 17 万光年；银河系居第二；第三是旋涡星系 M33，距离银河系 234 万光年，直径约 6 万光年；其他的星系都小得多。如下图所示，本星系群中的星系分布比较松散，星系群的尺度为 400 万光年左右。

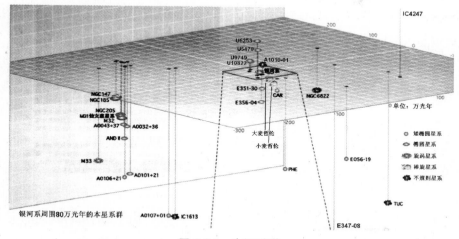

图 4.6.1　本星系群

　　星系团按形态大致可分为规则星系团和不规则星系团两类。不规则星系团中有个室女座星系团，是离我们最近的一个星系团。它约有 2000 个星系，其中 19% 是椭圆星系，68% 是旋涡星系。它的中心约有几百个成员，超巨椭圆星系 M87 位居中央，距离我们约 6000 万光年，是全天最强的射电源和 X 射线源之一。室女座星系团的尺度约为 1300 万光年。规则星系团的典型代表是后发座星系团，其中央星系很密集，中心区约有 1000 多个亮星系。整个星系团拥有上万个星系，距离我们约 3 亿光年。

三、超星系团

　　超星系团是由星系群和星系团构成的天体系统。在众多的超星系团中，我们本星系群所属的超星系团是一个巨大的扁平状的天体系统，它由本星系群、室女座星系团以及一些较小的星系群和星系团所组成，称作本超星系团。本超星系团横跨 1500

图 4.6.2　室女座星系团

万秒差距,厚度的量级为百万秒差距。通过对这个超星系中的 5 万个星系的视向速度和空间分布的研究,沃康来厄斯发现它正在膨胀,它的中心是约有 1000 个星系的室女座星系团。离本超星系团较近的超星系团有武仙超星系团、北冕超星系团。估计超星系团总数约为 3000 个,它们在宇宙中的分布是比较均匀的,或者说是各向同性的。

四、总星系

总星系是目前人类已知的最高级的天体系统,包括所有可观测到的宇宙的全部。现代天文学观测所及的尺度在 137 亿光年左右,都还没有超出总星系的范围。为了更形象地了解我们的宇宙以及人类居住的地球在宇宙中的位置,我们可以用按比例缩小的方法作如下概括性的描述:如果采用的比例尺将我们的宇宙缩小成像联合国大厦那样大,那么它可以包含千亿个尘埃微粒,相邻的尘埃微粒之间的距离约为 1 厘米。这些尘埃微粒都是星系。如果我们选取一个特定的星系——我们的银河系,并把它扩大成亚洲那样大,那么我们发现,它也是由尘埃微粒所组成,其平均距离为 100 米。它们约有数千亿个。这些尘埃微粒就是银河系的恒星。我们选取其中之一就是太阳。于是,在它的上面放一个硬币,它在大小上包括了太阳系。把一个硬币大的太阳系扩大到与亚洲一样大。于是地球就是二层楼高的房子那样大的一个球。

第五章　宇宙学
与对宇宙的新探索

§5.1 宇宙学概说

一、什么是宇宙学

宇宙学是研究宇宙的起源、演化和结构的科学，是天文学的一门分支学科。它包括彼此有密切联系的两部分：观测宇宙学与理论宇宙学。前者侧重于通过实际的天文观测发现大尺度的天体系统特征，探讨宇宙的结构；后者侧重于从理论上研究宇宙的运动和演化机制，进而建立宇宙模型，探讨宇宙的起源与演化。

由于科学方法的发现，更是由于牛顿及其继承者在依据万有引力定律和牛顿运动定律解释宏观范围的自然现象方面所取得的卓越成就，在科学家中出现这样一种坚定不移的信念：宇宙有一种物质结构，它遵循自然定律，能够用一些方法和通过人的合理思考来测量和了解。

这样一种信念是人类在科学上不断努力的主要推动力，在过去的三个半世纪中当然是有巨大的成效的。但是在此时期中一些有创见的科学家认识到，如果谦虚一点来看，这种信念有可能并不正确。人的头脑对于了解宇宙来说并不是威力足够的思想发动机。它的许多伴随的概念可能超出人的阐述能力，正如我们相信，一只黑猩猩的头脑智能对于设计计算机或提出牛顿定律的等价形式来说是不够的。

然而，生活在宇宙中的人对宇宙的好奇心驱使他努力探索与宇宙有关的一系列问题。比如：宇宙有多大？它在体积方面是有限的还无限的？它的年龄有多大？它在演化吗？它在时间上有没有一个开端？有没有一个终端？许多年来，不知有多少人为这些问题耗尽了精力和智慧，答案也多得不可胜数，但建立在实验基础上并以严密的数理结构为基础的现代宇宙学，只是在进入 20 世纪之后才得以发展起来。因为只有到这时，科学技术的发展才使得人类大大开阔了眼界。天体物理积累了丰富的资料，广义相对论和量子力学则为人们提供了认识客观世界的新武器。

将近一个世纪以来，现代宇宙学取得了长足的进展。目前，宇宙学可以说是天文学、物理学前沿之一。许多杰出的天文学家、物理学家和数学家在这里会合。毫无疑问，宇宙学必将在新世纪中取得更大的发展。这里仅就与宇宙学有关的几个主要问题作如下概括性的介绍。

二、宇宙学的观测资料

任何一种可接受的宇宙学理论必须与观测资料相一致。因此，要了解宇宙学，首先要了解宇宙学的观测资料。作为宇宙学的观测基础，与研究宇宙的结构和起源演化有关的观测资料主要有以下几项：

1.河外星系的谱线红移

20世纪天文学的最伟大发现之一就是河外星系的谱线红移。它告诉我们，星系越是暗淡，它的谱线朝光谱红端位移就愈大。数以千计的星系光谱有助于确立这个规律。原则上为大多数人接受的对红移的解释就是多普勒效应所致，即星系越暗淡，谱线红移越大，它的退离速度就越大，离得就越远。哈勃基于这个解释得出了速度—距离公式，即河外星系所具有的退离速度与它们同我们的距离成正比。这个公式通常被称为哈勃定律。

观测资料表明，星系的谱线红移是各向同性的，也就是说，你在天球上的观测方向并不重要。由此使人想到：我们的宇宙犹如一个被不断吹大的气球，而众多的星系犹如分布在气球各处的一个个小黑点，它们随着气球的不断膨胀而彼此远离，彼此远离的速度与其距离成正比。这就是说，河外星系谱线红移的发现使我们得到一个重要结论：我们的宇宙不是一成不变的，而是在不断膨胀，或者说是在由小变大。根据观测所得的宇宙膨胀速度可以反推宇宙过去的大小，计算表明，大约在137亿年前，宇宙将退缩成一点。所谓宇宙起源于137亿年前的一次大爆炸的设想就是由此而来。

2.宇宙微波背景辐射

早在 1948 年,伽莫夫等人就预言了这种辐射的存在。通过对宇宙学的研究,包括对元素形成问题的研究,他们认为:在一个膨胀宇宙的最初时刻,热辐射应起重要作用。他们还想到,这种辐射的残余至今仍可能存在,其温度估计在绝对温度几度之内。1964 年在美国新泽西州霍姆台尔镇用 20 英尺的抛物面反射系统做研究工作的彭齐亚斯和威尔逊发现,在 7.35 厘米波段上有一种各向同性的辐射。经过一年的反复测量,他们确认:存在着来自宇宙各个方向的3.5 K 微波背景辐射。此发现为宇宙大爆炸理论提供了强有力的证据,对宇宙学产生深远影响,被誉为是 20 世纪 60 年代天文学四大发现之一,彭齐亚斯和威尔逊因此于1978 年获得诺贝尔物理奖。

1989 年美国发射了宇宙背景辐射探测卫星,通过它的观测表明:宇宙微波背景辐射是黑体辐射谱,其对应的绝对温度为 2.735 度,并且这种辐射在宇宙中是均匀分布的,各向同性的程度很高,其变化幅度只有十万分之一。于 2001 年 6 月进入太空的"威尔金森微波各向异性探测器"耗资 1.45 亿美元,其运行轨道位于距地球大约 160 万千米的"第二拉格朗日点"附近。该探测器的主要任务是对宇宙微波背景辐射进行观测。

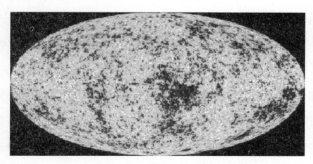

图 5.1.1　一张迄今为止最为精细的宇宙"婴儿期"照片

美国国家航空和航天局公布了一张迄今为止最为精细的宇宙 "婴儿期"照片。这张照片就是"威尔金森微波各向异性探测器"头一年观测结果的结晶,科学家在此基础上将相关数据与其他天文观测结果进行了比较, 最终得出一些精确的测算结论:宇宙年龄约为 137 亿年,该数据的误差率仅为 1%左右;宇宙的各构成成分中,原子只占 4%,暗物质占 23%,剩下的 73%则全部是暗能量;此外,宇宙的几何结构是"平坦"的,并将永远膨胀下去。上述结果同时为验证"大爆炸"等宇宙学基本理论提供了更准确、更有力的支撑。科学家们从这张照片中还获得了一些令人意外的发现,比如说宇宙中第一批恒星可能在"大爆炸"2亿年后就开始发出光芒,比此前所认为的要早几亿年。美国科学家认为,这张图片给出了迄今为止"最精确的宇宙配方",将是未来若干年中所有宇宙学研究的基石。

3.星系计数与射电源计数

由于光速的有限性,当我们观测仙女座星系NGC224时,我们确信所看到的是它约在220万年前的情况。按年代排列,我们对距离更远的星系的看法是:假设它们形成更早些。暂且假定,我们的这种理念是有道理的。我们从那些更遥远的天体就能看到返回到数十亿年前以至一百多亿年前的宇宙的早期历史阶段。然而,当我们观测到越来越大的外太空时,资料就逐渐减少,但搜集到的不同距离天体的差别至少有可能提供一条宇宙演化的线索。例如,与现在相比,在早期每百万立方秒差距的星系可能更多,或者可能更少,或许星系的数目保持不变。再有,过去不规则星系同规则星系的比率可能比现在高,或许曾存在过更多的椭圆星系。对所看到的不同距离的天体进行仔细研究,在原则上能解决这个问题,因为每一个更远的类似的星系都属于这个宇宙的生命早期。因此,计数和比较相关星系的距离和时间可以得到重要的观测资料。

天文学家正是通过对星系与射电源的计数来研究星系和射电源在天球上的分布。对星系计数的资料表明:从局部来看,星系的分布是不均匀的,有明显的超星系团、空洞和纤维分布结构,但从总体上看,并不存在特殊的优势方向,看不出有更高的成团现象。换言之,从超过1亿光年的大尺度范围看,星系在宇宙中的分布是均匀和各向同性的。对射电源计数的资料表明:射电源的分布从总体上看也是均匀和各向同性的。

4.元素丰度与天体的年龄

通过对各类天体的光谱分析研究表明,在宇宙中氢和氦这两种元素含量最丰富,氢占75%,氦占24%,其他所有元素只占1%。用恒星聚核反应机制不能说明为何有这么多的氦。而根据大爆炸宇宙理论,宇宙早期温度很高,产生氦的效率也很高,就可解释这个事实。通过对各类天体的年龄测量表明,所有天体的年龄都不超过150亿光年。这正与由宇宙膨胀速度推算出的宇宙产生时间相吻合。

三、宇宙学原理

在大尺度天体系统结构的研究方面,有两种不同的宇宙模型:等级模型和均匀模型。前者认为天体分布是逐级成团的,无论在小尺度上还是在大尺度上天体的分布都是不均匀的。后者认为在大尺度上天体分布基本上是均匀和各向同性的。星系计数、射电源计数和宇宙微波背景辐射等观测资料都支持均匀模型,并称之为"宇宙学原理"。该原理认为,在宇宙大尺度(约1亿秒差距)上,任何时刻的天体分布都是均匀和各向同性的。

宇宙学原理是宇宙学家为研究大尺度天体系统结构提出的一种假设,它的含义包括以下两个方面:(1)在宇宙学尺度上,空间任一点和任一方向,在物理上是不可辨的,即密度、压强、红移等都完全相同。但在同一点上,不同时刻,各种物理性质是不同的。(2)宇宙各处的观测者所观测到的物理量和物理规律完全相同。

宇宙学原理认为:宇宙没有中心,没有任何一处是特殊的。地球上看到的宇宙演化图像,在其他天体上也能看到。对处于不同天体上的观测者来说,宇宙在大尺度上应具有同样的性质。结合这个宇宙学性质,各种不同的宇宙学理论被建立起来。

四、光速不变性与洛伦兹变换

光速的第一次精确测量是由丹麦天文学家罗麦在1675年完成的,当时他推断,木星的伽利略卫星发生食的时间和观察到的时间之间的不一致,是由光穿越木星和地球之间的变化着的距离时所花费的时间不同而造成的。到了十九世纪中叶,已经产生在地球局部表面附近测量光速的方法。费齐奥和麦克尔逊沿着其他途径找到这种方法,于是得出非常精确的光速的值。

19世纪的科学家相信光和声一样,需要一种介质来传播,这种假设的介质被称作以太，认为它能渗透一切空间并作为一种携带光波的物质而存在。然而验证以太存在的各种尝试都失败了。麦克尔逊和莫雷试验就是其中之一，其目的是测量地球相对以太的速度。

麦克尔逊和莫雷认为：如果在以太中光速是一定的，那么当接收者以一定速度相对于以太运动，光相对他的速度在不同方向应是不同的。他看到迎面而来的光速大，从后面追上来的光速小，也就是说光速与接收者相对以太的速度有关。如果能测量到这个差别，就支持了以太假说。由于光速很大，所以即使不同方向的光速是不同的，我们也很难测量出来。1887 年麦克尔逊和莫雷设计了一个实验，其巧妙之处在于他们不去测量不同方向的光速值本身，而是测量不同方向的光速之间的差。

假定地球相对以太的速度是每秒 v 千米，他们让一部分光线在以太漂移方向（东西方向）上沿着一条路径通过地球，然后被一面镜子反射，沿着它原来的路径返回。另一部分光线沿着长度相等但方向与以太漂移方向垂直的路径（南北方向）射入，并再次被反射回来，然后两条射线相干涉，产生一个条纹图案。如果漂浮在水银里的装置连同它的平台此刻是旋转的，那么这个条纹系列应当移动，因为光线的行进方向与地球通过以太的方向的关系已发生变化。

实验结果表明，没有发现因光的行进方向改变而引起光速的变化，观察者在测量时间和空间尺度方面所得的各自结果取决于它们的速度。它们在时间和空间尺度上自动予以修正以确保光速的恒定。观察到的直尺长度和钟表速率取决于观察者的速度，这个惊人的结论尽管起初使人惊慌，并与"常识"相矛盾，但却使一些物理学家跳出旧框框，创立了崭新的现代宇宙学。在这些物理学家中间有洛伦兹和爱因斯坦。

所谓的洛伦兹变换就是由洛伦兹推导出来的著名公式。当观测者 O_1 的坐标系 x_1、y_1、z_1 以速度 v 在观测者 O 的 x、y、z 坐标系中的 X 轴方向上移动时，洛伦兹变换用公式表示为：

$$x_1 = (x - vt)/[1 - (v/c)^2]^{1/2}, \quad y_1 = y, z_1 = z,$$
$$t_1 = [t - (xv/c^2)]/[1 - (v/c)^2]^{1/2}$$

这里，t_1 和 t 分别是由观测者 O 和观测者 O_1 量度的时间，c 为光速。

洛伦兹变换令人满意地解释了洛伦兹—费茨拉格尔德收缩，后者的命名是因为洛伦兹和费茨拉格尔德同时提出了这样的解释：所观测到的物体的大小取决于它通过空间的速度。应当指出，如果 v 远远小于 c，那么 v/c 可以忽略不计，于是得出：$x_1 = x - vt, y_1 = y, z_1 = z, t_1 = t$。这就是经典的关系式。

如果在我们的宇宙中光速低得多的话，那么我们对以常速运动的物体的观测经验应使我们熟悉这样的情形：一支箭在飞行中缩短，或者一个跑着的人显示出比他站着时更短，或者在一只快速运动的钟表上的秒针走得要比这个钟表挂在壁架时更慢。正如已指出的那样，在发现光速不变性之前，还没有显示出对时空本质进行重新探讨的需要。光速不变性的发现则引发出对时空本质重新探讨的需要。爱因斯坦在相对论中论述了这一新的探讨的必然结论。

五、爱因斯坦相对论

1.狭义相对论

爱因斯坦于 1905 年发表的这一理论是以两条假设为基础的：(1)匀速运动的相对性。这个自然定律对于所有处于匀速直线运动的坐标系来说相互关系都是相同的。(2)光速的不变性。在任何一个参考坐标系中，光速并不是一个光源的速度的函数，而是一个真正的自然常数。

这两条原理意味着，光速并不取决于光源和观测者的相对速度。因此，爱因斯坦狭义相对论摒弃了有关光速的似是而非的议论。爱因斯坦在发展这个理论的过程中发现有必要修改经典力学的定律。他得出了他的著名公式：

$$E = mc^2$$

这里 E 是与质量等价的能量，c 是光速。正如我们已经了解的那样，这个关系式是恒星产生辐射能的核反应的一个不可缺少的依据。当然也是一种在人为干涉下获取能量的兑换率。除去这个规律之外，这个狭义相对论得出结论，所观察到的一定数量的物质的质量应取决于它与观察者的相对速度。所以，如果 m 和 m_0 是具有速度时的质量和在静止时的质量，那么两者之间的关系可用下式表示：

$$M = m_0 / [1 - (v/c)^2]^{1/2}$$

原子微粒实验中,这个关系式已被证实。狭义相对论的建立是爱因斯坦的重大贡献之一。它揭示了在高速运动状态下物体的运动规律。但这里的时空仍然是与物质无关的欧几里得时空。

2.广义相对论

爱因斯坦的广义相对论发表于 1915 年。他从引力质量与惯性质量等价出发,革新了引力场的概念,指出引力场要改变时空的几何性质,使时空弯曲。这样,时空性质就与物质存在密切联系起来了。原来把时空看作永远不变的存放东西的箱子,现在看来不对了。如果说时空是箱子,这只能是一只特殊的箱子,它的性质要随着存在其中的物质而改变。物质没有了,箱子也就不复存在了。由于宇宙中充满着物质,因此宇宙的时空属性不是欧几里得的,而是黎曼的。在黎曼空间中三个内角和不再是 180°,两点之间也非直线最短。尽管如此,爱因斯坦的广义相对论在重力不大、速度也不大的情况下与牛顿力学相一致,但在以下三个实例中有着明显的区别,可以用实验检测出来。

其一是水星的近日点进动。按照牛顿力学,即使对其他行星的摄动进行恰当考虑之后,水星的进动还是比预报的情况提前约每世纪 40 角秒。牛顿力学完全不能解释这一差异。将爱因斯坦广义相对论应用于行星的轨道表明,行星轨道并不是一个封闭的椭圆。其旋转量可以计算出来,就水星的情况而言,所得结果就很接近每世纪 40 角秒。

其二是光线在太阳附近偏转。按照广义相对论,一条光线经过一个有巨大质量的天体时应向这个天体偏转。对行星这样质量较小的天体来说,即使有光线掠过,这种偏转还是觉察不到的。但对于太阳那样的大质量天体来说,一条掠过太阳表面的光线所产生的效应约为 1.75 角秒。这个预言在 1919 年日全食时首次被检验。在日全食时,一些靠近太阳并可被观测的恒星的位置被拍了照,发现:在日全食时,太阳引力场的偏转效应致使被观测的恒星位置被置于它们在晚上正常看到的位置之外。在这次日食和以后的日食时所做的测量都同爱因斯坦的预言相符得很好。

其三是从强引力场中的辐射源发出的光线的红移。这种引力红移可通过仔细研究太阳和白矮星的光谱来进行检验, 其大小与太阳和白矮星表面引力的大小有关。引力越大,光谱中的谱线红移量就越大。太阳表面引力不太强。只比地球表面引力大 28 倍,不足以产生明显的引力红移。但白矮星密度很高,其表面引力很强,足以产生能测得出的引力红移。1925 年亚当斯测出了天狼星 B 这颗白矮星的引力红移,而且这个红移量与用爱因斯坦理论计算得到的结果一样。

因此,所有这三种天文检验——水星近日点进动,光线靠近太阳偏转,来自强引力场中的辐射源的光线的红移——都支持了广义相对论。由此可见,爱因斯坦的广义相对论是比牛顿力学更深刻的理论,它冲破了牛顿形而上学的时空观,给了我们一把打开宇宙大门的钥匙。

六、量子力学

进入 20 世纪以后,人类才确实了解到所有的物质都是由原子、电子等微小粒子构成,并知道其表现出来的行为与宏观物体大不相同,于是出现了量子力学这门新物理学分支,以深入研究微观世界物质行为。由此发现:在微观世界里存在着粒子可贯穿壁垒的"隧道效应";环绕原子核的电子具有"共存"于不同位置的现象以及由"测不准原理"引发的其他现象。

就研究宇宙的起源与演化而言,因为宇宙最初诞生时,宇宙空间呈微观状态,爱因斯坦的广义相对论无法说明其状况,必须借助于量子力学的知识来解决问题。而当宇宙诞生后成宏观状态时它的演化则可由爱因斯坦的广义相对论予以说明。

七、不同宇宙模型的建立

人们为了探索宇宙的结构,曾先后建立各种不同的宇宙模型假说。1826 年,奥尔勃发现一个起初看来似乎是可笑而浅薄的问题:为什么夜空是黑暗的? 然而,奥尔勃的论证却使这个问题成为一个有意义的问题。他指出,如果宇宙是充满无数星体的欧几里得宇宙,而且假定星体分布是均匀的,在过去与未来都发光,那么将导致一条荒谬的结论:黑夜与白天一样明亮。这个论证就是著名的奥尔特佯谬。以牛顿力学和欧几里得几何为基础的宇宙模型是无法摆脱奥尔特佯谬的困境的。

为了克服这一困难,以法国伏古勒为代表的学派提出了阶梯式宇宙模型。在这个模型里,时空仍旧是欧几里得的,但物质密度不是均匀的而是分层次的。如恒星、星系、本星系、超星系团,以至更高级的集团。他认为,不同层次的集团的性质是不同的,反对把宇宙作统一处理。但他这种论断依据不足,具有片面性,难以令人信服。

第一个科学的宇宙模型是爱因斯坦于1917年建立的。观测事实告诉我们,在大尺寸范围内,天体的空间分布是均匀的、各向同性的。爱因斯坦以此为基本假设,根据他1916年建立的引力场方程对宇宙作了人类有史以来第一次科学考察。爱因斯坦发现,他的方程没有描述一个静态的、也就是在时间中不变的宇宙的解。当时还不知道存在星系的远离运动,爱因斯坦以为时空是静止的。于是不惜对该方程增加了被称为宇宙常数的一项。这样就允许宇宙具有静态解。这是理论物理学在科学史上错失的最重大的机会之一。如果爱因斯坦坚持其原先的方程,他就能预言宇宙要么正在膨胀,要么正在缩小。虽然如此,但爱因斯坦所得的静态宇宙模型仍很有意义。首先它是一个封闭有限却没有边界的宇宙模型,因为这里的物质有限,从而就克服了奥尔特佯谬的困难。更重要的是,爱因斯坦为后人科学地探索宇宙开辟了一条崭新的途径。

1922年,苏联数学家弗里德曼解爱因斯坦引力场方程得到一个动态时空解。但当时并未引起人们的重视。1927年比利时天文学家勒梅特把它作为一个宇宙模型进行了考察,提出了弗里特曼—勒梅特宇宙模型。勒梅特非常熟悉哈勃正在从事的宇宙膨胀的研究。正是他明确地提出了大尺度的空间会随时间而膨胀的概念。

1929年哈勃定律正式发表了,勒梅特指出这是宇宙膨胀的证明。1932年,勒梅特又在宇宙膨胀的基础上进一步提出宇宙起源于原始火球的大爆炸。1948年美籍物理学家伽莫夫把宇宙起源与化学元素联系起来,提出了大爆炸假说。这个假说认为,根据宇宙的膨胀率反推回去,在许多亿年以前宇宙退缩成一点,处于密度极高、温度极高的状态,并在某种条件下发生了迅猛的大爆炸,于是开始膨胀,温度逐渐降低。温度降到一百亿度时,便开始形成各种元素;冷却到几千度,变成通常的气体。进一步的膨胀使温度继续下降,气体物质开始凝聚成各种天体,逐渐演化成现今的状态。

弗里德曼—勒梅特宇宙模型具有奇点的困难,即宇宙要起源于一个数学奇点,时间是从这里开始。这确实令人困惑不解,难以接受。此外,50 年代以前还有一个宇宙年龄的困难。早期测得的哈勃常数过大,由此算得的宇宙年龄为20 亿年,比已知的地球年龄还小。为摆脱这些困难,1948 年邦迪、戈尔德和霍伊尔提出了稳态宇宙模型。这种稳态宇宙模型是以完全宇宙学原理为基础的,即认为,宇宙不仅在大尺度空间上均匀、各向同性,而且在时间上也是均匀同性的。所以,这种稳态宇宙模型与那些包含一种宇宙演化性质的宇宙模型是完全对立的。在稳态宇宙中不发生演化,在时间上或在空间上既无开端也无终端,因而没有奇点的困难,也不存在年龄的问题。但为了保持宇宙不断膨胀时仍有相同的密度,物质必须不断从"真空"中产生出来。其产生率为 10^{-43} 千克／秒·立方米。这是一种很小的速率,相当于每 10^{11} 年中在每一个相当于地球的体积中产生一克物质。但现阶段大量对宇宙的观测事实与不演化的稳态宇宙模型不符,而有利于起源于大爆炸并不断演化的宇宙模型。

20 世纪 50 年代以来,测得的哈勃常数精度大大提高,由此算得的宇宙年龄在 100 至 150 亿年之间,因此宇宙年龄的困难已消除。而各向均匀的微波背景辐射的发现更成为我们的宇宙是"大爆炸"宇宙的一个强有力的证据。此外,恒星内部的氦的比例高达 25%,这是恒星演化中内部核合成所不能说明的,但却可以用宇宙大爆炸后的早期核合成来说明。进入 20 世纪 80 年代后,以霍金为代表的现代宇宙学家把爱因斯坦广义相对论与量子力学结合起来,更深入地研究了宇宙的起源与演化,使大爆炸宇宙模型得到进一步的完善并广为公众所接受,并被誉为标准宇宙模型。

§5.2 宇宙的起源、演化与未来走向

我们的宇宙究竟是如何起源演化的?它的未来走向又将会怎么样?许多年以来,这一直是引起人们兴趣和关注的两个重要问题。由于科学家们的不断努力,现已使我们对这两个问题的认识有了突破性的进展。

一、宇宙起源演化简史

现代宇宙学家将广义相对论和量子理论结合起来研究宇宙的起源和演化,进一步完善了大爆炸起源学说,为我们勾画出这样一部宇宙起源、演化简史:

大爆炸开始,即宇宙从超高密度、超高温度和尺度小于 10^{-33} 厘米的超微观状态开始的大爆炸约发生在距今 100 亿年至 200 亿年之间,以前一般估计宇宙大爆炸发生在 150 亿年前左右,但最新的结论是约发生于 137 亿年前。

从大爆炸开始到大爆炸后 10^{-44} 秒之间这段时间,温度高达 10^{38} K。科学家现在还无法了解那时的空间、时间和物质形态等情况。那时,时间和空间都小于普朗克尺度,时空还没有独立形成,不能区分引力、电磁力、强核力与弱核力这四种作用力,称为普朗克时期。

大爆炸后 10^{-44} 秒至 10^{-36} 秒的时期,引力被分离出来,其余的三种作用力:电磁力、强核力与弱核力还统一在一起,称为"大统一"时期。此时,引力极强,引力

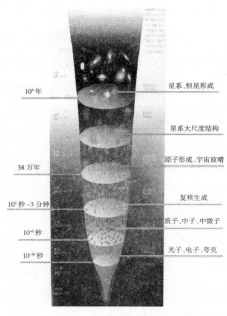

图 5.2.1　宇宙起源演化示意图

（图中文字）
10^9 年 —— 星系、恒星形成
—— 星系大尺度结构
38 万年 —— 原子形成、宇宙放晴
—— 复核生成
10^2 秒 –3 分钟 —— 质子、中子、中微子
10^{-6} 秒
10^{-36} 秒 —— 光子、电子、夸克

能转化为粒子。

到大爆炸后 10^{-36} 秒时,温度降至 10^{28} K。重子(比质子质量更大的基本粒子,包括质子、中子和各种超子)不对称形成,即重子数比反重子数多。结果导致了今天的正物质比反物质多。如果当时重子数与反重子数相等,在宇宙冷却过程中重子与反重子就会全部湮灭,就不会有今天的物质世界。

在大爆炸后 10^{-35} 秒至 10^{-33} 秒之间,宇宙以大大高于正常的速度急速膨胀——暴胀。暴胀的程度使宇宙在极短的时间内尺度扩大了 10^{43} 倍。温度随之迅速下降。此时,强核力已被分离出来,但电磁力与弱核力还尚未分离。

到大爆炸后 10^{-12} 秒时,电磁力与弱核力分离。至此,引力、电磁力、强核力与弱核力这四种决定宇宙演化进程的作用力全都被分离出来了。

大爆炸后 10^{-6} 秒后,温度降至 10^{13} K。这时参与强相互作用的基本粒子(即强子,包括重子、π 介子及其反粒子)占了优势。宇宙进入强子时期。

到大爆炸后 10^{-4} 秒,温度还高于 10^9 K。这时,光子碰撞产生正反粒子与正反粒子湮灭产生光子的反应处于平衡状态,光子数与粒子数一样多,强子破碎为夸克,夸克处于渐进自由状态。于是,轻子(即不参与强相互作用的基本粒子,包括电子、μ 子、中微子及其反粒子)占了优势,宇宙进入轻子时期。

大爆炸后少于 1 秒的时期内,物质的最初形式是光子、夸克、中微子和电子,然后是质子和中子。大爆炸后 1 秒至 3 分 46 秒,是宇宙最初元素合成时期,亦称核形成时期。在我们宇宙中最初的原子核氦、氘(重氢)和一些锂核几乎全是在核形成时期创生的。至 3 分 46 秒,所有能量转化为物质的反应都已停止,宇宙最初元素已全部产生出来。所谓的三分钟创造宇宙的说法皆源于此。

大爆炸 10^{11} 秒后,光子和重子退耦。在此之前宇宙中辐射密度大于物质密度,故有辐射为主期之称。在此之后,物质密度超过辐射密度,于是宇宙一直处于物质为主期。

大爆炸 38 万年后,温度降至 4000 K,化学结合作用使电子与原子核结合成中性的原子。光不再有足够的能量将电子撞离原子核和质子。从此一直被电子搅乱的光能够以直线方式前进,于是宇宙放晴。宇宙主要成分为气态物质。由于宇宙中的物质密度并不完全均匀,密度大的部分因重力而收缩。

在大爆炸后的 10 亿年中，物质成团，形成恒星、星系和类星体等天体。接下来就是包括银河系在内的其他星系陆续形成。

约 50 亿年前，太阳系诞生。46 亿年前，我们的地球形成。38 亿年前，地球生命诞生。5 亿多年前地球生命大爆发。6500 万年前曾经称霸地球长达 1 亿多年的恐龙灭绝。500 万年前，人类诞生。8000 年前人类开始进入农业文明。400 年前，人类发现日心说。公元 2000 年，人类进入高度发达的文明。

二、宇宙的未来走向

目前，我们的宇宙仍在不断膨胀。今后它是继续膨胀，还是到一定时候往回收缩？判断的依据是宇宙的平均密度。计算表明，终止膨胀的临界平均密度为 10^{-31} 克 / 立方厘米。如果宇宙的实际平均密度大于这个临界平均密度，宇宙就将往回收缩，直至大挤压成一个奇点。如果二者相等，就按目前的速度继续膨胀。如果小于临界平均密度，就加速膨胀。问题在于要弄清宇宙的实际平均密度究竟是多少。过去一直没有搞清，所以在 2000 年前的教科书中都只说有以上三种可能性。

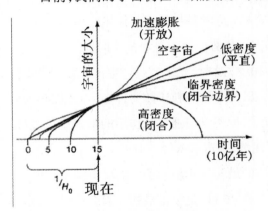

图 5.2.2　判断宇宙未来的依据

最近，科学家在确定宇宙的实际平均密度方面已取得不小的进展。就目前所知，在我们宇宙中发光体的质量占 4%，暗物质的质量占 23%，暗能量占 73%，实际平均密度为 10^{-33} 克 / 立方厘米，远远小于临界平均密度。因此，就目前所知的情况来看，我们宇宙的未来走向将是加速膨胀。其演化进程大致如下：

随着恒星不断从气体中诞生，气体越来越少，直至无法再形成新的恒星。我们的太阳将于 50 亿年后逐渐燃烧殆尽，与太阳具有同等程度质量的恒星燃烧殆尽后就失去温度而默默死亡。如果是质量比太阳大的恒星，则引起整体性的大爆炸,然后成为中子星和黑洞。再过若干亿年后,星系中的一般星球不再存在,只留下质量轻而低温的星球、中子星和黑洞。黑洞则可以吸收周围物质而壮大。恒星中质子开始变得不稳定,逐渐衰变成光子和各种轻子。衰变过程结束,宇宙中只剩下光子、轻子和大黑洞。随着时间的推移,黑洞终于无法取得可被吸收的物质,于是进入蒸发阶段。质量越大的黑洞温度越低,但长期的蒸发现象使质量减少并温度升高,以大爆炸结束。最终,所有的黑洞完全蒸发,成为宇宙演化的结局。

应当考虑到,我们目前在确定宇宙平均密度方面可能还有疏漏。其中之一就是中微子问题。据大爆炸理论,宇宙中存在大量中微子。起初,人们都以为中微子质量为 0,对确定宇宙平均密度是否会超过临界密度不起作用。后来通过实验发现,中微子质量并不为 0。计算表明,如果其质量不过几个电子伏特,宇宙平均密度不会超过临界密度;如果超过 50 电子伏特,宇宙平均密度就会超过临界密度。鉴于目前对中微子质量的测定还有待于精确化,再加上除此之外还可能有其他因素会影响到宇宙平均密度的确定, 所以我们现在还不能完全排除宇宙平均密度有超过临界密度的可能性, 或者说不能完全排除宇宙在若干年后有可能开始逐渐收缩,由冷变热,直至收缩成一点,回归到大爆炸初始那种状态,以至形成再爆发再收缩这种循环往复的演化模式。

§5.3 运用航天技术,叩开宇宙之门

20 世纪 50 年代出现了航天技术, 这是人类 20 世纪最伟大的技术成果之一。航天技术又称空间技术,是一项探索、开发和利用太空以及地球以外天体的综合性工程技术, 是一个国家现代技术综合发展水平的重要标志。半个多世纪来,航天技术发展非常迅速,很快从试验阶段进入实用阶段,广泛地应用于科学研究、军事活动和国民经济的诸多方面,不仅给人类带来了巨大的物质利益,而且还对人们的生活方式和思想观念产生了重大的影响。这里,仅就有关用航天技术对宇宙进行新探索的问题作几点说明。

一、航天与航空的区别

所谓航空是指人类在地球大气层中的活动。所使用的飞机、直升机、飞艇和气球等飞行器统称为航空器。所谓航天是指人类冲出地球大气层,到宇宙太空中去活动,即宇宙航行。它所使用的是航天器及其运载火箭。

二、宇宙速度与运载火箭

我们的中学生都学过抛射运动,知道抛射体的初速度愈大,向上抛就能抛得愈高,向前抛就能抛得愈远。人类要克服地球的引力,飞向太空,必须进一步加大航天器的运动速度。

所谓宇宙速度就是指从地球表面向宇宙空间发射的航天器在其入轨处所必须具有的初始速度最小值,可分为以下三种:

（1）作为环绕地球运行的人造地球卫星所必需的速度称为第一宇宙速度,或称环绕速度。其运行轨道为圆轨道,所以也称圆轨道速度。

（2）作为摆脱地球引力场束缚而飞往行星际空间的行星飞行器所必须具有的速度称为第二宇宙速度,或称逃逸速度。其运行轨道为抛物线,所以也称抛物线速度。

（3）作为摆脱太阳系引力场束缚而飞往恒星际空间的恒星际飞行器所必须具有的速度称为第三宇宙速度。其运行轨道为双曲线,所以也称双曲线速度。

宇宙速度的数值与所发射的人造天体入轨点离地面的高度有关。例如,离地面高度为零而又不

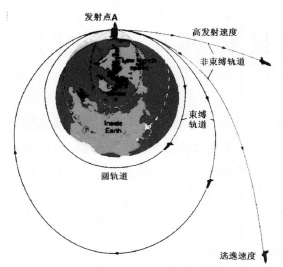

图 5.3.1　三种宇宙速度及其运行轨道

计空气阻力时,第一宇宙速度为 7.9 千米 / 秒,第二宇宙速度为 11.2 千米 / 秒,第三宇宙速度为 16.7 千米 / 秒。

那么,如何才能使要发射的航天器达到所需要的宇宙速度呢?答案就是必须要用运载火箭。正如齐奥尔科夫斯基所说,火箭是人类冲破地球引力飞向太空的工具。火箭里装着不用空气就能点燃的燃料。燃料燃烧时喷出气体,气体的反作用力可以使火箭向前推进。火箭是在飞行过程中不断加速的, 只要加速度不过大,可以保证人和仪器的安全。这种用燃料作动力的火箭,在没有空气的宇宙空间也能飞行。齐奥尔科夫斯基还指出,运载航天器的火箭应是多级火箭。目前,多级火箭一般由三级组成。每级火箭在燃烧完燃料后脱落,接着下一级火箭点燃。这样,火箭就可以不停地加速前进,把航天器送入预定轨道。

三、航天器的分类

航天器按是否载人可分为无人航天器和载人航天器。

航天器按其性能和用途又可分以下几种:

其一是人造地球卫星,按其用途又可分为通讯卫星、气象卫星和军事卫星等。发射这种卫星只需达到第一宇宙速度约每秒 8 千米即可。1957 年,苏联成功发射了人类第一颗人造地球卫星,开创了从太空观测、研究地球和整个宇宙的新时代。

其二是载人飞船,它是能保证航天员在外层空间的生活和工作、执行航天任务并返回地面的航天器,也称宇宙飞船。它是运行时间有限、仅能使用一次的返回型载人航天器。1961 年苏联成功发射了第一艘载人宇宙飞船,也就是由加加林乘坐的"东方"号飞船。载人航天器的上天,使人类能更直接地了解地球所处的宇宙环境。

其三是空间站。它是可供多名航天员巡访、长期工作和居住的载人航天器,又称空间站式轨道站。在空间站运行期间,航天员的替换和物资设备的补充可由载人飞船和航天飞机运送。1971 年, 苏联发射了世界上第一个空间站——"礼炮"1 号航天站。

其四是航天飞机。它是可以重复使用的、往返于地球表面和轨道之间运送有效载荷的飞行器。航天飞机通常设计成火箭推进的飞机，返回地面时能像滑翔机或飞机那样下滑和着陆。它的特点是可以多次重复使用，且用途广泛。1984年4月，美国成功发射了世界上第一架航天飞机——"哥伦比亚"号航天飞机。

其五是行星间航天器，它包括无人的行星间探测器和载人的行星间宇宙飞船，发射这种航天器都必须让它达到第二宇宙速度，即约每秒11千米。1969年7月，美国的"阿波罗"号宇宙飞船飞临月球上空，并用登陆舱把航天员送上月球，实现了人类首次登月。至于众多的无人行星探测器现已飞临太阳系的各大行星。

总之，无人航天器和载人航天器的出现，实现了在没有地球大气干扰的情况下，人类对月球与大行星的逼近观测和直接探测，极大地充实和丰富了人类关于太阳系和宇宙的知识。

四、关于对太空资源的开发

资源是人类赖以生存和发展的物质基础。随着航天技术的出现和不断发展，人类越来越清楚地认识到，为了弥补地球自身资源不足，必须重视对太空资源的开发，其中尤其要重视对太空环境资源、太阳能资源和包括月球资源在内的近地天体资源的开发。

1.对太空环境资源的开发

太空环境有两大特点：一是有极其辽阔的空间，二是具有高真空、强辐射和失重等地面实验室难以模拟的物理条件。发射到太空中的人造地球卫星可以从距离地球数万公里的高度观测地球，迅速、大量地收集有关地球的各种信息，并方便地进行全球通讯、全球电视转播和GPS定位。还可以在卫星上进行各种实验，利用空间站发展太空工业，更有效地生产人类所需的各种产品。

2.对太阳能资源的开发

太阳每秒带给地球的总热量相当于现今全世界每秒发电量的数万倍。太阳能是地球最重要的资源之一，但其绝大部分能源不能透过地球大气层到达地表。如何最大限度地利用太阳能，是摆在科学家面前的重要课题。目前，一些国家的科学家已开始着手研究建太空发电站的方案。这种太空电站通常是一颗带有太阳能电池翼板的同步人造卫星,所以叫做卫星式太阳能电站。太阳能电池翼板由半导体材料硅片所制成,经太阳照射即可直接产生直流电。那么,应用什么方法将电能从太空传输到的球上来呢?目前认为,最好的办法是利用微波来传输。在地面上相应的有一个用很多整流二极管组成的庞大阵列接收天线,它可将接收到的微波经过整流直接变换成直流电,然后再变换成交流电或直接引入输电网,供用户使用。

为什么科学家宁肯把主要精力放在研制太空发电站上而不提倡直接去建更容易做到的地面太阳能发电站呢?这是由这两种发电站的不同特点所决定的。在地面上的确也可以建太阳能发电站,而且建造容易,费用低,电能可直接输往用户,但它也有一些难以克服的缺点。首先,由于昼夜的交替和阴晴雨雪等气象不断变化的影响,导致不能连续使用太阳能,而必须发展有效的贮能技术。其次,地面上太阳能的密度比较低,势必需要很大的收集和转变太阳能的装置,造成很大的占地。然而,对处于离地球35600千米的同步轨道上的卫星式太阳能电站来说,由于它总是悬在地球某处上空,不受地球上各种自然条件的影响,且每天只有72分钟时间钻入地球阴影,其余时间都一直受太阳照射,所以它的发电效率要比地面太阳能发电站高得多。此外,由于它是在太空中运行,所以它自身不占地,更安全、更耐用,而且还为宇宙飞船补充能量带来方便,使人类的使者能够飞往更遥远的星球。

因此,尽管太空太阳能发电站和地面太阳能发电站互有优缺点,但总的比较起来,前者比后者利多弊少,技术上也完全可行。正因为如此,现在卫星式太阳能发电站已成为空间技术研究的重点之一。

3.对包括月球资源在内的近地天体资源的开发

月球上有大量富含铁、硅、铝、钾、磷、铀、钍和稀土元素的矿藏,还富含地球上稀有的能源氦3,而氦3正是进行核聚变反应产生核电的理想燃料。此外,在火星和木星之间的轨道上运行着为数众多的小行星,其中不少小行星富含多种极其珍贵的矿产。从人类目前掌握的航天技术及其发展趋势看,开发月球和小行星的矿产是在不久的将来完全可以实现的事情。

五、对太空环境的保护

1.太空垃圾的产生

所谓太空垃圾是指在人类探索宇宙的过程中有意无意地遗弃在宇宙空间的各种残骸和废物,按照火箭科学家专业的说法叫做"轨道碎片"。目前,太空垃圾大约以每年10%的速度增加,而且体积越来越大。它的来源有三:一是工作终止的航天器;二是爆炸的航天器碎片;三是航天员扔出飞船舱外的垃圾。

2.太空垃圾的危害

太空垃圾主要的危害:一是撞坏正在工作的航天器;二是对航天员的生命安全造成威胁。因为空间垃圾和航天器之间的相对速度很大,一般为每秒几千米至每秒几十千米,即使空间垃圾是一块不大的碎片,也会危及航天器与航天员的安全。碰撞的危险还会随着未来的卫星或其他航天器的体积的增大而增大。目前卫星一般尺寸在几米,最多十几米,受碰撞的可能性不大。今后大型空间结构例如卫星太阳能发电站,它的太阳电池阵的面积将达到100至200平方千米。在这种情况下,卫星受到空间垃圾碰撞的概率将大大增加。

3.如何保持太空清洁

为了保持太空清洁,必须限制太空垃圾的产生并尽可能多地清除已有的太空垃圾。这里重点说一说地球同步轨道上的太空垃圾清除问题。

在地球赤道上空35800千米的高度上,有一个以地球为中心的大圆圈,是太空中用处最大的区域。凡是在这个圆圈上飞行的人造卫星,环绕地球运行的角速度与地球自转的角速度相等。从地球上看,卫星好像停留在天空一动不动。所以,这个大圆圈叫做"地球同步轨道",也称"静止轨道";在地球同步轨道上的卫星就叫"地球同步卫星"或"静止卫星"。静止卫星居高临下,能一眼看到小半个地球。它最适合用作通信和广播的中继站、气象和环境的监视站、给飞机和船舶引路的导航台以及监视地面发射导弹的瞭望台。因此,静止轨道成了太空中人造卫星最密集的区域。据截至2009年1月21日的统计数据,还留在地球上空运行的人造卫星总共有905颗,其中留在同步轨道上运行的卫星达366颗之多。

为了保障静止轨道不受污染,保障静止卫星的安全,如何处理报废的火箭和卫星以及其他太空垃圾的问题已引起联合国探索与和平利用外层空间委员会的重视,并组织航天专家进行会商。航天专家们对清除静止轨道上的太空垃圾提出一些对策,其要点如下:(1)对运载火箭来说,要适当选择发射轨道,使火箭用完后能在较短的时间内自然陨落;或者让火箭在用完后仍具有一定的机动飞行能力,能远离静止轨道。(2)对静止卫星来说,要在卫星进入静止轨道位置之前将卫星上的防尘罩、镜头防护罩等零星抛弃物全部抛掉。静止卫星在寿命结束之前应留有一定的燃料作机动飞行之用,以便退出静止轨道,让出席位。

§5.4 探索地外生命与地外文明

虽然,目前还尚未找到能证明存在地外生命和地外文明的直接证据,但绝大多数科学家相信,生命是物质在一定条件下发展的必然结果,地球绝不会是宇宙中唯一有生命的星球。我们探索宇宙一个重要方面就是要探索地外生命,寻找地外文明。下面概要介绍我们在太阳系内外探索地外生命和地外文明的情况。

一、探索太阳系内的地外生命

就目前所知,在太阳系的各大行星中除地球之外有可能存在生命的第一候选星球是火星。一系列多功能的探索生命的仪器得到改进是与海盗号等宇宙飞船抵达火星表面有关的。就探索原理上说,这样的仪器不仅能揭示出现在的生命,而且还能揭示出过去生命的遗迹以及导致出现生命的条件。

两艘海盗号宇宙飞船于 1976 年抵达火星。每艘飞船都有一个登陆器登陆火星表面,其余部分留在空中轨道上对火星大部分表面区域进行拍摄。每个登陆器分别携带了一个精巧的实验室,用以寻找生命形式。它们在火星上做了三项实验:光合作用实验、呼吸作用实验和放射性同位素实验。从获得的实验结果看,至少在登陆器着陆处没有发现有生命存在的痕迹。

前几年着陆在火星上的美国"勇气号"火星车和"机遇号"火星车对火星进行了实地探测，虽然仍未找到火星上有生命的直接证据，但却找到了火星上曾有过大量液态水的确凿证据。正如前面已谈到的那样，最近美国国家航空和航天局发布消息称，利用高分辨电子显微镜对火星陨石 ALH84001 做出的最新分析显示，这块陨石晶体结构中的 25% 确实是由细菌形成的。这一最新结论提供了火星曾存在过生命的最有力的证据。至于火星上是否至今还存在着生命的问题，现在还没有定论。就火星现状看，尽管不能排除存在低级生命的可能性，但可以肯定它不可能存在有智慧的高级生物。

科学家认为，在太阳系内有可能存在地外生命的星球除火星外还有木卫二等天体。美国国家地理网站盘点了 2009 年度 10 大太空发现，其中之一是发现木卫二海洋中有可能存在类鱼生命。美国亚利桑那州大学科学家理查德·格林伯格说："木卫二的含氧量不仅可以支持只能在显微镜下才看得到的生命形式。从理论上讲，至少有总计达 300 万吨像鱼一样的生物可能生活在木卫二。"他解释道："尽管目前我们不能肯定这里一定存在着生命，但我们知道这里的物理条件能够孕育生命。"

那么，存在生命究竟需要什么样的条件？我们发现，在地球海底火山口附近生活着一些不需要氧气不需要阳光的微生物。这说明哪里具备液态水、热量和有机物这三个基本要素，哪里就有可能存在生命。那么，木卫二具备生命存在的这三个基本要素吗？为此，科学家进行了一系列的探测和研究。

从 1996 年伽利略号对木卫二拍摄的照片上看，这颗星球呈现出冰壳状，表面裂缝交错，有许多弯弯曲曲的褐色条纹，这意味着该星球上存在着有机分子，因为多种有机聚合物是呈褐色的。尽管木卫二表面裂缝交错，但却没什么陨石坑，与表面布满陨石坑的另三颗伽利略卫星大不一样。科学家们研究后认为，木卫二表面裂缝交错是因为木星对它起潮力的拉拽挤压，其作用不仅形成木卫二的表面特征，还使其内部的水以液态存在。此外，伽利略号拍摄的照片还显示出木卫二表面有水流存在。这种现象表明木卫二内核很热，大量热能从火山口或热泉眼喷发出来，导致表面部分冰层融化，并将原有的许多陨石坑填平以至消失。

尤其令人惊奇的是,伽利略号在距木卫二上空400千米掠过时,曾收到其冰层下发出的吱吱叫声。经科学家们分析研究,这种叫声与地球海洋中海豚发出的声音相似,误差率仅为0.001%。据此科学家们推测,如果木卫二上真的有生命,它们最有可能与地球上的海豚相似。美国生物学家还打算在发射下一个探测木星航天器时,让其带去地球海豚"谈话"的录音带,试图传输到木卫二上一探究竟。

综上所述可知,木卫二表面没有陆地,寒冷的外壳冰层下面是一片汪洋大海。海洋正在吸收大量的氧气,海底部分区域应该与地球深海热泉周围环境极为相似,其构成足以支持多种生命形态存活。而格林伯格正是通过对这些情况进行了深入研究之后在2009年11月提出了当前木卫二海洋中至少应该存活300万吨类鱼生命的这种推测。

但推测不等于证实,是对是错还需要通过进一步的探索来检验。为了进一步探索木卫二是否存在生命之谜,目前科学家们已提出多种可行的方案。这里介绍其中的两种方案:

其一是用航天器进行就近探测。美国和欧洲的航天部门正在研制名为"木卫二木星系统任务"的探测器,计划将于2020年发射升空,2026年到达探测区域,其雷达系统可以穿透木卫二冰层,计算出冰层厚度,其他仪器将研究海洋生物迹象。它将帮助科学家缩小可能存在生命区域的范围,为以后的探测提供依据。

其二是用机器人钻入海洋探测,考察并找出微生物,包括不同于地球上的生命形态。然后将其探测结果发回地球,以便最终揭开木卫二是否存在生命之谜。但有一点可以肯定,木卫二与火星一样不可能存在像人一样有高度智慧的生物。

二、对太阳系外的地外文明的估计与探索

鉴于除地球之外在太阳系内找不到具有智慧生物的星球,所以人类已把探索地外文明的目标转向太阳系之外。我们知道,人类在宇宙中并不特殊,太阳只是宇宙中一颗最普通的恒星。然而,我们还不能肯定,因为太阳具有一颗拥有生命的行星地球,所以别的类太阳恒星在其行星系统中必定会有存在生命的行星,

甚至是存在地外文明的星球。我们必须一步一步地继续工作,并尝试就我们所知的生命必需的条件来估计这种可能性的大小。

1.对太阳系外具有地外文明的行星的估计

20世纪60年代,美国天体物理学家德雷克提出了一个著名的公式,后来称之为"绿岸公式",这是对探索地外智慧生命做定量分析的第一次尝试。德雷克提出的"绿岸公式"是这样的:

$$N = R \times Ne \times fp \times fl \times fi \times fe \times L$$

公式中,N代表银河系中可能存在的高技术文明星球数,它取决于等式右边7个参数的乘积。

在这7个参数中:

R表示银河系中恒星的数量。

fp表示拥有行星的恒星所占的比例。

Ne表示具有行星系的恒星周围存在可居住行星的比例。

fl表示在众多可居住行星中真正拥有生命行星所占的比例。

fi表示在拥有生命的行星中拥有智慧生命的行星所占的比例。

fe表示在这些已有智慧生命的行星中具有星际通讯能力的行星所占的比例。

L表示与具有高级技术的文明世界的平均寿命(或者说延续时间),因为只有持续发展很长时间的文明星球才有可能做星际互访。

这7个参数的确切大小目前尚属未知。其中有的参数可取近似值(例如R),有的则纯属主观估计(例如L)。用粗略估计的最低值代入计算,可得到N=40万;用每一项最大可能值计算,则得N=5000万。这就是说,在银河系中的高技术文明星球的数目为40万至5000万个。

美国著名科学作家阿西莫夫根据自己的见解,曾提出与绿岸公式类似的公式,他估计银河系大约存在53万个文明星球,即银河系中每100万颗恒星中,平均可能有18个文明世界。而美国天文学家萨根的推算是,银河系有超过100万个文明星球。它们间的距离可达上百光年。

但是另一些科学家对"生命是宇宙间的普遍现象"的观点持怀疑态度。他们认为,一颗行星要适宜生命的形成发展,需要满足许多必不可少的条件,其中之一就是要能在几十亿年这样长的时间保持适宜的温度,使水保持液态,单就满足这一条的几率已非常小。他们的结论是:生命能在地球上形成是宇宙中的一个特例。即使其他地方出现过生命或外星人,未必能长久地发展和生存下去。人类在宇宙中,至少在可以达到的距离内找不到知音,否则为什么至今没有任何物证能说明外星人来过我们地球。两种观点如此不同,孰是孰非?必须用事实来检验。为此,必须开展对地外生命与地外文明的研究与寻找。

2.寻找太阳系外的类地行星

为了开展对地外生命与地外文明的研究与寻找,需要做许多工作,其中重中之重的工作就是寻找太阳系外的类地行星。到目前为止,通过天文观测,已发现了 500 多颗类太阳恒星有行星系统,但其中绝大多数是不宜生命居住的类木行星。

最近几年,天文学家在探索类地行星方面已取得一些可喜进展,其中之一就是欧洲天文学家首次发现了一颗处于生命可居住地带的类地行星——Gliese581c。Gliese581 是一颗位于天秤座的红矮星,离我们地球约 20 光年,直径约为太阳的 1/3。它有三颗行星,分别为 Gliese581b、Gliese581d 和 Gliese581c。前两颗是不宜生命居住的类木行星,但这第三颗行星 Gliese581c 却是迄今为止在太阳系外发现的最类似地球的行星。其质量约为地球的 5 倍,轨道半径为 0.073 天文单位。虽然它离其母星 Gliese581 较近,但其母星的光度为太阳的 1/100,不太热,所以这第三颗行星表面温度约在 0℃至 40℃之间,有可能存在液态水,处于生命可居住地带。

美国东部时间 2009 年 3 月 6 日 22 时 49 分(北京时间 7 日 11 时 49 分),世界首个用于探测太阳系外类地行星的飞行器——"开普勒"太空望远镜在美国卡纳维拉尔角空军基地发射升空。在至少 3 年半的任务期内,"开普勒"太空望远镜将对天鹅座和天琴座中大约 10 万个恒星系统展开观测,以寻找类地行星和生命存在的迹象。"开普勒"太空望远镜携带的光度计装备有直径为 95 厘米的透镜,它将通过观测行星的"凌日"现象搜寻太阳系外类地行星。天文学家认为在这些类地行星上有可能孕育生命,因而极具研究意义。

3.茫茫宇宙觅知音

由于恒星间的距离实在太大,从现有的技术水平来看,人类要想亲身飞到有可能存在地外文明的行星直接进行现场探测是不现实的。目前所能采取的探索地外文明的办法有以下两种:第一种方法是用无人驾驶的宇宙飞船将我们地球的信息带给地外智慧生物,即所谓的外星人;第二种方法是与外星人进行无线电联系,即收听他们发来的电波,或者主动向外发射信息宣告我们地球上智慧生物的存在。

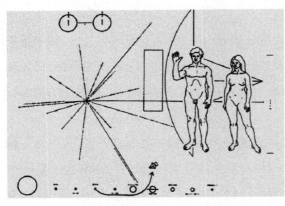

图 5.4.1　地球名片

1972 年 3 月和 1973 年 4 月,美国发射的 "先驱者 11 号"、"先驱者 12 号"宇宙探测器分别携带有一块同样的被称为"地球名片"的镀金铝板,它长 22.5 厘米,宽 15 厘米。如图 5.4.1 所示,其左半部上方刻的是氢原子的结构,中间刻的放射线代表离地球最近的一些脉冲星的位置,下方刻的一个大圆圈和九个小圆圈代表太阳和八大行星及冥王星,并标明探测器是从第三个行星地球发射出去的;其右半部刻有一男一女的裸体像,代表地球上的人类。

1977 年 8 月和 9 月,美国发射的"旅行者 1 号"和"旅行者 2 号"宇宙探测器各自携带一张直径 30.5 厘米的镀金铜质唱片,在这称为"地球之音"的唱片上,录有 115 幅照片、35 种各类声音、近 60 种语言的问候语和 27 首世界著名乐曲等反映地球信息的音像资料。

在 35 种声音中,有年轻的地球火山的阵发性怒吼,风的沙沙声,一条河流的哗哗声,青蛙和鸟类的合唱,鲸鱼在其老家海洋中怪异而令人愉悦的歌唱和人的声音、心跳、走步声、孩子们的笑声等声音。

在 27 首世界著名乐曲中,有巴赫的 C 大调《前奏曲与赋格曲》第一部分,贝多芬的《第五交响乐》(即《命运》)第一乐章,用不可思议的长笛吹奏的莫扎特的

夜美人咏叹调，春日祭天仪式歌曲，来
自地球各地的民歌和乐曲以及中国古
筝演奏的《高山流水》中的《流水》片断
等。

在众多的照片中，有人类对世界的
勾画，太阳在宇宙空间中的位置，人的
一生——婴儿的诞生、幼儿期和成长期
以及复杂的一生的隐约出现，城市、房
屋、植物和动物以及风景画，海洋，一次
日落，持矛狩猎的人，在宇宙中行走的

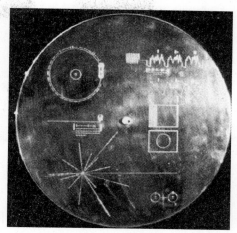

图 5.4.2　地球之音

宇航员，奥林匹克短跑，交通堵塞和我国的八达岭长城等。

在近 60 种语言的问候语中，有三种是我国南方的方言，即广东话、闽南话和
客家话，此外还包括用古老的苏美尔语对地外星球的问候。这两张唱片外面还包
了一层特制的铝套，可使唱片保存 10 亿年不坏。

由于人类目前发射的宇宙飞船的速度不到光速的万分之一，即使飞到离我
们最近的恒星也要数万年之久。我们希望有朝一日这些宇宙飞船被外星人截获。
这样，上述音像资料就应能使这些聪明的外星人发现地球。在经历任何人都捉摸
不定的一个时期之后，这些应人类的邀请而来的聪明生物将发现什么呢？可能是
一个由人类遥远的后代所居住的地球，这些后代在智能上和外形上都不同于我
们，正如我们来自曾是我们祖先的那些小动物；也可能将发现的是一个被污染、
有毒、找不到生命的地球。

显然，这种探索地外文明的方法远不如用无线电波与外星人联系快捷，而要
应用后一种方法，首先要学会鉴别无线电波中的人为信号，进而能运用这种信号
相互交流信息。例如，以下的信号明显是人为的。在图 5.4.3 中，由射电望远镜在
指向某一射电源时所接到的一封电报显然是由 1、2、3、4、6 所组成的。发报者希
望接收者按 1、2、3、4、6 的顺序发报；在回电中被加上的信号 5 应是"可接收和可
理解的"信号。

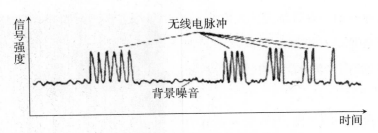

图 5.4.3　射电望远镜接收到的信号明显地由人为所致

　　一旦联系建立起来,就应建立起一种通用的语言。当发现罗塞达碑时,在翻译和理解古埃及象形文字方面出现了一个重大的突破。罗塞达碑是一块厚板,上面用埃及象形文字和古希腊文字刻着同样的文告。幸好我们有一块宇宙的罗塞达碑。当一种文明发展到某种科学水平时,它就认识到,氢、氦和其他元素可以排列在元素周期表中。无论在宇宙的何处居住,也无论在什么时期,这种文明就能做到这一点。由于存在着唯一的元素周期表,大量的原子核的、物理的、化学的以及数学的资料,于是在我们与外星人之间就有可能建立起一种通用的语言。有了通用的语言,我们与外星人在相互交流信息方面将会变得顺畅起来。

　　1960 年,美国制订了一个"奥兹玛"计划,即利用射电天文台监测宇宙中两个星座的无线电波。这是一个被动式收听地外文明之音的计划,奥兹是神话故事中的一个地名,那是一个非常奇异、非常遥远和难以到达的地方,在那里居住着一位名叫奥兹玛的公主。该计划的含义是"寻找遥远的地外文明",目的是搜索"外星人"的来电。该天文台使用一台口径为 26 米的射电望远镜并选择 21 厘米的波长来接收外界信号。德雷克等人首先将射电天线对准了鲸鱼座的一颗类似太阳的恒星,它距地球 11.9 光年,结果是一无所获。之后,他们又把天线对准了另一个目标——波江座 e 星(距地球 10.7 光年),最初收到了一个每秒8 个脉冲的强无线电信号,10 天之后此信号又出现了。不过这并不是人们期待的"外星人"电报信号。奥兹玛计划在 3 个月中,累计"监听"150 小时,最终未获得任何成功的结果。虽然如此,这毕竟开创了人类寻找地外智慧生命的新纪元。

　　1974 年 11 月 16 日,在波多黎各落成的阿雷西博射电望远镜向武仙座球状星团 M13 发出第一封传达地球人类信息的电报。这封用二进制数码编制的电报,总共有 1679 个 0 和 1 的字码。因为电报中的字码数为 1679,恰好是 23 和73

的乘积，所以电报中的字码可排成一张有73行字，每行23个字的长方形电码图。将图中的1都涂黑，就可得到一张隐藏了地球和地球人丰富信息的图表，如图5.4.4所示。在这封图像电报的顶部是数字1、2、3、4、5、6、7、8、9、10的二进制数码图案。下一图案是构成地球生命不可缺少的氢、碳、氮、氧和磷5种基本元素的原子序数的二进制数码图案。再接下来的四个图案是表示由这些元素组成的有机分子，人类的遗传基因DNA和双螺旋结构以及地球人形图案。在人形图案之下是太阳系略图，处在最右边的最大的

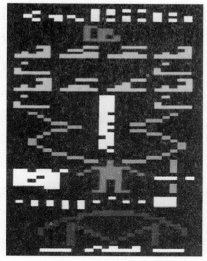

图5.4.4　第一封传达地球
人类信息的电报

方块是太阳，在其左边的9个方块依次为水星、金星、地球、火星、木星、土星、天王星、海王星和冥王星。在太阳系略图之下是象征发这一电报具有弧形凹面的阿雷西博射电望远镜。

武仙座球状星团M13距离太阳超过2万光年，直径达200光年，星团内密集了几十万颗恒星，其中存在智慧生命的概率很大。尽管我们并不知道有智慧生命的星球在此星团的何处，但只要星团M13中有一颗恒星周围具有智慧生命，并具有像我们一样强大的射电望远镜，他们就有可能收到我们发去的这封电报。可以相信，聪明的外星人收到这封电报后不难通过对这张电码图分析，了解我们的地球和人类的丰富信息，并发电报给我们回复。

虽然电磁波传播速度很快，但因星际距离实在太大，所以完成一次星际对话需要很长时间，少则数十年，多则若干万年。这个限制导致所进行的星际对话往往不是由同代的地球人与外星人所能完成的。例如，今天我们向对方发出信息，通常收到信息的是对方的后代，再由对方的后代发回答复，而能收到这种答复的只能是我们的后代。

由此可见，人类要探索地外文明，真是道漫漫而修长。在此刻，天文学家将继续进行他的研究，企求在对人在宇宙中确切位置的了解上增进他的知识。正如天

文学家哈勃所说:"至于未来,宇宙空间可能会随时间的推移而增大,而人类是有可能穿越太空到更远的地方的。仪器将日益昂贵,进展却日益缓慢。今天,我们的视野已深入到宇宙深处,我们对自己的近邻已了解得相当清楚。但随着距离的增大,我们知识的增长速度变得越来越小。但我们仍将继续努力搜寻更加遥远的宇宙深处,直到最暗淡的视界处为止。这种努力比历史更久长。人类并不总是如愿以偿,却从不停下脚步。"

链接知识:黑洞、白洞与虫洞

在人类对未知世界的各种探索中,对黑洞、白洞与虫洞的探索越来越引起人们的兴趣和关注。这里对它们分别作一概要介绍。

一、黑洞

黑洞是我们宇宙中最奇怪、最神秘的物体。天文学家相信在宇宙中有无数的黑洞,并且认为黑洞是涵盖了一切事物开始的关键。它们是未知世界的大门,要探索宇宙的由来离不开对黑洞的研究。

1.黑洞的成因与分类

在前面有关恒星演化的理论中已谈到,一个大质量的恒星在其生命最后阶段会因自身的引力而坍缩。它自身的引力是如此之强,使它的核坍塌直至成为一个没有大小、密度极大的数学上的点。围绕这个点有一个直径只有几千米被称为视界的区域,这里引力强得使任何东西、甚至于连光都不能逃逸出去,这就是黑洞。其实,除此之外,黑洞还有一种成因。在宇宙大爆炸的早期,宇宙的压力和能量是如此之大,足以使一些物质小团块压缩成为不同尺度和质量的太初黑洞。

通常,对一个物体的完整描述需要很多参量,而黑洞只需用质量、角动量和电荷三个参量描述。由质量、角动量和电荷描述的黑洞只有四种类型:最简化的无电荷、无转动的球对称黑洞——史瓦西黑洞;有电荷、无转动的球对称黑洞——雷斯勒—诺斯特诺姆黑洞;无电荷但有转动的黑洞——克尔黑洞;以及又带电荷又有转动的黑洞——克尔—纽曼黑洞。

2.黑洞的碰撞和黑洞的蒸发

早期宇宙物质的分布相对集中,彼此之间相隔的距离不远,在各处飘荡着的黑洞很有可能相互遭遇,导致两个具有强大引力场的天体发生剧烈的碰撞,然后合而为一。

此外,在一些星系内部,星系中心的强引力会使邻近的恒星及星际物质更加趋向中心,当聚集在一起的质量大到一定程度的时候,就会坍缩成黑洞。或者,星系中心区域的一些大质量恒星死亡后坍缩成小黑洞,它们有许多机会相互碰撞而形成更大的黑洞。在我们的银河系中心和类星体中心都有这种超级大黑洞。

在1974年霍金提出黑洞蒸发理论之前,一般认为,黑洞一旦形成就不会转化为别的什么东西。黑洞的质量只会因吸进外界的物质而增加,绝不会因逃脱物质而减少。也就是说,按照经典物理学,黑洞是不能向外发出辐射的。但霍金认为,按照量子力学,可以允许粒子从黑洞中逃逸出来。

霍金解释道:量子力学表明,整个空间充满了"虚的"粒子反粒子对,它们不断地成对产生、分开,然后又聚到一块并互相湮灭。因为这些粒子不像"实的"粒子那样,不能用粒子加速器直接观测到,所以被称作虚的。尽管如此,可以测量它们的间接效应。由它们在受激氢原子发射的光谱上产生的很小位移(蓝姆位移)证实了虚粒子的存在。现在,在黑洞存在的情形下,虚粒子对中的一个成员可以落到黑洞里去,留下来的另一个成员就失去可以与之湮灭的配偶。这个被背弃的粒子或反粒子,可以跟随其配偶落到黑洞中去,但是它也可以逃逸到无穷远去,作为从黑洞发出的辐射而存在。

由于黑洞质量越小,其引力场就越小,粒子逃逸的过程就变得越容易,因此黑洞粒子的发射率及其表面温度就越大。黑洞向外辐射粒子导致黑洞质量减小,进一步导致了辐射速率和温度的上升,因而黑洞的质量就减小得更快。当黑洞的质量变得极小的时候,它将在一个巨大的、相当于千百万颗氢弹爆炸的发射中结束自己的历史。

3.对黑洞的寻找

黑洞与白矮星、中子星一样,都是先有理论预言然后开始实际的寻找。随着白矮星和中子星的相继发现,寻找黑洞就成为天文学家需要解决的一个课题。虽然,黑洞并不发光,不能直接观测到,但它与周围物体有相互作用,所以天文学家还是可以利用多种间接的方法寻找黑洞。现在普遍认为,寻找黑洞最好从 X 射线双星着手。如果一个发射强大的 X 射线的双星系统中有一颗子星看不见,又可根据另一颗可见子星的轨道运动估计出看不见的子星的质量远大于中子星质量的上限,那么这个发射 X 射线的天体不应是中子星,很可能是黑洞。

现在,天文学家用这种方法已确定了多个黑洞候选者,其中最佳候选者当数作为发射这种强大的 X 射线的双星系统之一的天鹅 X-1。正如霍金所言,对这种现象的最好解释是,物质从可见星的表面被吹起来,当它落向不可见的伴星之时,发展成螺旋状的轨道,并且变得非常热而发出 X 射线。为了使这种机制起作用,不可见伴星必须非常小,像白矮星、中子星或黑洞那样。通过观察可见星的轨道,人们可推算出不可见伴星的最小可能质量。在天鹅 X-1 中,不可见伴星的质量大约是太阳的 6 倍。按照恒星演化理论,它的质量太大,既不可能是白矮星,也不可能是中子星。由此看来它只能是一个黑洞。

二、白洞

白洞也是理论预言的一种天体。其理论依据是物质世界的对称性:即世界上任何一种物质都会有一种反物质与它对称。例如,现已证实的电子与反电子,质子与反质子,它们大小相等,正负相反,完全对称。如若两者相遇,就会湮灭。如果存在一种东西能落进去而不能跑出来的称作黑洞的物体,那就应该存在东西能跑出来而不能落进去的另一种物体。人们把后者称作白洞。

白洞与黑洞相对称。在所有关于黑洞的方程中,将时间量加一个负号就能适合于白洞。白洞也有一个视界。与黑洞相反,所有物质和能量都不能进入白洞的视界,而只能从其视界内部喷射出来。白洞是宇宙中的喷射源,以与黑洞吞噬物质相反的方式向外界喷射物质和能量。

宇宙创生的大爆炸理论描述了我们现在所观测到的宇宙中的一切都是源于137 亿年前的一个物质奇点。这个奇点就很符合白洞所描述的概念。不过,白洞目前还只是一种理论模型,尚未被观测所证实,究竟是否存在,还有待于今后进一步探索。

三、虫洞

作为时空隧道的"虫洞"越来越引起人们的关注。这首先是因为它是星际航行的捷径。例如,从地球飞往最近的恒星半人马座比邻星,将要飞行 4 光年的旅程,而通过"虫洞"却只需几小时。那么,究竟什么是"虫洞"?这要从宇宙大爆炸学说和爱因斯坦广义相对论说起。

按宇宙大爆炸学说,我们的宇宙是由一个高温、高压、高密度的火球爆炸形成的。这个火球通常被形象地称为"宇宙蛋"。既然一个"宇宙蛋"可以爆炸成一个宇宙,怎么不会有另一个"宇宙蛋"爆炸成另一个"兄弟宇宙"呢?由此可见,我们的宇宙很可能仅仅是无数个宇宙中的一个。

根据爱因斯坦广义相对论,一个黑洞就是通往另一个宇宙的大门,所有通过黑洞的物质都将进入外部的时空。这个新的时空萌芽于我们所在的宇宙。所以,科学家称之为婴儿宇宙。每当我们的宇宙出现一个黑洞,就导致另一个婴儿宇宙的诞生。随后,这个宇宙慢慢成熟。

科学家认为,我们的宇宙有可能通过黑洞与其他宇宙相互连接,其他宇宙之间也会相互连接。所谓"虫洞"就是连接不同宇宙之间或同一宇宙中的不同地点之间的某种隧道。所以,物质可以通过这个隧道进入到不同的宇宙或同一宇宙的不同地点。不仅如此,在"虫洞"的一个尽头的时间不一定与另一个尽头的时间一致。这就引发人们对快速星际旅行和时间旅行是否可行这类有趣问题开展了探讨。

有些科学家认为,虫洞的进口是黑洞,出口是白洞,虫洞就是连接黑洞与白洞的某种神秘的通道。宇宙中的物质和能量可能在进入黑洞视界到达奇点后,通过虫洞到白洞,再从白洞的视界喷射出来。也许我们现在所观测到的宇宙是在比137 亿年更久远的"以前",由另一个宇宙塌缩后进入黑洞,又经过虫洞,从白洞中喷射、爆发出来的。换言之,我们的宇宙也可能曾是一个婴儿宇宙,诞生于某个宇宙产生一个黑洞的时刻。

根据爱因斯坦广义相对论,时空不能脱离物质而存在。空间的曲率由其所包含的物质或与物质等价的能量而决定。我们的宇宙本身就是一个扭曲得很厉害的多连通时空,不过"虫洞"时开时合,比较难找。更有创意的一种意见认为,可以人为设法制造"虫洞"。例如,有两只蚂蚁在一张纸上相距甚远,如果把这张纸弯曲或对折,再挖破纸形成一个直接连接两只蚂蚁的洞,那么,这个洞就是人为制造的"虫洞"。制造"虫洞"的方法之一是扩大微观尺度的虫洞。在 10^{-33} 厘米的微观世界里,空间如开水沸腾般地进行复杂的晃动,类似虫洞的结构在其中不断出现又消失,我们可以对此微观尺度的虫洞灌进负能量并使其扩大,成为安全可行的快速通道。

虽然,"虫洞"问题的研究还只是刚刚起步,但却引起越来越多的人的兴趣。因为人们认识到,"虫洞"不仅有可能成为星际旅行的捷径,而且它冲破了以往对宇宙结局的悲观成见,其意义之深远不可估量。

附录一:天文常数与相关常数

1.1 物理常数

光速 $c = 299792.5 \times 10^3$ 米／秒

引力常数 $G = 6.6720 \times 10^{-11}$ 牛顿·米^2／千克^2

普朗克常数 $h = 6.626 \times 10^{-34}$ 焦耳·秒

玻茨曼常数 $k = 1.380 \times 10^{-23}$ 焦耳／开

气体常数 $R = 8.317$ 焦耳／(开·摩尔)

阿沃格德罗数 $N = 6.025 \times 10^{23}$／摩尔

斯忒藩—玻耳兹曼常数 $\sigma = 5.669 \times 10^{-8}$ 瓦／(米^2·开^4)

维也纳置换律常数 $\lambda_{max} = 2.90 \times 10^{-3}$ 米·开

电子质量 $m_e = 9.108 \times 10^{-31}$ 千克

电子电量 $e = 4.80 \times 10^{-10}$ 电子伏特

真空介电常数 $= 8.85424 \times 10^{-12}$ 法拉／米

1.2 时间

秒长:

1 历书秒 = 1900 年的回归年的长的 1／31556925.975

1 平太阳秒 = 1 历书秒 ± 1／10^8 历书秒

1 平太阳秒 = 1.0027379093 平恒星秒

日长：

1 平太阳日 = 1.0027379093 恒星日

            = 24 小时 03 分 56.5554 平太阳时

            = 86636.5554 平太阳秒

1 恒星日 = 0.9975626964 平太阳日

            = 23 小时 56 分 0.40905 秒平太阳时

            = 86164.0905 平太阳秒

月长：

朔望月 29.53059 日　29 日 12 时 44 分 03 秒

恒星月 27.32166　27 日 07 时 43 分 12 秒

近点月 27.55455　27 日 07 时 18 分 13 秒

交点月 27.21222　27 日 05 时 05 分 36 秒

回归月 27.32158　27 日 07 时 43 分 05 秒

年长：

回归年（从春分点到春分点）　　365.24220 日　365 日 05 时 48 分 46 秒

恒星年（从指定恒星到指定恒星）365.25636 日　365 日 06 时 09 分 10 秒

近点年（从近地点到近地点）　　365.25964 日　365 日 06 时 13 分 53 秒

儒略年　　　　　　　　　　　365.25 日　　365 日 06 时 00 分 00 秒

1.3 数学常数

1 弧度 = $57°17'44''.80625$ = $57.29578°$ = $3437.74677'$ = $206264.80625''$

球面上的平方度数 = 41252.96125

圆周率 π = 3.14159

自然对数的底数 e = 2.71828

$\log_{10}e$ = 2.30259

1.4 物理量的单位与符号

物理量	单位名称	符号
长度	米	m
质量	千克	kg
时间	秒	S
电流强度	安培	A
热力学温度	绝对温标	K
能量	焦耳（千克·米^2／秒^2）	J
功率	瓦特（千克·米^2／秒^3）	W
力	牛顿（千克·米／秒^2）	N
电子电量	库伦（安培秒）	C
磁通量	泰斯拉（千克／〔秒^2·安培〕）	T
频率	赫兹（1／秒）	Hz

1.5 单位的换算

1 千米 = 0.62137 英里 = 0.53996 海里 = 6076.11 英尺

1 埃 = 10^{-7} 毫米 = 10^{-10} 米

1 天文单位 = 149600000 千米 = 92960000 英里

1 光年 = 9.46053×10^{15} 米 = 63239.8 天文单位

1 秒差距 = 206264.8 天文单位 = 3.261633 光年

1 千米／秒 = 22369 英里／小时

1 天文单位／年 = 2.9456 英里／秒 = 4.7404 千米／秒

1 千克 = 2.204622 英磅

1 电子伏特（eV）= 1.60206×10^{-19} 焦耳

1 达因 = 10^{-5} 牛顿

1 尔格 = 10^{-7} 焦耳

1 毫巴 = 10^2 引力常数·牛顿／米^2

1 高斯 = 10^4 泰斯拉

1 尔格／秒 = 10^{-7} 瓦特

0K = 273℃ = −459°F

273K = 0℃ = 32°F

K = C+273

F =（5/9）（°F−32）

附录二：太阳系主要天体数据

2.1 太阳、地球与月球的常用数据

1.太阳

半径 = 696000 千米（约为地球半径的 109 倍）

质量 = 1.99×10^{30} 千克（约为地球质量的 33 万倍）

平均密度 = 1.41×10^3 千克／米^3（约为地球平均密度的 1/4）

表面重力加速度 = 2.74×10^2 米／秒^2（约为地球表面重力加速度的27.9 倍）

表面逃逸速度 = 618 千米／秒

太阳常数 = 1.97 卡/（厘米^2·秒）

总辐射功率 = 3.83×10^{26} 焦耳／秒

日地平均距离（1 个天文单位）AU = 1.4960×10^8 千米（约为 1.5 亿千米）

日地最远距离 = 1.5210×10^8 千米

日地最近距离 = 1.4710×10^8 千米

视星等 = −26.82 等

绝对星等 = 4.83 等

2.地球

赤道半径 = 6378.140 千米

极半径 = 6356.755 千米

平均半径 = 6371.004 千米

质量 = 5.98×10^{24} 千克

平均密度 = 5.518×10^3 千克／米^3

地球表面重力加速度（地理纬度 $\phi = 45°$处）= 9.8061 米／秒^2

表面逃逸速度 = 11.2 千米／秒

3.月球

平均半径 = 1738 千米

质量 = 7.35×10^{22} 千克（约为地球质量的 1/81.3）

平均密度 = 3.34 千克／米^3

表面重力加速度 = 1.62 米／秒^2（约为地球表面重力加速度的 1/6）

表面逃逸速度 = 2.38 千米／秒

2.2 八大行星与冥王星的物理参数

行星	赤道半径（千米）	扁率	质量（地球为1）	平均密度	表面重力（地球为1）	逃逸速度（千米／秒）	自转周期	赤道与轨道交角
水星	2440	0.0	0.0562	5.43	0.38	4.3	58.65 天	0
金星	6052	0.0	0.815	5.24	0.91	10.4	243.02 天	177.8
地球	6378	0.0034	1.000	5.52	1.00	11.2	$23^h56^m04^s$	23°27′
火星	3397	0.0059	0.012	3.94	0.39	5.0	$24^h37^m23^s$	23°27′
木星	71492	0.0637	317.9	1.33	2.54	59.6	$9^h50^m30^s$	3°07′
土星	60268	0.102	95.1	0.70	1.07	35.6	10^h14^m	26°44′
天王星	25559	0.024	14.56	1.30	0.90	21.3	16^h03^m	97°52′
海王星	24764	0.027	17.24	1.76	1.41	23.8	16^h03^m	29°35′
冥王星	1195	?	0.0018	1.10	0.06	1.2	6.39 天	119°37′

2.3 太阳系的主要卫星

行星	卫星	最亮星等	直径(千米)	与行星平均距离(千米)	公转周期 日 时 分	转道倾角(度)
地球	月球	-12.7	3476	384000	27 07 43	18 至 28
火星	火卫一	11.6	21	9380	0 07 39	1.02
	火卫二	12.7	12	23500	1 06 18	2
木星	木卫一	5.0	3630	421600	1 18 28	0.027
	木卫二	5.3	3138	670900	3 13 14	0.47
	木卫三	4.6	5262	1070000	7 03 43	0.18
	木卫四	5.6	4800	1880000	16 16 32	0.25
土星	土卫一	12.5	392	186000	0 22 37	1.52
	土卫二	11.8	500	238000	1 08 53	0.02
	土卫三	10.3	1060	295000	1 21 28	1.09
	土卫四	10.4	1120	377000	2 17 41	0.02
	土卫五	9.7	1530	527000	4 12 25	0.35
	土卫六	8.4	5150	1222000	15 22	0.33
天王星	天卫一	14.0	1330	192000	2 12 29	0
	天卫二	14.9	1110	267000	4 03 29	0
	天卫三	13.9	1600	438000	8 16 56	0
	天卫四	14.1	1630	587000	13 11 07	0
	天卫五	16.5	485	130000	1 09 56	3.4
海王星	海卫一	13.6	3500	355000	5 21 03	20
冥王星	冥卫一	17.0	(1000)	19700	6 09 17	0

2.4 四颗最大的小行星

序号	中译名	英文名	m_0(m)	ω(度)	Ω(度)	I(度)	e	a(AU)	μ(度)
1	谷神星	Ceres	7.9	72.85	80.1	10.6	0.078	2.77	0.2142
2	智神星	Pallas	8.5	309.9	172.6	34.8	0.233	2.77	0.2136
3	婚神星	Juno	9.8	247.0	169.9	13.0	0.258	2.67	0.2260
4	灶神星	vesta	6.8	150.6	103.4	7.1	0.089	2.36	0.2716

注: 谷神星现已升格为矮行星。这里 m_0 是处于冲时的星等，ω、Ω、I 是近日点角距、升交点黄经、轨道倾角，a 是天文单位(AU)表示的轨道半长径，e 为偏心率，μ 为平均每日角速度。1950年黄道和春分点，历元为 1984 年。

2.5 出现过 10 次以上的周期彗星

序号	彗星名称	周期	最初出现	最近回归	回归次数	q	e	Q	i
1	恩克	3.30	1786	1984	53	0.340	0.847	4.10	11.9
2	格里格－斯克杰利厄普	5.10	1902	1982	14	0.993	0.665	4.93	21.1
3	坦普尔Ⅱ	5.27	1873	1987	18	1.369	0.548	4.69	12.5
4	阿雷斯特	6.23	1951	1982	14	1.164	0.656	5.61	16.7
5	宠斯－温尼克	6.36	1819	1989	20	1.254	0.635	5.61	22.3
6	科普夫	6.43	1906	1988	13	1.572	0.545	5.34	4.7
7	贾可比尼	6.52	1900	1991	11	0.996	0.715	5.99	31.7
8	博雷尔	6.77	1905	1987	11	1.319	0.631	5.84	30.2
9	布鲁克斯Ⅱ	6.90	1889	1987	12	1.850	0.490	5.39	5.5
10	芬利	6.95	1886	1988	11	1.096	0.699	6.19	3.6
11	法伊	7.39	1943	1984	17	1.610	0.576	5.98	9.1
12	沃尔夫	8.42	1884	1992	14	2.501	0.396	5.78	27.3
13	塔特尔	13.68	1790	1992	11	2.501	0.823	206.9	269.9
14	哈雷	76.0	−466	1986	29	0.587	0.967	35.30	162.2

注：表中 q 和 Q 是以天文单位表示的近日点和远日点的距离，e 是轨道偏心率，i 是轨道倾角，历元为 1950.0。

2.6 夜间出现的流星群

出现者名称	可见日期	出现率最高时期	辐射点 赤经	辐射点 赤纬
天龙座	1月1日至4日	1月4日	15时28分	+50°
南冕座	3月14日至18日	3月16日	16时20分	−48°
天琴座	4月19日至23日	4月22日	18时08分	+32°
宝瓶座 η	5月1日至8日	5月5日	23时24分	00°
蛇夫座	6月17日至26日	6月20日	17时20分	−20°
摩羯座	7月10日至8月5日	7月25日	21时00分	−15°
宝瓶座 δ	7月15日至8月15日	7月29日	22时36分	−17°
南鱼座	7月15日至8月20日	7月30日	22时40分	−30°
摩羯座 α	7月15日至8月25日	8月1日	20时36分	−10°
宝瓶座 ι	7月15日至8月25日	8月5日	22时32分	−15°
英仙座	7月25日至8月17日	8月12日	03时04分	+58°
天鹅座 κ	8月18日至22日	8月20日	19时20分	+55°
猎户座	10月17日至26日	10月21日	06时24分	+15°
金牛座	10月10日至12月5日	11月1日	03时28分	+14°
狮子座	11月14日至20日	11月17日	10时08分	+22°
凤凰座	12月5日（1天）	12月5日	01时00分	−55°
双子座	12月7日至15日	12月13日	07时28分	+32°
小熊座	12月17日至24日	12月22日	14时28分	+78°

附录三:星座与亮星

3.1 全天 88 个星座表

序号	拉丁名	缩写	汉语名	位置	面积(平方度)	亮于 6 等的星数
1	Andromeda	And	仙女座	北天	722	100
2	Antlia	Ant	唧筒座	南天	239	20
3	Apus	Aps	天燕座	南天	206	20
4	Aquarius	Aqr	宝瓶座	赤道	980	90
5	Aquila	Aql	天鹰座	赤道	652	70
6	Ara	Ara	天坛座	南天	237	30
7	Aries	Ari	白羊座	赤道	441	50
8	Auriga	Aur	御夫座	北天	657	90
9	Bootes	Boo	牧夫座	赤道	907	90
10	Caelum	Cae	雕具座	南天	125	10
11	Camelopardalis	Cam	鹿豹座	北天	757	50
12	Cancer	Cnc	巨蟹座	赤道	506	60
13	CanesVenatici	CVn	猎犬座	北天	465	30
14	CanisMajor	CMa	大犬座	赤道	380	80
15	CanisMinor	CMi	小犬座	赤道	183	20
16	Capricornus	Cap	摩羯座	赤道	414	50
17	Carina	Car	船底座	南天	494	110
18	Cassiopeia	Cas	仙后座	北天	598	90
19	Centaurus	Cen	半人马座	南天	1060	150
20	Cepheus	Cep	仙王座	北天	588	60
21	Cetus	Cet	鲸鱼座	赤道	1231	100
22	Chamaeleon	Cha	蝘蜓座	南天	132	20
23	Circinus	Cir	圆规座	南天	93	20
24	Columba	Col	天鸽座	南天	270	40
25	ComaBerenices	Com	后发座	赤道	386	53
26	CoronaAustrilis	CrA	南冕座	南天	128	25
27	CoronaBorealis	CrB	北冕座	赤道	179	20

序号	拉丁名	缩写	汉语名	位置	面积(平方度)	亮于 6 等的星数
28	Corvus	Crv	乌鸦座	赤道	184	15
29	Crater	Crt	巨爵座	赤道	282	20
30	Crux	Cru	南十字座	南天	68	30
31	Cygnus	Cyg	天鹅座	北天	804	150
32	Delphinus	Del	海豚座	赤道	189	30
33	Dorado	Dor	箭鱼座	南天	179	20
34	Draco	Dra	天龙座	北天	1083	80
35	Equuleus	Equ	小马座	赤道	72	10
36	Eridanus	Eri	波江座	赤道	1138	100
37	Fornax	For	天炉座	赤道	398	35
38	Gemini	Gem	双子座	赤道	514	70
39	Grus	Gru	天鹤座	南天	366	30
40	Hercules	Her	武仙座	赤道	1225	140
41	Horologium	Hor	时钟座	南天	249	20
42	Hydra	Hya	长蛇座	赤道	1303	20
43	Hydrus	Hyi	水蛇座	南天	243	20
44	Indus	Ind	印第安座	南天	294	20
45	Lacerta	Lac	蝎虎座	北天	201	35
46	Leo	Leo	狮子座	赤道	947	70
47	LeoMinor	LMi	小狮座	赤道	232	20
48	Lepus	Lep	天兔座	赤道	290	40
49	Libra	Lib	天秤座	赤道	538	50
50	Lupus	Lup	豺狼座	南天	334	70
51	Lynx	Lyn	天猫座	北天	545	60
52	Lyra	Lyr	天琴座	北天	286	45
53	Mensa	Men	山案座	南天	153	15
54	Microseopium	Mic	显微镜座	南天	210	20
55	Monoceros	Mon	麒麟座	南天	483	85
56	Musca	Mus	苍蝇座	南天	138	30
57	Norma	Nor	矩尺座	南天	165	20
58	Octans	Oct	南极座	南天	291	35
59	Ophiuchus	Oph	蛇夫座	赤道	948	100
60	Orion	Ori	猎户座	赤道	594	120
61	Pavo	Pav	孔雀座	南天	378	45
62	Pegasus	Peg	飞马座	赤道	1121	100
63	Perseus	Per	英仙座	北天	615	90
64	Phoenix	Phe	凤凰座	南天	469	40
65	Pictor	Pic	绘架座	南天	247	30

序号	拉丁名	缩写	汉语名	位置	面积（平方度）	亮于6等的星数
66	Pisces	Psc	双鱼座	赤道	889	75
67	PiscisAustrinus	PsA	南鱼座	赤道	245	25
68	Puppis	Pup	船尾座	赤道	673	140
69	Pyxis	Pyx	罗盘座	赤道	221	25
70	Reticulum	Ret	网罟座	南天	114	15
71	Sagitta	Sge	天箭座	赤道	80	20
72	Sagittarius	Sgr	人马座	赤道	867	115
73	Scorpius	Sco	天蝎座	赤道	497	100
74	Sculptor	Scl	玉夫座	赤道	475	30
75	Scutum	Sct	盾牌座	赤道	109	20
76	Serpens	Ser	巨蛇座	赤道	637	60
77	Sextans	Sex	六分仪座	赤道	314	25
78	Taurus	Tau	金牛座	赤道	797	125
79	Telescopium	Tel	望远镜座	南天	252	30
80	Triangulum	Tri	三角座	赤道	132	15
81	TriangulumAustrale	TrA	南三角座	南天	110	20
82	Tucana	Tuc	杜鹃座	南天	295	25
83	UrsaMajor	UMa	大熊座	北天	1280	125
84	UrsaMinor	UMi	小熊座	北天	256	20
85	Vela	Vel	船帆座	南天	500	110
86	Virgo	Vir	室女座	赤道	1294	95
87	Volans	Vol	飞鱼座	南天	141	20
88	Vulpecula	Vul	狐狸座	赤道	268	45

3.2 最亮的 21 颗恒星

序号	中国星名	国际星名	所在星座	目视视星等	目视绝对星等	距离（光年）	光谱型
1	天狼	α CMa	大犬座	−1.46	+1.5	9	A1
2	老人	α Car	船底座	−0.72	−5.4	313	A9
3	大角	α Boo	牧夫座	−0.04	−0.6	37	K2
4	南门二	α Cen	半人马座	0.00	+4.2	4	G2
5	织女	α Lyr	天琴座	0.03	+0.6	25	A0
6	五车二	α Aur	御夫座	0.08	−0.8	42	G6
7	参宿七	β Ori	猎户座	0.12	−6.6	773	B8
8	南河三	α Cmi	小犬座	0.38	+2.8	11	F2
9	水委一	α Eri	波江座	0.46	−2.9	144	B3
10	参宿四	α Ori	猎户座	0.50	−5.0	522	M2

序号	中国星名	国际星名	所在星座	目视视星等	目视绝对星等	距离（光年）	光谱型
11	马腹一	β Cen	半人马座	0.61	−5.5	526	B1
12	河鼓二	α Aql	天鹰座	0.77	+2.1	17	A7
13	毕宿五	α Tau	金牛座	0.85	−0.8	65	K5
14	心宿二	α Sco	天蝎座	0.96	−5.8	604	A2
15	角宿一	α Vir	室女座	0.98	−3.6	262	B1
16	北河三	β Gem	双子座	1.14	+1.1	34	K0
17	北落师门	α Psc	南鱼座	1.16	+1.6	25	A3
18	天津四	α Cyg	天鹅座	1.25	−7.5	1467	A2
19	十字架二	α Cru	南十字座	1.25	−4.0	352	B0
20	轩辕十四	α Leo	狮子座	1.35	−0.6	77	B7
21	十字架三	β Cru	南十字座	1.41	−4.0	321	B0

主要参考文献

1.中国大百科全书(天文学).上海:中国大百科全书出版社,1980.12

2.叶叔华主编.简明天文学词典.上海:上海辞书出版社,1986.12

3.*A.E.ROYandDC.LARKE.ASTRONOMY:Structure of the Universe.*Bristol:AdamHilger.Ltd,1982

4.史蒂芬·霍金.时间简史.许明贤,吴忠超译.长沙:湖南科学技术出版社.1996.4

5.史蒂芬·霍金.果壳中的宇宙.许明贤,吴忠超译.长沙:湖南科学技术出版社.2002.8

6.何香涛.蟹状星云和她的明珠.长沙:湖南科学技术出版社.2005.5

7.刘学富.基础天文学.北京:高等教育出版社.2004.7

8.胡中为等.天文学教程.北京:高等教育出版社.2003.12

9.苏宜.天文学新概论.武昌:华中理工大学出版社.2002.2

10.刘孝贤.天文学的100个基本问题.太原:山西科学技术出版社.2004.1

11.庄得新、聂清香.天文学.济南:山东大学出版社.2002.12

12.林朝晖.宇宙前沿.北京:新世界出版社.2003.7

13.卜德培.我们的宇宙.北京:科学普及出版社.2000.1

14.刘金沂、杜升云,宣焕灿.天文学及其历史.北京:北京出版社.1984.12

15.方励之、褚耀泉.从牛顿定律到爱因斯坦相对论.北京:科学出版社.1987.2

16.方励之、李淑娴.宇宙的创生.北京:科学出版社.1987.7

17.力强.太阳系与希腊神话.北京:科学普及出版社.1985.2

18.霍伊尔、纳里卡.物理天文学前沿.何香涛,赵君亮译.长沙:湖南科学技术出版社.2005.2

19.李芝萍、贾焕阁.天文时间历法.北京:气象出版社.2003.8

20.胡中为严家荣.星空观测指南.南京:南京大学出版社.2003.11

21.聂丛丛.探寻宇宙.北京:中国人民大学出版社.2005.1

22.安格勃.杜普斯著.太空简史.北京:中国长安出版社.2004.9

23.崔石竹.走进天文馆.北京:兵器工业出版社.2005.1

24.崔振华、李东生.中国古代历法.北京:新华出版社.1993.12

25.位梦华.从宇宙到生命.北京:知识出版社.2007.6

26.焦维新、邹鸿.行星科学.北京:北京大学出版社.2009.7

27.李元.漫步趣味星空.滕砥平唐克译.上海:上海科学普及出版社.2008.3

28.卜毓麒.追星.上海:上海文化出版社.2007.1

29.姚建明.天文基础知识.北京:清华大学出版社.2009.7

30.李芝萍.探寻太阳系.北京:农村读物出版社.2009.1

31.别莱利曼.趣味天文学.北京:中国青年出版社.2010.1

32.刘俊.关注太阳风暴.北京:军事科学出版社.2009.12

33.缪启龙.地球科学概论.北京:气象出版社.2001.7

34 孙彤石、雨祺.宇宙暗世界.北京:科学普及出版社.2010.1

35.宣焕灿、萧耐园.图解天文学.南京:南京大学出版社.2010.2

36.李洪宝徐红.神奇宇宙.济南:山东科学技术出版社.2007.4

37.王玉民.星座世界.辽宁:辽宁教育出版社.2008.7

38.吴鑫基、温学诗.在科学的入口处.武汉:湖北少儿出版社.2007.12

39.蜀星.挺进太空.北京:解放军出版社.2005.4

40.洪韵芳等.天文爱好者手册.成都:四川出版社.2006.1

本书除参考以上文献外,还参考了互联网上有关资料的数据。书中的部分图片来自互联网,因不知其出处,请图片作者与我们联系,以便付酬。特此致歉和致谢。